電子情報通信レクチャーシリーズ **A-1**

電子情報通信と産業

電子情報通信学会●編

西村吉雄 著

コロナ社

▶電子情報通信学会 教科書委員会 企画委員会◀

- ●委員長　　　　　原島　　博（東京大学名誉教授）
- ●幹事　　　　　　石塚　　満（東京大学名誉教授）
  （五十音順）
  　　　　　　　　大石　進一（早稲田大学教授）
  　　　　　　　　中川　正雄（慶應義塾大学名誉教授）
  　　　　　　　　古屋　一仁（東京工業大学名誉教授）

▶電子情報通信学会 教科書委員会◀

- ●委員長　　　　　　　辻井　重男（東京工業大学名誉教授）
- ●副委員長　　　　　　神谷　武志（東京大学名誉教授）
  　　　　　　　　　　宮原　秀夫（大阪大学名誉教授）
- ●幹事長兼企画委員長　原島　　博（東京大学名誉教授）
- ●幹事　　　　　　　　石塚　　満（東京大学名誉教授）
  （五十音順）
  　　　　　　　　　　大石　進一（早稲田大学教授）
  　　　　　　　　　　中川　正雄（慶應義塾大学名誉教授）
  　　　　　　　　　　古屋　一仁（東京工業大学名誉教授）
- ●委員　　　　　　　　122名

（2013年11月現在）

刊行のことば

　新世紀の開幕を控えた1990年代，本学会が対象とする学問と技術の広がりと奥行きは飛躍的に拡大し，電子情報通信技術とほぼ同義語としての"IT"が連日，新聞紙面を賑わすようになった．

　いわゆるIT革命に対する感度は人により様々であるとしても，ITが経済，行政，教育，文化，医療，福祉，環境など社会全般のインフラストラクチャとなり，グローバルなスケールで文明の構造と人々の心のありさまを変えつつあることは間違いない．

　また，政府がITと並ぶ科学技術政策の重点として掲げるナノテクノロジーやバイオテクノロジーも本学会が直接，あるいは間接に対象とするフロンティアである．例えば工学にとって，これまで教養的色彩の強かった量子力学は，今やナノテクノロジーや量子コンピュータの研究開発に不可欠な実学的手法となった．

　こうした技術と人間・社会とのかかわりの深まりや学術の広がりを踏まえて，本学会は1999年，教科書委員会を発足させ，約2年間をかけて新しい教科書シリーズの構想を練り，高専，大学学部学生，及び大学院学生を主な対象として，共通，基礎，基盤，展開の諸段階からなる60余冊の教科書を刊行することとした．

　分野の広がりに加えて，ビジュアルな説明に重点をおいて理解を深めるよう配慮したのも本シリーズの特長である．しかし，受身的な読み方だけでは，書かれた内容を活用することはできない．"分かる"とは，自分なりの論理で対象を再構築することである．研究開発の将来を担う学生諸君には是非そのような積極的な読み方をしていただきたい．

　さて，IT社会が目指す人類の普遍的価値は何かと改めて問われれば，それは，安定性とのバランスが保たれる中での自由の拡大ではないだろうか．

　哲学者ヘーゲルは，"世界史とは，人間の自由の意識の進歩のことであり，…その進歩の必然性を我々は認識しなければならない"と歴史哲学講義で述べている．"自由"には利便性の向上や自己決定・選択幅の拡大など多様な意味が込められよう．電子情報通信技術による自由の拡大は，様々な矛盾や相克あるいは摩擦を引き起こすことも事実であるが，それらのマイナス面を最小化しつつ，我々はヘーゲルの時代的，地域的制約を超えて，人々の幸福感を高めるような自由の拡大を目指したいものである．

　学生諸君が，そのような夢と気概をもって勉学し，将来，各自の才能を十分に発揮して活躍していただくための知的資産として本教科書シリーズが役立つことを執筆者らと共に願っ

ている．

　なお，昭和55年以来発刊してきた電子情報通信学会大学シリーズも，現代的価値を持ち続けているので，本シリーズとあわせ，利用していただければ幸いである．

　終わりに本シリーズの発刊にご協力いただいた多くの方々に深い感謝の意を表しておきたい．

2002年3月

電子情報通信学会 教科書委員会

委員長　辻　井　重　男

まえがき

2012 年の衝撃

2012 年，日本の電子産業は総崩れの様相となった．パナソニック，ソニー，シャープの 2012 年 3 月期の赤字額は，3 社合計で 1 兆 6 000 億円に達する．さらに半導体では，エルピーダメモリもルネサスエレクトロニクスも 2012 年初頭に経営危機に陥る．エルピーダは会社更生法適用を申請，米マイクロン社に買収される．ルネサスは産業革新機構や自動車会社などによる救済計画が決まる．

日本の電子産業の国内生産は 2000 年をピークに急激に衰退

だが日本の電子産業の衰退は 2012 年に始まったわけではない．日本の電子産業の生産・輸出・輸入・貿易収支，これらの長期年次推移を**図 0.1** に示す．電子産業の国内生産金額は 2000 年に約 26 兆円である．ここをピークとし，2012 年には 12 兆円と半分以下に落ち込んでいる．10 年で半減というペースで国内生産は衰退した．1985 年には 9 兆円の貿易黒字を達成して外貨の稼ぎ頭だった電子産業，その日本の電子産業の貿易収支は，2013 年 1～9 月には約 3 300 億円の赤字になっている．

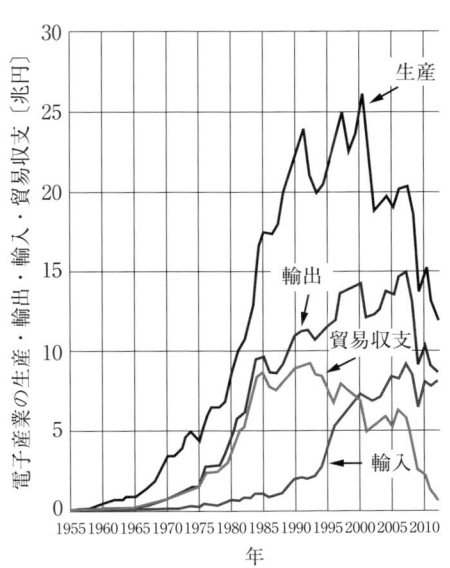

図 0.1 日本の電子産業の生産・輸出・輸入・貿易収支の長期年次推移（資料：経済産業省 機械統計，財務省貿易統計）

このような日本の電子産業全体の激しい衰退，これを1～2の会社の経営の巧拙で説明することはできない．何らかの構造的変化があったと考えるべきだろう．

近年の日本の電子情報通信産業の衰退を分析することは，本書の直接の主題ではない．けれども，これだけの衰退を見ながら，『電子情報通信と産業』と題する本が，その衰退の原因に触れないわけにはいかない．電子情報通信分野の産業活動を，日本に限定せずに歴史的に展望する．そしてそのなかで，近年の日本の衰退の原因を考える．これを本書で試みたい．

安かろう悪かろう→値段の割に質が良い→高すぎて買う気になれない

2013年の時点で，日本の電子製品の世界市場における評価は，「高すぎて買う気になれない」といったところか．「ガラパゴス化」という表現も，すっかりポピュラーになった［宮崎，2008］†．

日本製品は，昔から高かったわけではない．1950年代まで，日本の工業製品の評価は「安かろう悪かろう」である．「Made in Japan」は安価な粗悪品の代名詞だった．

日本の産業界は努力する．やがて日本製品は「値段の割には質が良い」「品質が良くて壊れない」との評価を得，世界市場を席巻する．それは第2次世界大戦後の日本産業界の偉大なる達成だ．

これが貿易摩擦を引き起こす．日本製品はダンピングだと非難される．「こんなに品質の良い製品を，この値段で売れるわけがない」．これが日本の経営者・技術者の意識に影響する．「安く売って非難されるくらいなら，値段を気にせず，良いものを作ろう．良いものなら売れるはずだ」．

この意識の変化が，やがて日本製品の評価を変えていく．「ものは良いかもしれないけれど，高すぎて買う気になれない」．

ものづくりへの固執と匠の呪縛

日本では「ものづくり」への固執が，神話的，信仰的だ．「ものづくりは日本人のDNAに組み込まれている」．日本経済の長い低迷が続くなか，そんな議論が，かえって勢いを増している．

思い出してみよう．1950年代に日本製品は「安かろう悪かろう」だった．それから約60年．DNAを持ち出すには時間が短すぎるだろう．

こんな指摘がある［廉，2012］．韓国の新幹線（韓国高速鉄道）には改札がない．車掌の持

---

† 引用・参考文献は本文中では，第1著者の姓と発行年を記し，［西村ほか，2012］のように表記して引用する．その引用・参考文献をすべて巻末にまとめて掲載する．掲載順は邦文文献（翻訳を含む）については，第1著者の姓によって五十音順に並べる．同一著者の文献は発行年月日順に掲載する．欧文文献は邦文文献の後にまとめ，同じく第1著者の姓によってアルファベット順に掲載する．

つ端末で，どの席が空席かはわかる．不正を防ぐために，すべての駅に改札装置を設置し，人員を配置するのはムダ，これが韓国高速鉄道の考えだという．改札がないほうが乗客の満足度も高まる．一方，日本では改札を機械化・自動化する．精緻華麗な改札装置を作り上げる．結果として，日本のほうがコストをかけているのに，乗客の満足度は上がらない．

　システムをよく考え直して，これまで必要だった部品や装置を不要にすること，これはイノベーションである．材料や部品，あるいは既存の製品や仕組みを磨き上げることに固執し，システムレベルでのイノベーションに目が向かなくなる．これは「匠の呪縛」［木村，2009］だ．

　品質・性能を上げることに努力を傾注する．しかし，その性能・品質は顧客が望んでいるものなのか，そこには意を用いない．少なくとも電子情報通信分野に関する限り，日本の低迷にこの「匠の呪縛」が関係しているのではないか．

本書の内容は電子情報通信分野の産業史

　「安かろう悪かろう」→「値段の割に質が良い」→「高すぎて買う気になれない」という日本製品評価の変遷，その変遷の理由・原因を調べるには，歴史的な視点が必要だ．先に挙げた日本の電子産業の総体としての激しい衰退，この原因を分析するためにも，電子情報通信分野の産業活動を歴史的に振り返る必要がある．

　そう考えて，本書『電子情報通信と産業』を，この分野の産業史として記述することにした．記述の範囲を日本に限定はしない．しかし著者の私は，日本の産業活動への関心がもちろん高い．それは本書の内容に反映するだろう．

　2014年1月

西　村　吉　雄

目 次

1. 本書の構成と執筆方針

- 1.1 半導体とコンピュータがもたらしたもの …………………………… 1
- 1.2 分業構造の転換を時代区分とする …………………………………… 4
- 1.3 電子情報通信という分野 ……………………………………………… 5

第Ⅰ部　20世紀前半まで

2. 電気通信とメディアの形成

- 2.1 19世紀に電信が大産業に成長 ………………………………………… 9
- 2.2 19世紀後半に電話事業が始まる ……………………………………… 10
- 2.3 3極真空管による増幅の実現でエレクトロニクスが生まれる …… 13
- 2.4 20世紀前半にラジオが無線放送メディアとして確立 …………… 14
- 2.5 メディアとしてのテレビはラジオの後継者 ……………………… 15
- 2.6 20世紀前半の米国はメディアの実験場 …………………………… 16

3. 真空管からトランジスタへ

- 3.1 電話網構築がトランジスタ開発の動機 …………………………… 18
- 3.2 失敗の原因を求める過程で増幅を発見 …………………………… 20

4. プログラム内蔵方式コンピュータの誕生

 4.1 第2次世界大戦中の高速計算需要が「電子」計算機を生み出す ································ 22
 4.2 プログラムの柔軟性を求めてプログラム内蔵方式へ ································ 25
 4.3 オペレーティングシステムの萌芽 ································ 29
 4.4 プログラム内蔵方式がハードウェアとソフトウェアをモジュール化 ································ 30
 4.5 ディジタル化がコンピュータを数値計算から解放 ································ 31

第Ⅱ部　半導体のたどった道

5. 個別トランジスタから集積回路へ

 5.1 トランジスタでラジオを作る ································ 34
 5.2 集積回路以前 ································ 34
 5.3 集積回路の概念とその製造工程 ································ 36
 5.4 比例縮小則とムーアの法則 ································ 39
 5.5 集積回路技術に内在する本質的矛盾 ································ 41
 5.6 半導体製造装置産業の成立 ································ 45

6. マイクロプロセッサの誕生

 6.1 マイクロプロセッサで集積回路技術の矛盾を克服 ································ 47
 6.2 顧客とメーカーの共同作業がマイクロプロセッサを実現 ································ 48
 6.3 マイクロプロセッサの産業的インパクトは巨大 ································ 50

7. 半導体メモリの成長と日本半導体産業の盛衰

 7.1 半導体メモリ産業の成長 ································ 53

7.2　日本の半導体メモリ産業が躍進 …………………………………… 54
7.3　半導体貿易摩擦 …………………………………………………… 56
7.4　日本 DRAM 産業が壊滅へ ………………………………………… 60
7.5　ムーアの法則がもたらすニヒリズム ……………………………… 62

8. 半導体産業における設計と製造の分業

8.1　集積回路の矛盾が再び激化 ………………………………………… 65
8.2　設計と製造の分業 ………………………………………………… 68
8.3　半導体生産システムのオープン化とファウンドリの進化 ……… 71
8.4　日本の半導体業界は分業を嫌い続けた果てに衰退 ……………… 73
8.5　ファブレスとファウンドリの存在感がますます大きくなる …… 79

第Ⅲ部　情報処理と通信の融合

9. 汎用コンピュータの進展とモジュール化

9.1　コンピュータの「世代」 …………………………………………… 82
9.2　メモリと入出力装置 ……………………………………………… 84
9.3　IBM システム /360 ── モジュール化設計で互換性を実現 …… 88
9.4　ハードウェアベンダーからソリューションビジネスへ ………… 90

10. 対話型コンピュータからパソコンへ

10.1　対話型コンピュータの発祥 ……………………………………… 93
10.2　ダウンサイジング ………………………………………………… 95
10.3　パーソナルコンピュータの源流 ………………………………… 98
10.4　パソコンにおける水平分業 ……………………………………… 100
10.5　水平分業の危険と垂直統合の誘惑 ……………………………… 102
10.6　水平分業では標準インタフェースが不可欠 …………………… 104

11. ネットワーク外部性とモバイルコンピューティング

- 11.1 ネットワーク外部性
  ——勝ち組がますます勝ちやすくなる ………………………… 106
- 11.2 ネットワーク外部性による独占をどう克服するか ………… 108
- 11.3 モバイルコンピューティング ………………………………… 110

12. 半導体とプログラム制御が他産業を電子化

- 12.1 機械仕掛け→配線論理→プログラム制御 …………………… 113
- 12.2 自動車産業の電子化とモジュール化 ………………………… 115
- 12.3 腕時計の電子化とスイス機械式腕時計の復活 ……………… 119

13. 通信のディジタル化と自由化

- 13.1 交換機をプログラム内蔵方式で制御する
  ——交換の電子化 …………………………………………… 123
- 13.2 伝送のディジタル化 …………………………………………… 124
- 13.3 100年ぶりの通信自由化 ……………………………………… 126
- 13.4 固定電話から携帯電話へ ……………………………………… 129
- 13.5 伝送媒体の発展 —— 人工衛星と光ファイバ ……………… 131

14. インターネットへ

- 14.1 未来の図書館 …………………………………………………… 133
- 14.2 ARPAネットの構築 …………………………………………… 135
- 14.3 パケット交換 …………………………………………………… 137
- 14.4 1970年前後という時代 ………………………………………… 138

14.5　イーサネットと TCP/IP ……………………………… 140
14.6　ARPA ネットからインターネットへ ………………… 142
14.7　インターネット利用の現状 …………………………… 145

第Ⅳ部　インターネットをインフラとする産業と社会

15.　設計と製造の分業 —— EMS の発展

15.1　インターネットは水平分業を促進 …………………… 148
15.2　なぜ電子情報通信産業で設計と製造の分業が進むのか ……… 149
15.3　EMS の発展 …………………………………………… 151

16.　ウェブ 2.0 —— ご乱心の殿より衆愚がまし

16.1　ウェブ 2.0 という概念の登場 ………………………… 154
16.2　ロングテール効果 ……………………………………… 155
16.3　ビッグデータとデータセンター ……………………… 156
16.4　オープンソース活動 —— 衆知を集めて良質の知に転化 ……… 159
16.5　民主主義や市場経済との関連
　　　—— ご乱心の殿より衆愚がまし ……………………… 160

17.　メディアルネサンス

17.1　メディアとしての電話 ………………………………… 163
17.2　オーディオはメディアルネサンスの実験場 ………… 164
17.3　テレビの来し方行く末 ………………………………… 167
17.4　新聞やテレビの広告依存型ビジネスモデルが存続困難に ……… 169
17.5　プロによるジャーナリズム不在は民主主義の危機 ……… 170

18. インターネット時代の研究開発モデル

- 18.1 営利企業における研究開発の意味 …………………… 172
- 18.2 「中央研究所の時代」の興隆と衰退 …………………… 174
- 18.3 大学の役割の変化と産学連携 …………………………… 179
- 18.4 イノベーションシステムにおける「官」の役割 …… 182
- 18.5 研究開発としてのオープンソース活動 ……………… 184
- 18.6 インターネット時代にピアレビューはふさわしいか … 185

第Ⅴ部　第2次世界大戦後の日本に固有の問題

19. 日本のコンピュータ産業

- 19.1 国産コンピュータの誕生と発展 ………………………… 189
- 19.2 日本独特の専用機：オフィスコンピュータと日本語ワードプロセッサ ………………………………… 191
- 19.3 もう一つの計算の道具 —— 電卓 ……………………… 193
- 19.4 日本のパソコン —— NECの「98」が一時代を築く … 195
- 19.5 ビデオゲーム産業におけるハードとソフトの攻防 … 196
- 19.6 日本のインターネット活動 ……………………………… 199

20. 民生用電子機器の興亡

- 20.1 米国の対日政策の変遷 …………………………………… 202
- 20.2 秋葉原の始まりと変容 …………………………………… 203
- 20.3 自主独立路線の電子部品業界 …………………………… 204
- 20.4 民生用電子機器とテレビ関連産業の盛衰 …………… 205
- 20.5 テレビ放送のディジタル化と薄型テレビ …………… 208
- 20.6 オプトエレクトロニクスでは日本の存在感が大きい … 214

21. 1985年以後

21.1　輸出主導から内需主導へ —— 1985〜2000年 ………… 217
21.2　「10年で半減」ペースの衰退 —— 2000年以後 ………… 219
21.3　電子情報通信産業を取り巻く環境の1985年以後 ………… 222

22. 日本の電子情報通信産業はなぜ衰退したのか

22.1　電子情報通信産業に加わる四つの圧力 ………… 225
22.2　過去との比較 ………… 226
22.3　他地域との比較 ………… 229
22.4　他産業（自動車産業）との比較 ………… 232
22.5　日本の電子情報通信産業は設計と製造の垂直統合に固執 ……… 233
22.6　成功体験から抜け出せるか ………… 236

引用・参考文献 ………… 239
あとがき ………… 249
索　引 ………… 251

1. 本書の構成と執筆方針

　電子情報通信分野の産業史は19世紀前半に始まる．そして20世紀前半までと20世紀後半以後に大きく時代区分される．本書の第Ⅰ部には20世紀前半までの歩みをまとめる．

　20世紀前半の最後に，大きなイノベーションが二つ同時に起こった．一つは半導体（トランジスタ），もう一つはコンピュータ（プログラム内蔵方式[†]）である．この二つは20世紀後半以後の産業や社会に，分野を超えて大きな影響を与える．そこでまず，この二つのイノベーションの産業へのインパクトを確認しておこう．

1.1　半導体とコンピュータがもたらしたもの

20世紀半ばに半導体トランジスタとプログラム内蔵方式コンピュータが同時に誕生

　20世紀の前半が終わろうとするころ，そう第2次世界大戦が終わって間もなくのころだ，半導体トランジスタとプログラム内蔵方式コンピュータが，ほぼ同時に産声を上げた．

　この両者の誕生が同時だったこと，これは運命的である．両者の相性はすこぶる良く，互いに刺激し合い，支え合いながら，共に発展する．20世紀後半以後の電子情報通信は分野を問わず，両者に染め上げられてゆく．

　約四半世紀後の1970年代初頭，両者はマイクロプロセッサという名の子を生む．マイクロプロセッサとは，半導体の小片（チップ）の上に載ったプログラム内蔵方式コンピュータである．

　マイクロプロセッサはたちまちアイドルになった．多くの産業がマイクロプロセッサを使い始める．「およそ人間の発明したもので，マイクロプロセッサの開発と発展ほど，短期間のうちに大きな影響を与えたものはほかに見当たらない」[京都賞受賞者資料, 1997]．

　半導体，コンピュータ，そして両者が一体化したマイクロプロセッサ，この3者が20世紀後半以後の電子情報通信産業を牽引する．本書の第Ⅱ部と第Ⅲ部では，その過程をたど

[†] 蓄積プログラム方式ともいう．英語は stored programming．プログラム内蔵方式では，処理の対象（データ）と処理の手続き（プログラム）を，共にディジタル化し，どちらも同じメモリに蓄える．4章「プログラム内蔵方式コンピュータの誕生」に具体的な説明がある．

る．その過程こそ，20世紀後半以後のこの分野の産業史にほかならない．

ムーアの法則がもたらす価格圧力

半導体トランジスタは約10年後に集積回路へと発展した．1個の半導体チップ（シリコンの小片）に載るトランジスタの数は3年に4倍，10年100倍のペースで増え続ける．これがムーアの法則である．この法則は次のように書き換えられる．集積回路が提供する単位機能のコスト，例えば1ビットの情報を記憶するのに必要なコストは，3年で4分の1，10年で100分の1に下がり続ける．

これが半導体集積回路の魅力の根源である．このコスト低下を使わない手はない．だから半導体は，あらゆる製品の内部に浸透していく．

しかしムーアの法則は諸刃の剣だ．機能コストがそれだけ下がるのなら，製品価格も下げてほしい．顧客は必ずそう要求する．これが「価格圧力」である．激しい値下げ競争が待ち受けている．そのうえ半導体集積回路は進歩する．新製品は機能が上がっているのに，値段は安い．顧客は短期間に買い換える．こうして絶え間ない新製品開発に追い込まれていく．

値下げ競争から逃れるためには，ムーアの法則を付加価値向上に転化しなければならない．3年経てば同じコストで4倍のトランジスタが使える．これを製品の魅力に転化する．値下げではなく，魅力向上で勝負する．王道である．けれどもそれは，相棒のプログラム内蔵方式の出番を意味する．

プログラム内蔵方式がもたらすソフトウェア圧力

半導体集積回路を使うシステム，いまではそれは，ほとんどの場合，プログラム内蔵方式のコンピュータである．製品としてはコンピュータでなくても，内部では同じ情報処理を行っている．

プログラム内蔵方式のハードウェアはプロセッサ（処理装置）とメモリ（記憶装置）でできている．どちらも半導体だ．そして，このハードウェアは汎用である．そのシステムに何をさせるか，それはハードウェアの仕事ではない．

プログラム内蔵方式では，処理の対象（データ）と，処理の手続き（プログラム），この両方をディジタル化し，同じメモリに蓄える．そのシステムに何をさせるかは，プログラムすなわちソフトウェアが決める．顧客にとっての魅力を左右するのはソフトウェアである．

ハードウェアは半導体だから，ムーアの法則に従い，3年4倍のペースで機能が増大する．その機能増大を顧客にとっての魅力に転化するのはソフトウェアの仕事だ．値下げ競争を嫌って付加価値向上で勝負しようとするなら，顧客にとっての魅力をソフトウェアで実現しなければならない．これがプログラム内蔵方式のもたらす「ソフトウェア圧力」である．

集積回路とプログラム内蔵方式の下で発生するディジタル化圧力

プログラム内蔵方式では，処理の対象も手続きもディジタル化される．最終製品がコンピュータそのものではなくても，製品内部にマイクロプロセッサを含んでいれば，ディジタル化は避けられない．それは事実上ほとんどの製品に，常に「ディジタル化圧力」が加わることを意味する．

ディジタル化にはコストがかかる．けれども一度ディジタル化してしまえば，あとは集積回路とプログラム内蔵方式によって，対象が何であれ，統一的に安く速く処理できる．そして集積回路による処理コストは，ムーアの法則に従って安くなる．ディジタル化から逃げることはできない．

自前主義か連携協力かを左右するネット圧力

電子情報通信分野には，もう一つ「ネット圧力」が存在する．高速のネットワークを安い値段で使えるかどうか，これによってリソースの配分が違ってくる．また分業構造が変わる．

ネットワーク環境が貧しいときは，リソースをなるべく近くにおいて，自分たちで処理したほうがいい．つまり自前主義になる．

ネットワーク環境が豊かで，高速ネットワークを安く使えるなら，手元の小さなハードウェアの魅力を，ネットの向こう側に置いた大きなソフトウェアによって向上させることができる．ネットの向こう側にいる優秀な連中と連携協力したほうが，何でも社内だけで実現しようとするより，よほどまし．こういう事態になる．インターネットに代表されるネットワークの発展は，自前主義よりも連携協力を促し，社外との分業を促進する．

四つの圧力への対処が産業活動の浮沈を制する

ムーアの法則による価格圧力，プログラム内蔵方式によるソフトウェア圧力，集積回路とプログラム内蔵方式がもたらすディジタル化圧力，ネットワーク環境によるネット圧力，この四つの圧力にどう対処するか，これが結局，電子情報通信分野における産業活動の浮沈を制する．四つの圧力の動向を見極め，上手に組み合わせ，得手を生かし不得手をカバーすることに成功すれば，企業が，ひいては産業が栄え，失敗すれば滅びる．

上記の四つの圧力に企業が，業界が，あるいは政策が，どう対処してきたか，どこがどう成功し，どこがなぜ失敗したか，それを分析し提示すること，それが電子情報通信分野における産業活動を記述することであり，本書における私の仕事である．

インターネットというインフラの下での産業活動の方向を第IV部で展望

半導体集積回路，プログラム内蔵方式コンピュータ，ディジタル化，高速ネットワークという上記四つの圧力に源を発した流れは，20世紀末に至って合流し，インターネットとい

う巨大なインフラストラクチャを作り上げた．21世紀の現在，すべての社会活動・産業活動は，インターネットという基盤のうえで行われている．

本書の第Ⅳ部では，狭義の電子情報通信分野を超え，インターネットの下での産業や社会がどういう方向に向かうか，あえて主観を交えながら展望する．

日本の電子情報通信産業の衰退の原因を第Ⅴ部で考える

第Ⅴ部では，世界の動きのなかの一例としては扱いにくい，日本に固有の問題について述べている．その最終的な目標は，「まえがき」で提示した日本の電子情報通信産業の衰退の原因，これを明らかにすることである．それは上記四つの圧力に，日本の産業界がどう対応したかという問題に帰着する．

世界の電子情報通信産業界は四つの圧力に対応し，産業構造を変える．日本の産業界は四つの圧力に背を向け，伝統的な産業構造に固執した．その結果が，近年の日本の電子情報通信産業の衰退として表れている．この結論で本書を締めくくる．

1.2　分業構造の転換を時代区分とする

モジュールとアーキテクチャ

歴史を書くには，時代区分についての方針が必要になる．分業構造の転換，そこを産業史の時代区分として，私は重視したい．

仕事であれシステムであれ，少し複雑になれば分業が必要になる．「人間にとって，ある複雑なシステムを管理し，または，ある複雑な問題を解決する唯一の方法は，それを分解することである」[ボールドウィンほか，2004，p.76]．分解するとシステムはいくつかのモジュールに分かれる．各構成要素は，モジュール内では相互依存し，モジュール間では独立している．そうなるようにシステムを分解（モジュール化）しなければいけない．モジュールへの分け方や，モジュールとモジュールの間の関係を，アーキテクチャと呼ぶことが多くなった[青木ほか，2002][藤本，2003][田路，2005]．

本書に即していえば，プログラム内蔵方式は，情報処理システムを，ハードウェアとソフトウェアにモジュール化した．実によくできたモジュール化だった．ハードウェアとソフトウェアは，それぞれ自立しつつ，互いに支え合い，両方とも巨大産業に発展する．

モジュール化には功罪がある．功が生じるのは，実はモジュール化がうまくできたときだけである．うまくモジュール化するのは難しく，コストもかかる．しかし，どんな産業であれ，システムは複雑化する．モジュール化は避けられない．「あらゆる産業は，次第にモジュール化という方向に向かって進化する」[柴田，2008]．

モジュールに分けた仕事をどう分担するか．同一企業内で分担するか，それとも一部を他

社に発注するか．他社に発注すれば，お金の流れが発生する．新たな顧客が生まれる．新たな分業の誕生はビジネスモデルの革新であり，産業構造の転換である．

高速ネットワークが手軽に使えるか否かで分業構造が変わる

ここで先に触れたネット圧力が登場する．二つのモジュールを分業で開発するとして，社内で分業するか，社外と分業するか．社外との分業には，市場を介した取引が必要である．取引にはコストがかかる．これを取引コスト（transaction cost）という．一方，社内で開発するためには，人員を割かなければならない．ときには新たに適材を採用しなければならない．社外と社内，分業に必要なコストはどちらが安いか．

取引先との間の，情報・知識の共有や交換に要する費用と時間，これが取引コストの本質である．高速ネットワークが安く使える環境なら，取引コストは下がる．ということは，高速ネットワークは社外との分業を促す．これがネット圧力である．すなわち高速ネットワークが手軽に安く使えるか否かで，分業構造が変わる．分業構造の転換を時代区分としたいと私が考えるゆえんである．

新たな分業構造の実現はイノベーションそのもの

分業構造の革新は，実はイノベーションそのものである．「われわれの利用し得るいろいろな物や力の結び付き方を変えて，結合を新しくすること（新結合の遂行）が，経済を発展させる」．シュムペーター（Joseph Alois Schumpeter）は1912年に，こう書いた［シュムペーター，1977］．このシュムペーターの「新結合」は後にイノベーションと呼ばれるようになる．

「利用し得る物や力の結び付き方を変える」とは，まさに「モジュールへの分け方とモジュール同士の結び付き方を変える」ことにほかならない．となれば，モジュール化による分業の革新は，シュムペーターの原義に戻れば，イノベーションそのものということになる．

イノベーションとは何かについて，ここでは深入りしない．後の章で，企業の研究開発活動と関連させながら，イノベーションの意味を具体的に紹介し，議論する．

なおシュムペーターの新結合にとって，すなわちイノベーションにとって，新しい科学や技術は不可欠ではない．イノベーションを技術革新とするのは誤訳である．この問題についても後に述べる．しかしイノベーション＝技術革新ではないこと，これだけは，ぜひここで念頭に置いてほしい．

1.3 電子情報通信という分野

ここまで，20世紀半ばに生じた半導体とコンピュータのインパクトを軸にして，本書の執筆方針を述べてきた．けれども電子情報通信という分野の産業活動は19世紀に始まって

いる．ここで一度19世紀に遡り，電子情報通信という分野の形成過程を振り返っておこう．

もう一つ，「産業」をどう捉えるかについての私の執筆方針を述べておきたい．というのは，「情報産業」という言葉は，電子情報通信における「情報」とは無縁のところで生まれているからである．

電信電話から電子情報通信へ

19世紀に「電気」に関する科学と技術が起こる．その最初の応用の一つが電信という通信分野だった．じきに電話も加わる．これも通信である．電気のもう一つの早くからの応用は，モータや発電機など，エネルギーや機械的力と縁の深い分野である．こちらは「電機」と書くことが多い．

19世紀末から20世紀初頭に，電子の存在が確認され，真空中の電子を制御する技術が進む．やがて3極真空管による増幅が実現した．これがエレクトロニクスあるいは電子工学と呼ばれる分野を形成する．その過程で大きく発展したのが，電話（有線通信）とラジオ（無線放送）である．

20世紀の半ば，1950年前後に，前述のようにトランジスタとコンピュータが，ほぼ同時に産声を上げた．以後，半導体中の電子の振舞いを調べて応用することと，コンピュータによる情報処理が，それぞれ大分野を形成していく．

一般の生活者が電子情報通信と接するところ——メディアと「電子化」

電子情報通信が一般生活者（最終消費者，エンドユーザー）と接するのは，今も昔もメディアである．携帯電話やテレビ，更にはパソコンも，コミュニケーションを媒介するメディアとみなすことができる．これらをユーザーは「電子製品」と意識している．

しかし現在は，ユーザーが電子製品とは意識していないところに，電子情報通信分野の技術と製品が組み込まれている．例えば炊飯器に，あるいは自動車に，さらには工作機械などに，電子機器が組み込まれている．この状況を「電子化」と呼ぶ．電子情報通信産業は，自身がメディアとして直接ユーザーに接するだけでなく，他産業の「電子化」を通じて間接的にユーザーと接している．

他産業を電子化する際には，いまでは例外なくマイクロプロセッサが組み込まれる．あらゆる産業が，いまや半導体のユーザーである．そしてあらゆる産業が，プログラム内蔵方式の情報処理を導入している．電子化された他産業の機器は，コンピュータそのものではない．しかし機器内部では，コンピュータと同様の情報処理が実行されている．

ということは，電子化された機器の内部ではソフトウェアが働いていることを意味する．20世紀の半ばから始まった半導体とコンピュータの発展は，ソフトウェアを産業活動の主役へと押し上げた．

本書では，上記の二つの面，すなわちメディアによるユーザーとの直接接触と，他産業の電子化を通じてのユーザーとの間接接触，この両面から電子情報通信分野を捉えていきたい．そしてその際，半導体とソフトウェアの役割を常に意識する．

工業と産業，そして情報産業

次に「産業」について考えよう．一般には経済活動を分野に分けて考えるときに産業という言葉が使われる．自動車産業とか電子産業というときの使い方である．

しかし産業革命というときの産業という言葉の使い方では，少し意味が違う．農業が経済活動の中心だった時代から，工業の比重が伸びる時代になること，これが産業革命と要約できよう．産業という言葉のこの用い方では，経済活動の発展を歴史的に捉えている．

ところで工業とは何だろう．産業を英語でいうと普通はindustryである．では工業の英訳は何か．「どうしても産業と区別したいのならmanufacturing industryだろうね」．日本語に詳しい英米人に聞くと，そういう人が多い．しかしmanufacturing industryには，日本語では製造業が対応している．工業にぴたっと対応する英語は，どうも存在しないらしい．

これが電子情報通信分野にやっかいな問題をもたらす．電子工業と電子産業，通信工業と通信産業，この2組みは，ほぼ同じような意味で使える．しかし情報産業とはいえても，情報工業とはいいにくい．実際，情報工業という言葉は使われていない．

実は情報産業という言葉は日本生まれだ．梅棹忠夫が1961年に初めて用いる[梅棹, 1988, p.7]．梅棹は人類の産業史を，農業の時代，工業の時代，情報産業の時代と3段階に捉える．「コンピュータ関連産業をもって情報産業というつもりはさらさらありません」．情報産業という言葉の生みの親はそういい切る[梅棹, 1988, p.110]．

本書はもちろん，電子情報通信学会における「情報」を尊重する．それはコンピュータと無縁ではあり得ない．けれども梅棹の意味での情報産業と無縁であることも，また不可能だ．例えばコンピュータの発展において，ソフトウェアは最初はハードウェアの「おまけ」だった．そのうちにソフトウェアが独自の対価を持つようになり，やがてソフトウェア産業として自立する．この過程は，梅棹の意味での情報産業の成立と同型である．梅棹の意味での情報産業を常に意識し，必要に応じて参照しながら記述を進める．これが本書における「産業」の扱い方についての私の方針である．

第Ⅰ部 20世紀前半まで

　電子情報通信という産業分野は19世紀に電信で始まった．この第Ⅰ部では，まず2章で，20世紀前半までのメディア形成過程を追う．次の3章と4章はそれぞれ，半導体トランジスタとプログラム内蔵方式コンピュータの誕生物語である．この二つは，どちらも20世紀前半の終わりごろに誕生し，電子情報通信産業の20世紀後半以後の運命を定めた．

2. 電気通信とメディアの形成

本章では，19世紀から20世紀前半までの，電子情報通信分野の黎明期を扱う．電信，電話，ラジオ，テレビ，レコードなどが，この時期にメディアとして確立した．また20世紀初頭に，真空管による増幅が実現し，メディアを支える．

2.1　19世紀に電信が大産業に成長

19世紀前半に電信がディジタル方式で始まる

電信技術は19世紀初頭から，いくつかの欧米諸国で同時多発的に開発が進んでいた．そのなかで実用的に優れていたのが米国のモールス（Samuel F.B. Morse）の電信機である．モールスは1937年に，この電信機を開発，符号と併せて1840年に特許を取得した．そして1845年には，マグネティック・テレグラフ社という電信会社を設立する．米国では，電気通信事業は民営で始まった．

モールス符号は「トン/ツー」という二つの信号で文字を符号化する．電子情報通信産業はバイナリーディジタル方式で活動を開始したことになる．

19世紀のうちに電信は大きな産業に発展する．1866年には大西洋横断海底電信ケーブルが開通する．19世紀後半は鉄道事業の急成長期でもある．電信産業と鉄道産業は相互に強く依存し合いながら発展する［ハウンシェル, 1998, p.31］．鉄道が拡張されていく際には，必ず線路の脇に電信の銅ケーブルが敷かれていた［吉見ほか, 1992, p.213］．

日本では明治初頭に全国縦断電信網を完成

日本には幕末の1854年に，モールス製電信機がもたらされた．ペリー（Matthew Calbraith Perry）が2度目の来日の際，幕府に献上し，電信の展示実験もしている［松田, 2001, pp.8-9］．日本の電信電話システムは，幕末から明治への動乱期に，明治政府の建設と並行して構築された[†1(次ページ参照)]．

幕末期に欧米に派遣された留学生は，留学先で電信の威力を目の当たりにする．元留学生たちは，維新動乱に翻弄されながら，電信電話システムを立ち上げていく[†2(次ページ参照)]．

明治政府は鉄道と電信の建設を重点政策とし，1869年（明治2年）には電信事業を官営

で開始する．4年後，北海道から九州に至る，全国縦断電信網を1872年に完成させる［吉見ほか，1992, p.226］．さらに1973年には，長崎—上海および長崎—ウラジオストックが海底ケーブルでつながる．1877年に起こった西南戦争では，電信網が政府軍に圧倒的優位をもたらしたという［水島，1980］．

2.2 19世紀後半に電話事業が始まる

ベルが電話会社を1877年に設立し，やがて電話事業を独占する

電信がディジタル文字送信なのに対し，電話はアナログ音声送受信である．ベル（Alexander Graham Bell[†(次ページ参照)]）は，1876年3月10日に電話の通話実験に成功した．

[†1]（前ページの脚注）電信，電話，鉄道，郵便，ラジオなどの近代コミュニケーションシステムは，欧米では，それなりの時間差をもって開発された．しかし日本には明治初期に，一斉に横並びで導入される．そして，ほとんどが官営事業となる．明治政府という国家権力による政策に従って計画され，実行されていった［吉見ほか，1992, p.225］．

　これらのシステム設計と，明治政府という国家権力の設計は同期している．廃藩置県，太政官制度から内閣制度への転換，学校制度の創設，さらには大日本帝国憲法の制定などが進行するかたわら，コミュニケーションシステムの設計も進んだ．設計の責任者も，しばしば同一人物である．ほとんどが官営となったのも，この背景があったからだろう．

　ただし電力事業は民営から始まる．1883年（明治16年）創立の東京電燈（東京電力の前身）が日本発の電力会社である．その後，数百社もの乱立状態となる．これが統合されるのは1939年である．戦時体制として政府は電力事業を国営化した．戦後の1950年には，電力事業は再び民営化される．これは，日本を占領した連合国軍総司令部（GHQ）の指示による．ただし9社（後に沖縄電力が加わって10社）による地域独占体制であって，民営とはいえ，競争はない．

[†2]（前ページの脚注）例えば幕臣・榎本武揚は1862〜1867年にオランダに留学する．そこで電信に接し，モールス電信機を日本に持ち帰る［松田，2001, pp.25-26］．

　榎本の帰国は1867年である．日本は維新動乱の只中にあった．榎本は幕府海軍副総裁である．軍艦の新政府への引渡しを拒否，品川から脱走出帆した．新撰組残党の土方歳三らと共に，函館五稜郭を占領，1868年（明治元年）の年末に臨時政府を樹立する．けれども1869年6月には臨時政府は降伏，榎本は投獄された．

　福沢諭吉や黒田清隆らによる助命嘆願活動もあって，1872年（明治5年）に特赦出獄，明治新政府に登用される．1885年には初代逓信大臣に就任，電話事業の「官営―民営」論争に決着をつける立場となる．このときの官僚たちの人間関係は複雑である．

　榎本は閣議の空気から，最初は民営論に傾く．しかし通信次官の野村靖は官営を主張する．野村は長州藩出身の若手官僚である．一方の榎本は元幕臣で，明治政府に最後まで抗戦した賊軍の将だ．榎本大臣―野村次官の「民営―官営」対立には，「徳川―長州」対立が尾を引いていた．

　榎本は前島密に意見を求める．前島は元幕臣ながら早くに官軍に投ずる．新政府に背いて品川から出帆しようとする榎本を訪れ，官軍への恭順を説いた．怒った榎本は，前島の暗殺さえ考える．榎本が獄中にある間に，前島は新政府に重用され，郵便制度創設を主導した．

　その前島に，榎本は，あえて意見を求める．前島は官営を主張した．榎本は前島の意見を尊重して官営論に傾いていく．内閣総理大臣だった伊藤博文が，おりから枢密院議長に転ずる．伊藤派の野村次官も枢密院顧問官に異動した．後任の逓信省次官に榎本は前島を据える．

　ところが1889年3月22日，榎本は文部大臣に任じられ，後任の逓信大臣には後藤象二郎が就任する．後藤は土佐藩出身，大政奉還の推進者の一人だ．次官の前島は元幕臣，前島にとっては仕えにくい上司だった．ところが後藤は官営を推す．電話事業の「官営―民営」論争は，こうして1889年に，ようやく決着した［松田，2001, pp.95-115］．

　なお榎本は，電気学会の初代会長にも就任している．

ただしベルが特許を出願したのは，それより前の同年 2 月 14 日である．同年同月同日にグレイ（Elisha Gray）も特許出願しており，後に両者の間で特許係争が起こる．

ベルは 1877 年 7 月にベル電話会社を設立する．電話の場合も米国では民営で始まった．それぞれの地域の電話サービスプロバイダに，電話事業のライセンスを供与し，電話機をリースする．これがベル電話会社のビジネスモデルだった［フィッシャー，2000，p.49］．

1878 年半ばにウェスタン・ユニオン社が電話事業に参入する．電話参入に際し，同社はエジソン設計の電話機とグレイの特許をよりどころにしていた．ベル電話会社はウェスタン・ユニオン社を特許権侵害で訴える．1889 年末に訴訟は決着し，合意が成立した．この結果，米国における電話事業をベル社が独占する．

1893 年には，ベルの基本特許が期限切れとなる．以後，自由競争の時代が，第 1 次世界大戦まで続く．ところが第 1 次世界大戦中の 1 年間，米国連邦政府は電信・電話事業を国家管理とする．これがきっかけとなり，戦後も電話業界の統合が進む．米国議会も電話事業に対しては，独占禁止法を緩和する方向に動く．この事実上の独占が，1984 年の通信自由化まで続くことになる．

ベル電話会社はその後，何回かの組織改変と社名変更を経て，20 世紀初頭には親会社としての AT&T 社（American Telephone & Telegraph Co.）と，その製造部門としてのウェスタン・エレクトリック社（Western Electric Co.）に再編成される．さらに両社は 1925 年に，半額ずつ出資してベル電話研究所（Bell Telephone Laboratories）を設立する．このベル電話研究所（後にはベル研究所）は世界屈指の研究所に発展，ノーベル賞受賞者を輩出し

---

† （前ページの脚注）ベルは，スコットランド生まれの音声学者である．電話発明当時はボストンで，大学だけでなく聾唖学校でも教えていた．夫人は聾唖学校の教え子である．ヘレン・ケラーに家庭教師アン・サリヴァンを紹介する際にも，ベルは関与している．

　ベルは日本との縁が深い．米国マサチューセッツ州の師範学校に留学していた伊沢修二は，英語の発音指導を求めてベルをボストンに訪ねる．ベルは指導を快諾した．同時に伊沢は，ベルの機械が音声を伝達する様子を目の当たりにする．後日，ハーバード大学に留学中の金子堅太郎を誘って，ベルの実験室を訪れた．ベルは二人の日本人留学生に電話で話をさせる．「英語の次に電話機を伝わった言語は日本語だ」という逸話の誕生である．

　1877 年 1 月に，ベルはボストンで電話の公開実験を催す．そこには，伊沢と金子のほか，小村寿太郎（ハーバード大学）や団琢磨（MIT）も参加した．後に 4 人の留学生は要職に就く．伊沢は東京音楽学校（現東京芸術大学）校長，金子は司法大臣，小村は外務大臣，団は三井合名会社理事長（三井財閥の総帥）となっている．

　1904 年 2 月 4 日，日露戦争が始まる．開戦後直ちに，元老伊藤博文は，金子に渡米を求めた．米国大統領のセオドア・ルーズベルトへの和平斡旋工作と，米国内の親日世論喚起のためである．ルーズベルトは金子の旧友だった．ルーズベルトは金子に，講和斡旋に尽力することを密約した．

　親日世論喚起にはベルが一肌脱ぐ．ワシントンで各界の大物を招いて晩餐会を開催し，列席者に金子を紹介した．そのときベルが持ち出したのが，あのエピソードだった．「電話で話された英語以外の最初の言語は，ここにいるミスター・カネコの話した日本語である」［松田，2001，pp.59-67］．

　翌年（1905 年）の 9 月 5 日，米国ニューハンプシャー州ポーツマスで，日露講和条約が調印された．交渉に当たったのは，外務大臣となった小村寿太郎である．

た．

日本では1890年に電話事業が官営で始まる

ベルによる電話発明の翌年1877年に，工部省がベル製電話機を2台輸入する．ただし公衆電話事業の開始は1890年である．電信に比べると，ずいぶん遅い．官公庁，警察，軍隊などへの電話線架設が先行した［松田，2001，pp.78-94］．

日本で公衆電話網建設の議論が始まるのは1883年である．それは電話事業をめぐる「官営—民営」論争の始まりでもあった．「官営」で決着し，公衆電話通信事業が日本でも始まったのは1890年である（p.10の脚注†2参照）．

有線放送や農村コミュニティメディアとしても電話は使われた

電話の社会的位置は，電信と違って，すぐには定まらなかった．例えば有線放送が，特にヨーロッパで活況を呈する．ハンガリーのブダペストでは有線放送局が，1893年から第1次世界大戦後まで番組放送を続ける．またロシア革命直後のソ連（ソビエト社会主義共和国連邦）では，有線放送が事業化され，以後40年にわたり，ラジオ放送を上回るマスメディアとして機能する．無線ラジオは情報統制上，危険性が高いと判断されたのだという［吉見ほか，1992，pp.207-208］．

農村の地域コミュニティメディアとしても，電話は一時期，活用された．1900～1920年の20年間，米国の農村に電話が急速に普及する．緊急の際のSOS，天気予報，穀物価格通知などに，地域電話は効果を発揮した．またコミュニティ内のおしゃべりにも使われ，特に農家の妻たちの孤立を慰めたという．しかし1920年を過ぎると農村電話は減少を始め，1930年以後は急降下する．電力，自動車，無線ラジオ放送，これらの農村への普及が，農村電話減少に関係があるとみられている［フィッシャー，2000，pp.122-141］．

欧米では1930年ごろから，個人と個人の双方向通話という電話の基本に，電話の用途は収れんしていく．それは，全国一律の広域電話網に地域電話網が接続され，統合されていく過程でもあった．この統合を推進したのは，自動ダイヤル通話の普及である．もう一つ，ラジオの影響がある．1920年代の米国で，ラジオ放送がメディアとして確立した．これが逆に電話を，個人と個人の双方向通話という基本に戻す．

女性交換手はコミュニティネットワークの管理人だった

電話サービスを大勢の人間に提供するためには「交換」が不可欠である．送信者と受信者を電線でつながなければならない．最初は手動交換である．交換手は日米とも初期は若い男性だった．ところが間もなく女性になる．この当時に電話を利用できたのは，上流階層の人たちである．この人たちは若い男性の乱暴な応対に不満を持つ．電話事業者は，ていねいな

応対のできる女性を交換手に採用する．こうして電話交換手が女子の職業として確立する
［吉見，1995，pp.120-126，pp.149-155］［松田，2001，pp.205-276］．

　交換手は，手動交換機につながっているネットワークの管理人でもあった．共用電話などでは，複数の加入者が交換手を交えておしゃべりすることもあった．手動交換は，市外電話や国際電話などに長く残る．しかし一方，ダイヤル即時通話のための自動交換機の開発も，すぐに始まる．自動交換機は，交換手を管理人とするネットワークも消滅させた．

自動交換機の導入による自動ダイヤル通話の進展

　最初の実用的自動交換機は，19世紀末から20世紀初頭に米欧で開発された．日本に導入されたのは1926年である．次にクロスバー交換機が登場する．金属接点のスイッチ群を配線論理方式で制御する．本格的な自動交換機として，自動ダイヤル網の達成に貢献した．最初に実用されたのはスウェーデンで，1926年のことだという．米国でも1930年代には広く使われる．日本に導入されるのは1955年になる．

　クロスバー交換機は長く使われ，全国自動ダイヤル通話の実現に貢献した．ただし1960年代になると，電話交換機に半導体とプログラム内蔵方式が導入され，「通信と情報処理の融合」という新しい時代が始まる．

2.3　3極真空管による増幅の実現でエレクトロニクスが生まれる

1912年に3極真空管による増幅が実現

　3極真空管によって電気信号の増幅が実現したのは1912年である．これがエレクトロニクスの始まりだ．真空中のフィラメントを加熱すると，電子が放出される．エジソン（Thomas Alva Edison）が1883年に発見した．この現象を応用，フレミング（John Amborse Fleming）が2極真空管を1904年に発明し，整流器として用いた．

　次いで1906年，ド・フォーレ（Lee de Forest）が3極真空管を考案する．正極と陰極の間に制御格子（グリッド）が入る構造である．この3極真空管を用い，アームストロング（Edwin Howard Armstrong）が，1912年に増幅を実現する．

　以後，真空管の改良や応用がめざましい勢いで進む．電話や放送も，真空管ができたからこそ，実用的なものになっていった．同時に真空中の電子の振舞いを調べ，制御し，応用する学問や技術が発展する．これをエレクトロニクス（electronics）と呼ぶようになる．

　電気工学と電子工学の分化も同時期に進み始める．真空管を用いる技術と応用が発展するにつれ，これを電子工学（electronic engineering）と呼ぶようになる．それと区別する意味で，発電機やモータなど，エネルギーや機械的力にまつわる電気の応用分野に限定して，電気工学（electrical engineering）を用いる傾向が生じた．日本では後者を電機と表記するこ

真空管を中核とする技術と産業の発展

　真空管の産業的影響が一番大きかったのは，後に述べるラジオである．高性能なラジオ受信機が真空管によって可能になり，家庭に普及していく．一方，ラジオを放送する放送局でも真空管が使われる．放送局用の機材を供給する会社ができ，成長する．一方，真空管を製造販売するメーカーも発展していく．

　真空管の登場によって，20世紀前半に大きく発展した技術に回路（電子回路）がある．フリップフロップ，負帰還増幅器，オペアンプなど，様々な機能を持った回路が，真空管を用いて考案された［エレクトロニクス50年史と21世紀への展望，1980，pp.347-354］．

2.4　20世紀前半にラジオが無線放送メディアとして確立

放送メディアとしてのラジオの確立

　無線技術は，まず通信に活発に応用された［水越，1993，p.4］．第1次世界大戦（1914～1917）の前後には，無線通信は国家統制下に置かれる．無線電信が戦時には有効だった．

　戦後の1920年，米ウエスティングハウス社運営の放送局が「定時放送」を開始する．同局はマスメディアとしてのラジオの可能性を開く［水越，1993，pp.67-69］．

　通信と違って放送は，不特定多数に向けられている．どうしたら料金がとれるかは，当初から悩みの種だった．番組（コンテンツ）の視聴からは料金をとらず，付随する広告から料金をとるという仕組みが，米国ではやがて確立する．しかし後に続くヨーロッパや日本では，国営放送など，税金または義務的な有料制が先行する．米国流の民間放送がヨーロッパや日本で盛んになるのは，かなり後になってからだ．

放送（ラジオ）と通信（電話）の線引きができる

　有線は通信，無線は放送という秩序が形成されたのは，1920年代である．この秩序形成を導いたのは技術だけではない．AT&Tは最初，「無線による電話」とラジオを位置付けていた．やがてラジオ放送と電話の特性の違いを認識し，1926年にはラジオから撤退する［水越，1993，pp.122-124］．放送と通信の線引きができたともいえる．

　無線技術がメディアとしての地位を確立するまでに，米国では，多様な組織が様々な目的に基づき，四半世紀をかけて実験を積み重ねた．よその国はそうではない．米国における実験を注視し，その決着方向を見極めてから政策を決めている．例えば英国では，1922年にBBCによる一元的な放送体制を確立する．ヨーロッパでは一般に国営放送が多い．

日本では 1926 年に NHK が誕生

　日本でラジオ放送が始まったのは 1925 年である．米国でのラジオ放送開始の 5 年後だった．日本でも 1910 年代には，国（逓信省）だけでなく，東京市，大学，電機メーカー，新聞社などが「無線電話」の研究・実験を行っていた．

　1923 年 12 月（関東大震災のすぐ後）に，東京，大阪，名古屋に放送局が設置されることになる．そして社団法人東京放送局が 1925 年に放送を始める．大阪放送局，名古屋放送局も相次いで放送を始め，これら 3 局が合同して，1926 年に社団法人日本放送協会となった［高橋，2011，p.38］．NHK の誕生である．

2.5　メディアとしてのテレビはラジオの後継者

テレビは「小窓のついたラジオ」としてリビングに進出

　技術としてのテレビジョンはラジオの後継者ではない．すでに 19 世紀後半には，様々な関連技術が探求されていた．そのなかには，今日のファクシミリやテレビ電話，ケーブルテレビに当たるものなどが含まれている［水越，1993，pp.247-251］．

　しかし放送メディアとしてのテレビはラジオの後継者である．テレビ受像器は「小窓のついたラジオ」として人々の前に姿を現す．ラジオと同じくコマーシャル放送が始まり，ラジオのような形態をとってリビングに進出した［水越，1993，pp.260-267］．

　メディアとしてのテレビの性格を確立するのに力があったのは，RCA 社のデイビッド・サーノフ（David Sarnoff）である．そのサーノフは，ウラジミール・ツヴォルキン（Vladimir K. Zworykin）が 1923 年に発明したアイコノスコープを評価し，「無線で聴く代わりに無線で見る」メディアを構想する．サーノフはウエスティングハウスにいたツヴォルキンを RCA に転職させる（1930 年）．以後テレビジョンは RCA の下で，メディアとしての開発が進められる［水越，1993，pp.253-255］．

テレビには「規格統一」の問題がある

　テレビでは送信機と受信機の規格を統一しておく必要がある．走査線の本数，毎秒画像数，同期方式などを，送信機と受信機の間で統一しておかないと，画像の送受信ができない．

　テレビの規格統一はドイツとイギリスが早かった．放送が国によって一元管理されていたからである．ドイツはナチ政府の下で，1935 年 3 月に世界初のテレビ定時放送を開始する．イギリスも同年 11 月には定時放送を始める．

　米国は遅れた．民間放送が主体の米国では，規格統一をめぐって技術的，産業的，政治的な力学が働き，不安定な状況が続いた．様々な政治的攻防を経て，1940 年 7 月に NTSC

(National Television System Committee）が設立される．このNTSC規格を1941年5月に FCC（米国連邦通信委員会）が承認，1941年8月1日からテレビ放送が始まる［水越, 1993, pp.256-259］．

米国のテレビにはハリウッドの影響が大きい

　メディアとしてのテレビには，映画も大きな影響を及ぼした．映画は1910年代に大衆娯楽として確立している．そのうえテレビの登場前の1930年代にハリウッドは，映画，ラジオ，レコード，ショー・ビジネスなどを巻き込む，米国メディア産業の中枢となっていた［水越, 1993, p.264］．

　そのハリウッドが初期のテレビ放送を支える．放送業界は映像ソフトを手掛けた経験がない．テレビに映像コンテンツを提供したのはハリウッドである．後年スタジオドラマが求められた際にも，そのほとんどがハリウッドで制作されたという［水越, 1993, p.263］．

2.6　20世紀前半の米国はメディアの実験場

「レコードで音楽を聞く」ライフスタイルの確立

　電話，ラジオと並ぶ音声メディアとして，「レコード」も20世紀前半にメディアとしての地位を確立する．蓄音機は1877年にエジソンが発明した．だがこの蓄音機は，後年のテープレコーダに近い記録装置と考えられていた［吉見, 1995, p.78］．

　円盤にプレスしてレコードを大量生産する方式が，19世紀末に整備される．「レコードで音楽を聴く」というライフスタイルが，20世紀初頭から徐々に確立していく．毎分33回転で長時間の演奏が可能なLPレコードの発売は，米国では1931年になる．

　レコードは，ラジオ放送における音源としても重要になる．またトーキー（映画俳優に銀幕上で声を出させる仕組み）を開発したのは，ラジオ放送グループである．歌手は映画に出演し，そのテーマ曲を歌い，そのレコードを発売する［水越, 1993, p.263］．もちろんラジオでも歌っただろう．こうしてレコード，放送，映画がマルチメディア的に結び付き，その中心に，ハリウッドが位置していた．

メディアについての実験は米国だけで進行した

　電子情報通信技術は，19世紀前半から20世紀前半に，新たなコミュニケーションメディアをもたらした．電信から始まり，電話，ラジオ，テレビ，レコードなどが20世紀前半までにメディアとして確立する．そしてそれらのすべてが「産業」になる．電信・電話サービスを提供する電信電話会社，ラジオやテレビを放送する放送局，音楽レコードを大量生産して販売するレコード会社，これらが事業会社として成り立つようになった．またこれらの事

業の基盤となる真空管を製造するメーカーも成立した．

　ただしそこに至るまでには，様々な実験が繰り返された．発明家の意図と，その発明の商業的成功の形，この両者が違う場合も少なくなかった．

　実験は，ほとんど米国で進行した．技術の多くも米国で開発された．これは，電子情報通信分野の特徴である．電子情報通信分野の基礎技術のほとんどが19世紀，それも後半に登場したということ，この技術の登場時期が，米国を実験場にしたといえよう．

　19世紀の米国は，自営の農家，商人，職工などからなる国だった．それが20世紀初頭に，ことに第1次世界大戦（1914～1917年）を経て，産業国家となっていく．

　米国に大企業が続々誕生する．多くの米国人が企業に勤める勤労者となっていく．それは，メディアの受け手としての近代的大衆の誕生でもある．生産の場と消費の場が分かれ，家庭は消費生活だけの場になる．

　ラジオ受信機はインダストリアルデザインによって洗練され，リビングルームに置かれた．ラジオは受信専用となる．無線マニアから見れば堕落だ．受信専用のマスメディアの成立は，それを欲する「大衆」の成立と同期している．

　まさにその時期が，電子情報通信分野における技術と応用の勃興期だった．ラジオが，テレビが，レコードが，核家族の憩うリビングルームに続々と入っていく．メディアの形成期と，その受け手の成長期，この両者が同期していたのは米国だけである．

　ヨーロッパでは，近代化・工業化が米国より早く，かなり違う形で進行していた．欧米以外のほとんどは，まだ工業化以前である．結果的にメディアについての実験は，ほとんど米国だけで行われた．

3. 真空管からトランジスタへ

19世紀末から20世紀初頭は物理学の大変革期である．17世紀以来の古典力学の時代が終わり，量子力学が建設される．この量子力学は直ちに固体に適用され，金属，絶縁物，そして半導体とは何かが明らかにされていく．

一方，同時期に真空管が発明される．ことに3極真空管によって増幅が実現したとき（1912年）に，エレクトロニクスという学問・技術が始まった．固体で真空管類似のものを作ろうとする試みは，量子力学建設直後の1920年代に始まる．

3.1 電話網構築がトランジスタ開発の動機

米国全土を覆う高性能電話ネットワークは真空管ではできない

トランジスタのspiritual fatherと呼ばれている人がいる．ケリー（Mervin Kelly）である［菊池, 1992, pp.40-50］．1936年にケリーは，ベル電話研究所の電子管研究部長から，研究ディレクタに昇進する（後年ベル研究所全体の所長になる）［Gertner, 2012］．そしてMIT（マサチューセッツ工科大学）のショックレー（William Bradford Shockley）をはじめ，かなりの数の博士課程修了者をスカウトする．

これらの新入所員に，当時のベル研究所副所長のバックレー（Oliver Buckley）は，次のように訓示した［Gertner, 2012］．

「二人の人間のそれぞれが世界中のどこにいようとも，まるで向かい合っているように，明瞭な会話を，それほど高くない料金で交わすことができる電話網，これを開発することが私たちの仕事だ」．

この発言には背景がある．米国政府は，第1次世界大戦中に電信電話を国家管理にした．この経験から，米国政府は戦後も，AT&Tによる事実上の独占を認める．けれども1934年制定の新通信法は，次のような国家目的を謳う．

「できるだけ遠くまで，合衆国の国民にくまなく，迅速にして効率的な仕方で，国全域，世界全域に有線と無線による通信サービスを，十分な設備を整えつつ，合理的な料金で届けること」［フィッシャー, 2000, p.68］．

この目的を遂行する機関は，もはやAT&Tしかない．ケリーはショックレーにこう語る［菊

池, 1992, pp.44-45］．

「そのネットワークを作るには，もはや真空管は役に立たない．そこで真空管とは全く違った原理で，将来の課題に耐えられるような増幅器を考えてほしい．そのために君に来てもらった」†．

「あのケリーのことばが，私の人生を決めた」．ショックレーは後にそう語る［菊池, 1992, p.43］．

顧客に問うべき価値実現のための研究からトランジスタは生まれた

トランジスタは研究成果の応用として開発されたのではない．企業が市場に問うべき新システム実現のために，研究課題が選ばれている．その実現に必要な問題を設定し，その問題を解決するために必要な人材を集める．こういう姿勢からトランジスタは生まれた．

トランジスタの場合，基礎→応用という順番でことが成ったのではない．産業的・社会的価値の実現を目指す，これが先行している．しかしその実現の前に未知の困難な問題が立ちふさがる．それを克服するためなら，どんな基礎研究もいとわない．こういう進め方である．

後年「モード2」という名が付いた知識生産様式［ギボンズほか, 1997］では，まず解決すべき問題が設定され，その問題解決のために，いろいろな組織から参加者を，分野を超えて集める．問題解決を目指した参加者たちの活動全体がモード2の知識生産であり研究活動だ．この知識を持ってトランジスタ開発を振り返ると，本質は驚くほど「モード2」的である．

---

† ショックレー自身の論文［Shockley, 1976］と，ショックレーへのインタビューを引用した文献［Gertner, 2012］では，このあたりの雰囲気は，やや違う．

ケリーはショックレーに，電話交換機の金属接点スイッチを電子デバイスで置き換えることの重要性を，まず説いている．この当時，すなわち1930年代の最新式電話交換機は，クロスバー交換機である．多数の電磁式の金属接点スイッチ（リレー）を，配線論理方式で制御する．金属接点スイッチを無接点の電子デバイスで置き換えること，これをケリーは望んでいた．

これが実現するのは実は，はるか後年，1970年代である．本格的に使われるのは1980年代になってからだ．ケリーの思いが実現したのは半世紀後である．そのためには電話信号がディジタル化される必要があった．そのディジタル信号を，半導体メモリに蓄え，時分割方式で交換する．この交換機を現在はディジタル交換機と呼んでいる．

実はその前，1960年代に，交換機の制御回路に半導体が使われ，プログラム内蔵方式が導入されて，「電子交換機」が実現する．けれども1930年代にはプログラム内蔵方式という概念は，まだ登場していない．だからケリーが考えていたのは，後年の「電子交換機」ではない．

一方，たしかに真空管にもケリーは困っていた．それは交換機ではなく，中継器に使われていた真空管である．真空管による増幅を用いた中継器によって，ニューヨーク―サンフランシスコ間の通話が可能になる．しかし真空管はデリケートで作るのが難しく，電子管部長だったケリーにとって悩みの種だった．トランジスタが実現した後，中継器の真空管はトランジスタに置き換わっていく．ケリーの思いのうちの，こちらのほうが先に実現する．

金属接点スイッチと真空管，この両方を何とかしなければいけない．ケリーはショックレーにそう説く［Gertner, 2012］．ケリーのこのレクチャーは，忘れられない印象をショックレーに残す．トランジスタ（と後に呼ばれるもの）について「考える意欲」を起こすきっかけになった．ショックレーは，そう記している［Shockley, 1976］．

3.2　失敗の原因を求める過程で増幅を発見

バーディーンが表面の重要性を指摘

　固体で真空管類似の機能を実現しようとする試みは，初期にはいずれも，電界効果トランジスタ（field effect transistor，FET）を目指す．試みは，みな失敗した．ショックレーも失敗を繰り返す．同じチームにいたバーディーン（John Bardeen）がこう忠告した．

　「現代の量子物理学は『表面のないほど大きい結晶』を仮定している．ところが，実験に使う結晶は小さくて，そこには必ず表面がある．この辺で，一度，表面の物理学に戻って，よく理解する努力をすることが必要じゃないだろうか」．

　このバーディーンの一言を，「自分の人生で最高の価値を持つ忠告だった」とショックレーは繰り返し語ったという [菊池，1992，p.48]．

ケリーはバーディーンには違う刺激を与えていた

　実はケリーは，バーディーンにも電話ネットワークの夢を語り，今の真空管ではだめなのだと説く．そのうえでバーディーンにはこう話しているのだという [菊池，1992，p.49]．

　「新しい増幅器について考えるにしても，物質の本性を，深く理解することが必要だ．量子物理学によって，物質の電子的な，また原子的な性質を，正確に理解する努力をしてもらいたい」．

　指導者としてのケリーのすばらしさが，ここに見える．「ショックレーとバーディーンという，歴史に稀な二人の鬼才の，それぞれの性格，能力，興味の違いをはっきりと見抜いて，明らかに違った形の刺激を与えている」[菊池，1992，p.49]．

　先に紹介した「モード2」ではプロデューサの役割が大きい．ケリーはまさにプロデューサだった．問題を設定し，人を集め，プロジェクトを始める．

表面準位を検証する実験の過程で増幅を観測

　その後バーディーンは自ら「表面準位」モデルを提唱する．このモデルを検証するために，ゲルマニウム片に金属線を2本立てた実験が行われる．この過程でブラッテン（Walter Brattain）が，増幅を観測する（1947年12月16日）．これが点接触型トランジスタ[†]の原型である．

点接触型トランジスタから接合トランジスタへ

　点接触型トランジスタは，工業化には不向きの構造だった．それをすぐに見抜いたショッ

---

　† トランジスタ（transistor）という名は，trans-resistor を縮めたものとされている．二つの回路の一方が他方の抵抗（resistor）を変える（trans）という意味から付けられたのだという．

クレーは，増幅機能を観測した現場に居合わせなかったくやしさも手伝って，1箇月ちょっとの間に接合型トランジスタの設計理論を作り上げてしまう（1948年1月23日）．実験的に接合型トランジスタといえるものが実現したのは1949年4月7日である．成長接合型トランジスタが実現して，外部へのデモンストレーションが行われたのは1951年になってからだ．

　ショックレー，バーディーン，ブラッテンの3人は1956年に「トランジスタ効果の発見」でノーベル物理学賞を受賞する．だがケリーはノーベル賞受賞者に名を連ねない．論文の著者にもなっていない．しかしケリーなしにトランジスタはあり得たか．

4. プログラム内蔵方式コンピュータの誕生

コンピュータあるいは計算する機械の歴史記述には，諸説・異論が入り乱れている．なぜそうなるのか．この原因にも，複数の要因が絡み合う．

第1の要因は，それぞれの論者が採用している定義である．コンピュータについても電子計算機についても，論者によって定義が違う．定義が違えば「世界初のコンピュータ」が何かも違う．そこには郷土愛やナショナリズムも微妙に絡む．定義を変えれば，世界初のコンピュータを生み出した人・場所・国も変わるからである．

第2の要因は，概念の創造・発表を重視するか，実際に動くものの実現を重視するか，である．これによって，例えばコンピュータの発明者が変わってしまう．

もう一つ，軍事機密の開示時期の問題が関係する．第2次世界大戦中，いくつもの計算機開発プロジェクトが，世界各国で秘密裏に進行した．暗号解読，弾道計算，原子爆弾開発に伴う計算など，目的は様々である．これらのプロジェクトの実態が，戦後に徐々に開示される．したがって歴史記述の時期によって，史実とみなされる内容が変わってくる．

本書は電子情報通信分野の産業に関する本である．コンピュータ史には深入りしない．この4章では，後世の産業への影響という観点から，プログラム内蔵方式コンピュータが誕生した過程をたどる．加えて，プログラム内蔵方式の産業的インパクトを概観する．

4.1 第2次世界大戦中の高速計算需要が「電子」計算機を生み出す

ムーア・スクール

米国ペンシルベニア州フィラデルフィアにあるペンシルベニア大学電気工学科は，ムーア・スクール（Moore School of Electrical Engineering）と呼ばれていた．電線製造会社を経営していたムーア（Alfred Moore）から，1923年に校舎の寄贈を受けたからである［能澤, 2003, p.261］．初期のコンピュータ開発において，ムーア・スクールの果たした役割は大きい．

まず第1に，ムーア・スクールは1943年から1946年にかけ，高速汎用電子計算機ENIAC（Electronic Numerical Integrator And Computer）を開発し，完成させた．

第2に，ENIAC 開発の過程でプログラム内蔵方式の概念を形成し，それを具現化するための EDVAC（Electronic Discrete Variable Automatic Computer）計画を立て，その内容を 1945 年 6 月に文書「EDVAC に関する報告書——草稿」[von Neumann, 1945] にまとめた．

第3に，「電子式ディジタルコンピュータ設計のための理論と技術」と題するセミナー（通称ムーア・スクール・レクチャー）を 1946 年 7 月〜8 月に開催した．黎明期のプログラム内蔵方式コンピュータはすべて，ムーア・スクール・レクチャーの関係者が生み出す [能澤, 2003, pp.261-263]．

ムーア・スクールで ENIAC 開発から EDVAC 計画を主導したのはモークリ（J.W. Mauchly）とエッカート（J.P. Eckert）である．更に陸軍弾道研究所から，ゴールドスタイン（Herman H. Goldstein）が連絡将校として加わっていた．このゴールドスタインが後に，フォン・ノイマン（John von Neumann）を ENIAC プロジェクトに引き入れる．

機械式から電子計算機へ

計算する機械の基本部品は広義のスイッチである．電子計算機以前は機械的に動く部品（そろばんの珠やリレーなど）が，その役を果たすことが多かった．その役を真空管やトランジスタなどの電子デバイスに替えたものが電子計算機といえよう．電子デバイスは機械的に動くことはないが，スイッチの役割を果たす．機械式から電子式への置換えの動機は高速化である．戦争遂行に伴う高速計算需要が「電子」計算機を生み出した．

1943 年 6 月 5 日，ムーア・スクールは米陸軍弾道研究所と真空管で高速計算を実現するためのプロジェクトに関する契約を結ぶ．これが ENIAC プロジェクトである．ENIAC は第 2 次大戦中には完成せず，戦後すぐの 1945 年 12 月に動作が確認され，1946 年 2 月 15 日に一般公開された [エレクトロニクス 50 年史と 21 世紀への展望, 1980, p.201]，[能澤, 2003, p.180]．

ENIAC は長く世界初の電子計算機とされてきた．ただし真空管を演算素子として用いることについては，いくつか先行事例が確認されている．例えばアイオア州立大学のアタナソフ（John Vincent Atanasoff）は 1939 年，大学院生ベリーの協力の下，真空管方式の試作機を稼働させ，ABC（アタナソフ＆ベリー・コンピュータ）と名付けた[†1（次ページ参照）]．また 1943 年には英国政府が真空管方式の暗合解読機コロッサス（Colossus）を開発，ドイツの暗号解読に用いている[†2（次ページ参照）]．ただし，いずれも特定目的のための専用機で，汎用計算機ではない．

ENIAC は「高速」の「汎用」計算機を「電子」デバイスによって実現した．電子・高速・汎用を兼ね備えた最初の計算機は，やはり ENIAC である [能澤, 2003, p.202]．産業の観点からいえば，後のコンピュータ開発に与えた ENIAC の影響は大きい．

ENIAC のプログラム方式には柔軟性が乏しかった

ENIAC は 18 000 本もの真空管を使っていた．切れて使えなくなる真空管が確率的に出て

---

†1 (前ページの脚注)　アタナソフの ABC (アタナソフ&ベリー・コンピュータ) は，連立 1 次方程式を解くための計算機として 1939 年に試作された．論理演算には真空管，メモリにはキャパシタ (コンデンサ) を用いている．ただしこのメモリは，プログラム内蔵方式におけるプログラム収容のためのメモリではない．アタナソフは特許出願を大学の事務官に任せたが，実行されなかったという．

　ENIAC チームの一人モークリは 1940～1943 年に何度かアタナソフと接触していて，ABC を見学し，ABC について話し合っている．そのモークリはエッカートと共に「汎用電子式コンピュータ」の特許 (ENIAC 特許) を，1947 年に出願，特許権をレミントンランド社 (後のスペリーランド社) に譲渡した．同社は UNIVAC ブランドでコンピュータを製造販売する．

　1967 年，ハネウェル社は ENIAC 特許の無効を主張，スペリーランド社を訴える．裁判は 1973 年に結審する．ENIAC はアタナソフの ABC から多くのアイデアを取り入れているとし，判事は ENIAC 特許を無効と断じた．この結果，ENIAC を「世界初の電子計算機」とはいいにくくなった．

　ただしこの判決に対する識者の反応は，おおかた否定的だという．ABC はプログラムに従って動作するような機械ではなく，また完全動作もしていなかったからである [能澤, 2003, p.210]．

†2 (前ページの脚注)　コロッサス (Colossus) は真空管方式の暗号解読専用電子計算機である．その 1 号機は 1943 年 12 月に動作が確認されている．ENIAC の動作確認は 1945 年 12 月だから，コロッサスのほうが先に動作している．ただしコロッサスは暗号解読に特化した専用機だったのに対し，ENIAC は様々な計算に対応できる汎用の電子計算機だった．

　第 2 次大戦中の英国の暗号解読活動は，通称ブレッチリー・パーク (Bletchley Park) で行われた．コロッサス開発をブレッチリー・パークで率いたのはニューマン (Max Newman) である．けれども実際の設計製作は英国郵政省で行われた．郵政省ではフラワース (Tommy Flowers) が設計製作を担当した．1 号機は 1943 年 12 月の動作確認後にブレッチリー・パークに届けられ，1944 年 2 月から実用に供された．その後の改良機も含め，合計 10 台作られている．

　ナチス・ドイツが用いたロレンツ (Lorenz) 暗号 (通称フィッシュ) の解読支援に，コロッサスは用いられた．ただし，その事実を含め，ブレッチリー・パークでの活動は，戦後も長く軍事機密とされ，コロッサスのハードウェアも設計図も廃棄される．ブレッチリー・パークで働いていた 1 万人は，仕事の内容を家族にも語らず，30 年間も沈黙を守ったという [星野, 2002, p.88]．しかし 1970 年代以後，徐々に情報公開が進んでいる．

　軍事機密とされた期間が長かったせいもあって，誤った風説もある．例えば「チューリング (Alan Mathison Turing) がコロッサスを設計し，ドイツ軍のエニグマ (Enigma) 暗号を解読した」という説がある．これは誤りであることが確認されている．

　チューリングは，たしかにエニグマ暗号の解読に貢献した．けれどもチューリングが設計してエニグマ解読に用いたのは，コロッサスではなく，ボンブ (bombe) と呼ばれる暗号解読機である．ボンブは電子式ではなく，機械式だった．

　計算する機械の数学的基礎付けに関するチューリングの貢献は大きく，いわゆるチューリングマシンによってチューリングは知られていた．しかしエニグマ暗号解読へのチューリングの貢献は，暗号解読活動の通例として秘密とされ，第 2 次大戦後にも顕彰されることはなかった．

　1945 年 10 月にチューリングは NPL (英国国立物理学研究所) に移る．そして 1946 年 2 月に ACE (Automatic Computer Engine) と呼ばれるコンピュータを提案する [星野, 2002, pp. 100-101]．またここでチューリングは，例のフォン・ノイマンの草稿 [von Neumann, 1945] を読む機会を得た．ただし ACE が試作されたのは，チューリングが NPL を去った後の 1951 年ごろである．チューリングは 1948 年，ニューマン (コロッサス・プロジェクトを主導) に誘われ，マンチェスター大学に移る．そこでマンチェスター・マーク I やフェランティ・マーク I のシステムソフトウェアを担当したという [能澤, 2003, pp. 119-120]．

　1952 年，チューリングは同性愛を理由に有罪とされる．当時の英国では同性愛は違法だった．1954 年にチューリングは自殺する．享年 41 歳．

　死の 20 年後，1974 年になるとブレッチリー・パークの活動に関する本が出版され，暗号解読に関するチューリングの功績も，世間の知るところとなった．世界各地でチューリングの再評価や顕彰が進むなか，チューリングを同性愛で告発したことについて，英国首相ブラウン (James Gordon Brown) は 2009 年，英国政府として謝罪を表明した．さらに英国政府は 2013 年 12 月 24 日，死後恩赦を確定した．

くる．大量の真空管を用いるシステムにつきまとった問題である．ただし駆動電圧をメーカー規定より下げるなどして，故障しにくくする工夫をしており，稼働率は高かったという［星野，1995, p.96］．それにしても真空管の使用量が多すぎ，電力消費，発熱，信頼性，コストなどに問題があった［能澤，2003, p.233］．

ENIAC には，もう一つ大きな問題があった．プログラムに柔軟性が乏しかったことである．ENIAC では，プログラムを変えるには配線をつなぎ変えなければならない．これではだめだと，グループの面々はかなり早い時期に考えるようになっていた．

4.2 プログラムの柔軟性を求めてプログラム内蔵方式へ

プログラム内蔵方式

既に述べたように ENIAC 開発チームは，ENIAC 完成のずっと前に，ENIAC のプログラム方式に限界を感じていた．そしてプログラム内蔵方式の考え方を徐々に形成し，それを具現化するための EDVAC 計画を，ENIAC 完成以前の 1944 年 8 月にスタートしている．

プログラムをあらかじめメモリに入れておき，プロセッサがメモリからプログラムを読み込んで，情報処理を実行していく．これがプログラム内蔵方式である．**図 4.1** に通常の処理方式とプログラム内蔵方式の違いを示す．

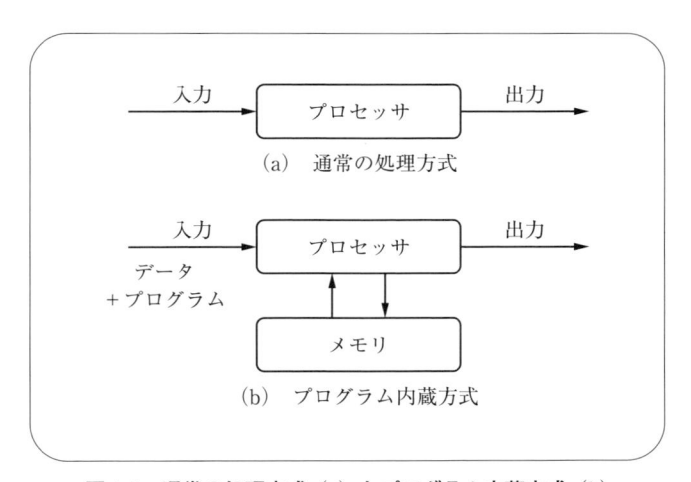

図 4.1 通常の処理方式 (a) とプログラム内蔵方式 (b)

例えばオーディオのアンプを考えよう．入力には，音声が乗った電気信号が入ってくる．これが増幅され，出力として出ていく．増幅という単一目的のための処理装置（プロセッサ）だ．別の処理をしようと思えば，ハードウェアを変えなければならない．この仕組みが図 (a) である．

プログラム内蔵方式における信号処理の流れを図 (b) に示す．処理の対象となる信号（データ）だけでなく，処理の手続きも入力として入れてやる．この処理の手続きがプログラムである．このプログラムをデータと同様にディジタル化し，書換え可能な内蔵メモリに一度蓄える．

システムがプログラムを内蔵するので，プログラム内蔵方式の名がある．あるいは，システム中のメモリにプログラムを蓄えるので，蓄積プログラム方式とも呼ぶ．プロセッサは，メモリに入っているプログラムの指示に従って，データを呼び出し，処理を加えて出力する．

プログラム内蔵方式はハードウェアを汎用にする

プログラム内蔵方式では，仕事の内容が変わっても，ハードウェアを変える必要がない．プログラムだけを変えればいい．メモリの内容を書き換えればよいのである．プログラムとはソフトウェアだ．ハードウェアは汎用にしておいて，個々の仕事にはソフトウェアで対処する．

高価なハードウェアを汎用にしておいて，様々な仕事に使い回す．プログラム内蔵方式開発の動機の一つに，これがある．後に述べるマイクロプロセッサの場合は，これが直接の動機といえよう．

EDVAC計画の当時でも，ハードウェア，特にメモリの節約は重大関心事だった．EDVAC実現の隘路はメモリにあり，データとプログラムを同じメモリに入れる動機も，メモリの節約だったようである［von Neumann, 1945］．

黎明期のプログラム内蔵方式コンピュータに用いられたメモリは，超音波遅延線と陰極線管（cathode ray tube, CRT）である．少し遅れて磁気コアが登場し，1950年代後半以後には主流となる．1970年代に入ると半導体メモリが使われるようになり，現在に至る．

プログラムでプログラムを操作する可能性を開く

データとプログラムを同一のメモリに入れるためには，データとプログラムの表現形式を共通にしなければならない．具体的には両方とも共通形式のディジタル信号で表現されることになった．メモリ節約のために始めたこの方式が，後に大きな効果を発揮する．

データとして意識されていたのは，当時は数値だけである．プログラムは数値を操作した．けれどもプログラムがデータ（数値）と同じ形式で表現されていれば，データだけでなくプログラムも，別のプログラムで操作することが可能になる．これは数値ならざる情報をプログラムで処理することを意味する．この可能性が，コンピュータを万能の機械とする方向へ，道を開いた．ただしEDVAC計画段階では，この可能性を関係者が認識していたとはいえない［能澤, 2003, pp.250-251］．

プログラム内蔵方式の創始者を特定することは難しい

　プログラム内蔵方式の創始者は誰か，この確定は難しい．すでに述べたように，ENIAC の開発グループは，ENIAC 完成のずっと前に，ENIAC のプログラム方式には限界を感じていた．このグループにフォン・ノイマンが加わるのは 1944 年 8 月～9 月である．エッカートがプログラム内蔵方式を思いつき，上司にメモを出したのは 1944 年 1 月，フォン・ノイマンがグループに加わる前だとエッカートは主張する [Eckert, 1976]．

　ENIAC グループは，プログラム内蔵方式の EDVAC 計画を，ENIAC 完成以前，1944 年 8 月にスタートしている．プログラム内蔵方式のアイデアは，フォン・ノイマンが ENIAC グループに加わる前に生まれ，グループ内で共有されていた．そう考えるほうが自然だろう．

　しかしプログラム内蔵方式の概念を最初に文書に著したのはフォン・ノイマンである．1945 年 6 月 30 日付の「EDVAC に関する報告書――草稿」[von Neumann, 1945] によって，プログラム内蔵方式がフォン・ノイマンの考案であるかのような伝説が生まれたのかもしれない．

ムーア・スクール・レクチャー

　すでに紹介したようにムーア・スクールは 1946 年 7 月 8 日～8 月 31 日，「電子式ディジタルコンピュータ設計のための理論と技術」と題する夏季セミナー（通称ムーア・スクール・レクチャー）を開催した．その後に開発された黎明期のプログラム内蔵方式コンピュータはすべて，このムーア・スクール・レクチャーの関係者が生み出す [能澤, 2003, pp.261-263]．いくつか例を挙げておこう．

- ▶ 英国マンチェスター大学のベイビー・マーク I（1948 年 6 月 21 日に動作）
- ▶ 英国ケンブリッジ大学の EDSAC（1949 年 5 月 6 日に動作）
- ▶ 米国のエッカートとモークリによる商用コンピュータ UNIVAC I（1951 年 3 月出荷）
- ▶ 米国マサチューセッツ工科大学（MIT）のワールウィンド（1951 年 4 月 20 日に動作）
- ▶ 米国ペンシルベニア大学ムーア・スクールの EDVAC（1952 年動作）
- ▶ 米国プリンストン高等研究所（Institute for Advanced Studies）の IAS コンピュータ（1952 年動作）

プログラム内蔵方式コンピュータの実現では英国が先行

　プログラム内蔵方式コンピュータとして世界で初めて動作したマシンは，英国マンチェスター大学のベイビー・マーク I（Baby Mark I または The Baby）と現在は考えられている．正式には The Small Scale Experimental Machine と呼ばれる．開発を推進したのは，ブレッチリー・パークでコロッサス開発を率いたニューマン（Max Newman）である（p.24 の脚

注†2参照）．ニューマンは戦後マンチェスター大学に移り，コンピュータ開発を指揮する．ニューマンはリース（David Rees）をムーア・スクール・レクチャーに送り込むと同時に，ウィリアムズ（Frederic Williams）とキルバーン（Tom Kilburn）を迎えてプロジェクトを推進した［能澤，2003，p.293］．

ウィリアムズは CRT を改造し，ランダムアクセス可能なメモリ（ウィリアムズ管）を開発する．ベイビー・マーク I は，ウィリアムズ管がメモリとして使えることを確認するための小規模実験機という位置付けである．ベイビー・マーク I は 1948 年 6 月 21 日に動作した．

マンチェスター大学はその後，ベイビーの成果を受け，マンチェスター・マーク I を開発，1949 年 6 月には動作に成功する．さらに，このマーク I をベースに，フェランティ（Ferranti）社が，フェランティ・マーク I を開発した．フェランティ・マーク I は 1951 年初頭に出荷される．米国の UNIVAC I の納品より，わずかに早い．

ベイビーの次に動いたプログラム内蔵方式コンピュータは，ケンブリッジ大学の EDSAC（Electronic Delay Storage Automatic Calculator）である．EDSAC は 1949 年 5 月 6 日に初めて動作した［Wilkes, 1977］．

EDSAC プロジェクトの中心にいたのはウィルクス（Maurice V. Wilkes）である．ウィルクスもムーア・スクール・レクチャーを受講した．またウィルクスは EDVAC に関するフォン・ノイマンの報告書［von Neumann, 1945］も読んでいる．EDSAC の設計は EDVAC 計画に忠実である．そして EDVAC より先にプログラム内蔵方式コンピュータを実現した．ただしそのウィルクスも，プログラム内蔵方式を「ノイマン型」と呼ぶのは好まないとしている［Wilkes, 1977］．

EDSAC もプロセッサには真空管を用いた．真空管をフル稼働させないようにし，真空管が切れる頻度を少なくしている．使いものになるコンピュータを作るためだった［Wilkes, 1977］．メモリには超音波遅延線†，入力には紙テープ読取り装置，出力にはテレプリンタを用いた．入出力装置は当時の電信（テレックス）からの流用だろう．

EDSAC には後の電子情報通信産業への大きな貢献がある．先に述べた「プログラムでプログラムを操作する」可能性を現実のものにしたことである．1949 年という時点で，EDSAC では原初的なオペレーティングシステム（operating system, OS）が動いていた．

---

† 鋼鉄製の円筒につめた水銀の中を超音波パルスが伝わっていく，という形のものである．水銀柱の両端には水晶が付く．水晶は機械振動と電気振動の変換器として働く．このメモリの容量は合計で約 17K ビット，アクセス時間は 0.5 ミリ秒程度だったようである［能澤，2003，pp.303-304］．

4.3 オペレーティングシステムの萌芽

プログラムを実行させるためのプログラム──EDSAC のイニシャルオーダー

　EDSAC のプログラムは，電信（テレックス）用の紙テープに穴を開けたものを用いていた．穴の有無を光学的に読み取り，電気信号に変えてコンピュータに入力する．しかしこのままでは，コンピュータ内部のビットパターン表現（マシン語）にはならない．

　このマシン語表現を実現するのに，当時は操作卓のスイッチを人間が直接オン／オフしていた．あるいは数式の文字表現を，人間がマシン語（内部ビットパターン）にあらかじめ翻訳し，この内部ビットパターンの列を紙テープに穴開けした［能澤, 2003, p.312］．

　これに対して EDSAC では，コンピュータプログラムによって上記の変換を行った．この変換プログラムが「イニシャルオーダー」である［Wilkes, 1977］［能澤, 2003, pp.313-314］．

イニシャルオーダーは OS でもあり言語処理プログラムでもあった

　このイニシャルオーダーは画期的である．当時はプログラムといえば数値計算プログラムだった．ところが「イニシャルオーダー」は，プログラムを実行させるためのプログラムだ．今日の用語でいえば，数値計算プログラムはアプリケーションプログラムであり，イニシャルオーダーはシステムプログラムである．そう考えれば，イニシャルオーダーは OS の原型である．人間に理解しやすい言語表現を，コンピュータ内部の表現に変換するプログラムと考えれば，言語処理プログラムであり，アセンブラの原初ともみなせる．それが 1949 年という時点で，EDSAC には，すでに付いていた．

　ただし EDSAC のこの先進的システムは，すぐには広まらなかった．人間がスイッチを操作して結線を変えたり，コンピュータのマシン語で直接プログラミングする「人間変換方式」［能澤, 2003, p.312］のほうが，1950 年代までは主流だ．当時は，そのほうが安くて速かったからである．

　EDSAC 開発の中心にいたウィルクスは，柔軟性と改良の容易さを求めていた［ボールドウィンほか, 2004, p.188］．彼のこの姿勢は，当時は主流ではない．しかしやがて，すべてのコンピュータが，この方向に向かう．

　プログラム内蔵方式の導入は，まず，ハードウェアとソフトウェアをモジュール化した．次いで，ハードウェアを，プロセッサとメモリにモジュール化する．さらに 1949 年に既に，ソフトウェアをシステムプログラムとアプリケーションプログラムにモジュール化した．

　これらのモジュールはすべて，後に分業の対象となり，それぞれを専業とする企業が誕生している．プログラム内蔵方式の産業への影響は広大である．

4.4 プログラム内蔵方式がハードウェアとソフトウェアをモジュール化

コンピュータシステムを2大モジュールに分ける

プログラム内蔵方式はコンピュータシステムを，ハードウェアとソフトウェアという2大モジュールに分解した．ハードウェアの設計製造とは独立に，ソフトウェアを作るという仕事が，ここに誕生する．ハードウェアとソフトウェアの分業が成立したともいえる．ここから出発して，やがてコンピュータ業界には，複雑多岐な水平分業構造が進展していく．それを追うことが，本書の主要部分を構成するだろう．

コンピュータのプログラム（仕事の内容）は，当初は数値計算だけである．しかしプログラム内蔵方式は，ほかの仕事にコンピュータを使うことを可能にした．極端にいえば，コンピュータは何にでも使える装置になった．実際，今なら，飯の炊き方も文章の書き方も，プログラムとしてコンピュータに入っている．プログラム内蔵方式の導入こそ，「電子計算機というものを単なる数値計算の道具から，真に無限の可能性を内蔵した汎用の情報処理機械に発展させた鍵だったのである」[高橋，1983, pp.17-18]．

やがてソフトウェアは多種多様になる．プログラマ，ソフトウェアエンジニア，といった新しい職業が次々に生まれる．ハードウェアを一切作らず，ソフトウェアの開発生産だけを事業とする会社が登場し，発展する．

システムの付加価値を作る場が，次第にソフトウェアに移っていく．なぜならプログラム内蔵方式では，ハードウェアは汎用だからである．システムを個性化し付加価値を上げるのはソフトウェアの仕事になる．この結果，ハードウェア製造を主たる業とする企業と，ソフトウェアによる付加価値向上を担う企業は，別会社となって水平に分業する．これが20世紀末には主流となっていく．

ハードウェアではプロセッサとメモリがモジュールとして独立する

プログラム内蔵方式はまた，コンピュータハードウェアにおいて，プロセッサとメモリをモジュール化した（図4.1）．プロセッサとメモリの設計製造は，それぞれ独立する．やがて後年，プロセッサもメモリも半導体で構成されるようになる．そしてプロセッサ専業の会社とメモリ専業の会社が成立する．

1章で紹介したように，プログラム内蔵方式と半導体（トランジスタ）は，1940年代の終わりごろ，ほぼ同時に世に出た．これは運命的である．誕生後，この両者は互いに支え合い，刺激し合いながら発展を続けて現在に至っている．

プログラム内蔵方式は電子情報通信分野における巨大なイノベーション

プログラム内蔵方式の産業的インパクトは巨大である．スーパーコンピュータからパーソ

ナルコンピュータまで，大小様々なコンピュータという大製品群をもたらしたことはいうまでもない．メモリやディスプレイ，さらにはプリンタなどの周辺機器まで含めれば，プログラム内蔵方式コンピュータは，それ自体が巨大産業を形成している．

しかしそれだけではない．コンピュータとは意識されていない種々の機器の内部で，プログラム内蔵方式の情報処理が行われている．電話やテレビなどの伝統的電子製品，炊飯器や洗濯機などの家庭電気製品，自動車を代表とする輸送機械，工場で使われる多種多様な製造装置，更には機械を作る工作機械など，あらゆる機器・システムの内部に，いまではプログラム内蔵方式の情報処理装置が組み込まれている．プログラム内蔵方式は，電子情報通信分野における最大のイノベーションの一つといえよう．

4.5 ディジタル化がコンピュータを数値計算から解放

数値・文字・音声・画像などをディジタル化によって統一的に処理

すでに触れたように，電気通信メディアはトン／ツーというバイナリーディジタル方式の電信で始まった．しかし電話やラジオの発明によりアナログ方式に変わる．再びディジタル方式が使われるようになるのは第2次大戦後である．

ディジタル化はコンピュータを数値計算から解放した．ディジタル化によって，数値だけでなく，文字・音声・画像など，あらゆる情報を統一的に処理できるようになった．計算の道具だったコンピュータと，ラジオやテレビなどのメディアが一体化する道が開けたわけである．

データ（対象）だけでなくプログラム（手続き）もディジタル化される

上に述べたのは，データのディジタル化である．プログラム内蔵方式では，データだけでなくプログラムもメモリに入れる．これまで何度も述べてきたとおりである．ということは，プログラムもデータ同様，ディジタル化されなければならない．

データはコンピュータが処理する「対象」である．対してプログラムは処理の「手続き」だ．プログラム内蔵方式では，両者ともディジタル化され，同じメモリに入る．「このように対象だけでなく，手続きをディジタル信号で表現することが，20世紀後半のコンピュータの発展を実現した本質的な技術革新」である［池田，2002］．

ディジタル化にはコストがかかる．音声や画像などの複雑な情報をディジタル信号に変換しなければならない．それは，ただではできない．ただし一度ディジタル化してしまえば，コンピュータは，元の複雑性とは関係なく，他の情報と同様，効率的に処理できる．ディジタル化のコストとディジタル処理の利益，そのどちらが高いかによってディジタル化の程度

が決まる［池田，2002］．

半導体集積回路はディジタル化に向いていた

　半導体は，実はディジタル化の方向に世の中を動かした一方の主役である．真空管からトランジスタへ，そして個別トランジスタから集積回路へという半導体デバイスの発展の方向は，ディジタル化の方向に沿っていた．

　ディジタル集積回路の機能当り価格（例えば1ビットの記憶に要する価格）は，10年で100分の1というペースで下がり続けてきた（ムーアの法則）．この価格低下を利用できるシステム構成のほうが，いまは高くても何年か後には安くなってしまう．これがディジタル化の背景にある．

　ただしディジタル化の進展はアナログ技術が不要になることを意味しない．人間はアナログ信号の世界に生きているからである．結果を人間が見聞きできる形にしなければならず，また人間からの指示命令を受けなければならない．そこには必ずアナログ信号が介在する．ディジタル化の進展のなかで，アナログ技術の重要性はむしろ増しているのが現状である．

第II部
半導体のたどった道

　1950年代にゲルマニウムトランジスタで始まった半導体産業は，1960年代にはシリコン集積回路に発展する．集積回路上のトランジスタ数は3年で4倍，10年100倍のペースで増え続けて現在に至る（ムーアの法則）．1970年代初頭にはプログラム内蔵方式コンピュータがシリコンチップに載り，マイクロプロセッサと名付けられる．

　1970年代になるとコンピュータのメインメモリに半導体メモリが採用され，半導体メモリが産業的に躍進する．1980年代前半には日本の半導体メーカーがメモリ市場を制し，日本の半導体産業が大きく伸びた．しかし1980年代後半以後は，日本のシェアは減少を続け，韓国の半導体メーカーがメモリ市場の主役である．

　1980年代の後半以後，半導体産業では設計と製造の分業が盛んになる．製造工場を持たないファブレスの設計会社と，製造サービスを提供するシリコンファウンドリ，この両者の組合せが，半導体産業の主役になりつつある．

　日本の半導体産業は設計と製造の分業を嫌い続け，結果的にほとんど壊滅した．

5. 個別トランジスタから集積回路へ

5.1 トランジスタでラジオを作る

トランジスタの周波数特性を上げてラジオに使えるようにする

　1950年代になってトランジスタは，工業化の道を歩き始める．しかし最初は，補聴器などに使われただけだった．動作速度が遅いことが，応用を限定していた．トランジスタでラジオを実現することによって，トランジスタ工業は離陸する．この離陸を成し遂げたのは日本である．

　「トランジスタを商品に使うならラジオだというのが私の最初からの考えであった」［井深，1968］．井深は東京通信工業（後のソニー）の創業者の一人で，当時は社長である．井深が「トランジスタでラジオを作ろうと思う」と1953年ごろに米国で話したところ，米国の専門家たちに笑われ，「それはやめなさい」と何度も忠告されたという［菊池，1992, pp.87-88］．

　ところがトランジスタラジオという目標を社長から与えられたソニーの技術者たちは，ラジオに使えるまでに周波数特性を上げたトランジスタを，作り上げてしまう．

一時日本が世界一のトランジスタ生産国に

　トランジスタラジオは日本国内より米国でよく売れた．トランジスタの需要も飛躍的に伸びる．

　1955年にソニーはトランジスタの量産を始める．以後各社の量産体制が整い，一時的とはいえ，米国を抜いて世界最大のトランジスタ生産国となった［電子工業20年史，1968, p.111］．

5.2 集積回路以前

ゲルマニウムからシリコンへ

　この当時の日本製トランジスタはゲルマニウム製である．しかし同じころ米国では，シリコンへの転換と，後の集積回路につながる技術開発が進んでいた．

　米国電子工業の重心は当時，民生用から政府向け（大半が軍事用）に移っていた．1950年の朝鮮動乱勃発もあって東西冷戦が本格化する．半導体の需要も軍事用が中心となり，信頼性，速度，小型化などが，コストより重視された．民生用市場は米国では手薄になってい

く．そこに日本製のトランジスタラジオが大量に輸出される．これが日本のゲルマニウムトランジスタ産業の立上りに寄与した．

シリコントランジスタは1954年にテキサス・インスツルメンツ（Texas Instruments, TI）社が開発した．トランジスタ材料がシリコンであれば，シリコンの表面に安定な酸化膜（SiO_2）が作れる．このシリコンとシリコン酸化膜という組合せが，以後のトランジスタの安定化（パシベーション）と，集積回路の実現に大きな役割を果たす．

シリコンとシリコン酸化膜の重要性の認識については，ベル研究所のモル（John Moll）のグループの貢献が大きい．酸化膜を発明したのはモル・グループの一員，フロッシュ（Carl J. Frosch）である．酸化膜が不純物拡散のマスクになること，酸化膜に窓を開ければ蒸着電極形成に使えることなど，後年の標準技術を，1955年にフロッシュは予見していた［ホロニャック，1996］．

東海岸から西海岸へ——シリコン・バレーの誕生

トランジスタ開発の中心だったショックレーはベル研究所を去り，1955年，米国西海岸カリフォルニア州マウンテンビューに設立されたショックレー半導体研究所の所長に就任する．そのショックレーが翌1956年には，バーディーン，ブラッテンと共にノーベル賞を受賞する．ショックレー半導体研究所には，ショックレーの名声を慕って俊秀が集まった．シリコン・バレーがこうして始まる．

シリコンの重要性を確信していたモルも，1958年にベル研究所を去り，西海岸のスタンフォード大学に移る．そこでモルは，多くの優れた人材を育てた．

フロッシュは1956年に学会で，酸化膜をマスクに使う発表をする．これをノイス（Robert N. Noyce）が聞く．酸化膜マスクと拡散でトランジスタが作れる——そう思ったノイスは，トランジスタを作りたくなる［ノイス，1981］．

ノイスは当時，ショックレー半導体研究所に在籍していた．ショックレーはそのころ，2端子のダイオードに固執していて，3端子のトランジスタをノイスは開発させてもらえない．これが後に，ノイスたちがショックレーの下を去る原因の一つとなる．

裏切り者の8人がフェアチャイルド社を創立し，プレーナプロセスを開発

1957年秋に，フェアチャイルド・セミコンダクタ（Fairchild Semiconductor）社が創立される．ショックレー半導体研究所で働いていた8人がショックレーを「裏切り」，Fairchild Camera and Instruments社の出資を仰ぐ．「裏切り者の8人」（Traitor Eight）のなかにホーニ（Jean A. Hoerni）がいた．

ホーニはプレーナプロセスを開発，1959年5月に特許出願する［Hoerni, 1959］．実はトランジスタのpn接合部が空気にさらされると，トランジスタの動作が不安定になる．これは

接合型トランジスタでは大問題だった．ところがホーニのプレーナプロセスでは，接合部を常に酸化膜で覆って保護する．ノイスは大感激したという［ノイス，1981］．

次は蒸着による電極形成である．こちらのほうはノイス自身が特許出願する［Noyce, 1959］．金属を蒸着して，後で不要部をエッチングで除去し，ベース電極とエミッタ電極の両方に使うようにする．これでプレーナプロセスの基本が完成する．

プレーナ特許は日本の半導体メーカーにも大きな影響を与えた．ゲルマニウムトランジスタの唯一の利点とされていた「安価」すら，プレーナトランジスタが打ち破ると予測できたからである．国内半導体メーカーは結局，4.5%という特許料でプレーナ特許を導入する［馬場，1974］．

5.3 集積回路の概念とその製造工程

キルビーが集積回路を実現させる

テキサス・インスツルメンツ社のキルビー（Jack A. Kilby）が集積回路に近いものを考えついたのは，1958年7月である［Kilby, 1976］．それが実際にできたのが1958年9月12日だった．またいわゆるキルビー特許の出願は1959年2月6日［Kilby, 1959］である．

キルビーは2000年にノーベル賞を受賞する．そのノーベル賞のプレスリリースは，ノイスの名を挙げ，業績に触れている．これは集積回路の発明者としてはキルビーに加え，ノイスを意識しているからである．ノイスは1990年に物故した．ノイスが存命なら，2人の受賞だったのではないか，私はそう推察している．

その後の実際の集積回路はノイスたちのプレーナプロセスで作られる

ノイスは存命中に私のインタビューに応え，次のように語っている．「キルビーは集積回路という概念を強力に推し進めた．そのことで彼の貢献はとても大きい．しかし彼が考えた製造法は実用的ではなかった．集積回路は今でもプレーナプロセスで作られている」［ノイス，1981］．

集積回路の製造工程を**図 5.1**に示す．シリコンの薄板（ウェーハ）に，別の物質をしみ込ませたり（ドーピング），一部を削り取ったり（エッチング），別の物質を付けたり（デポジション）する．集積回路の製造工程は，このドーピング，エッチング，デポジションの繰返しである．加工の位置はフォトリソグラフィで決める．

なお日本でも，集積回路といえるような特許を，キルビーに先駆けて垂井康夫が出願している．また垂井は日本国内で最初に集積回路を動作させている［垂井，2000］．

キルビー特許［Kilby, 1959］と，ノイスのプレーナ集積回路特許［Noyce, 1959］との間で，

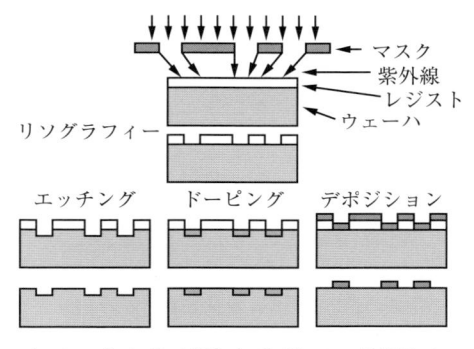

5. 個別トランジスタから集積回路へ

プロセスとか前工程とも呼ばれる．位置決めのためのリソグラフィー，シリコンウェーハに別の物質をしみ込ませるドーピング，削り取るエッチング，別の物質を付着させるデポジションを繰り返して，トランジスタなどを作り込む．この間，しばしば炉に入れて加熱する．

**図 5.1　集積回路の製造における
ウェーハ加工工程**

後に係争が起こる．「酸化膜に密着する金属による相互接続」というアイデアはノイスに帰する，と法廷は断じた [Kilby, 1976]．

　日本では，はるか後の 1986 年にキルビー特許を分割した一部が公告された．この時期には，集積回路は生活の隅々にまで普及している．日本の半導体業界は莫大なライセンス料を払うことになった．ただしその後，富士通がテキサス・インスツルメンツの請求範囲を無効とする訴訟を起こす．最終的には 2000 年に，当初特許（当時すでに失効）の分割そのものが無効とされた．

バイポーラから MOS へ

　1960 年代に入ると集積回路の商業生産が始まる．構成要素はバイポーラトランジスタ[†]だった．しかし同時期に MOSFET 開発の努力が続いていた．

　FET (field effect transistor)，すなわち電界効果型トランジスタは概念としては古い．しかしなかなか実現しなかった．MOS は metal-oxide-semiconductor の略称である．半導体上に酸化膜（絶縁膜）を付け，更にその上に金属を付ける．金属に電圧をかけ，絶縁膜を介して半導体中に電界を誘起させ，この電界で半導体中のキャリヤを制御する（図 5.2）．RCA のホフシュタイン（Steven Hofstein）とハイマン（Frederic P. Heiman）が成功，1963

[†] バイポーラトランジスタとは，ショックレーたちが実現したトランジスタを指す．pnp または npn という形で 2 種の極性の半導体を組み合わせて用いるところから「バイポーラ」の名が付いた．当初は単にトランジスタと呼ばれていたが，FET（電界効果トランジスタ）と区別する必要のあるときはバイポーラトランジスタと呼ばれるようになった．

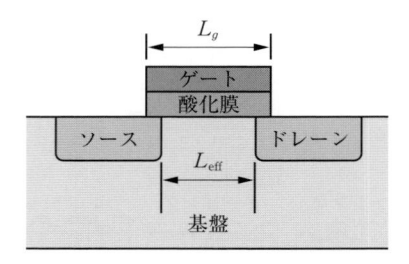

ゲート長 L_g または L_{eff} で最小加工寸法（デザインルール）を代表させることが多い

図5.2　MOSFET の基本構造

年に発表する［Hofstein, et al., 1963］.

　集積回路はいま，ほとんど MOS 型である．

モジュール構成が真空管と個別トランジスタでは同じで，集積回路は別になる

　電子回路の主役は，真空管→個別トランジスタ→集積回路と交代してきた（**図5.3**）．なお，単体のトランジスタなどを集積回路と区別するときには「個別」（discrete）を前に付ける．真空管は「球」と呼ばれた．これに対し個別トランジスタは「石」と呼ばれる．

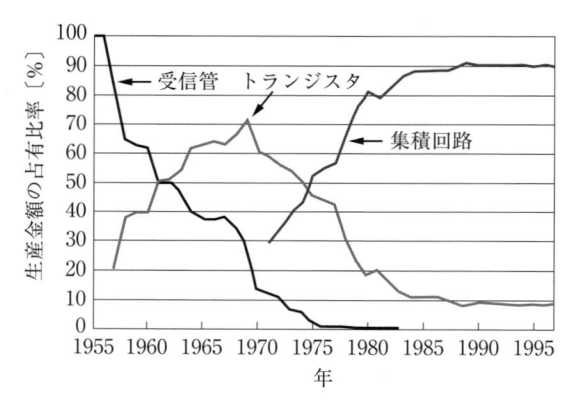

図5.3　真空管，トランジスタ，集積回路の世代交代（資料：通産省（現 経済産業省）機械統計）

　集積回路の一つひとつを「チップ」と呼ぶ．厚さ1ミリメートル以下のシリコンの薄板で，大きさは数ミリ角から数センチ角までである．最近は一つのチップのなかに数億個のトランジスタが載っている．

　同じ半導体でできていても，個別トランジスタと集積回路は，産業的な意味が違う．真空管と個別トランジスタの違いより，個別トランジスタと集積回路の違いのほうが，産業への

インパクトの点では大きい．その違いはどこからくるか．

　最終製品（ラジオなどのセット）を作り上げるまでの仕事の流れは，モジュールの観点からすると，真空管と個別トランジスタでは，同じになる．いくつかの真空管あるいはトランジスタを中核に置き，周辺に受動部品を置いて配線し，回路を形成する．真空管またはトランジスタを作る仕事，受動部品を作る仕事，それらを調達して回路を作る仕事のそれぞれが，モジュールとして独立している．この点，真空管でも個別トランジスタでも同じだ．

　ところが集積回路では，回路を設計するまでの仕事はペーパーワーク（現在の実態はコンピュータ作業）である．それを集積回路として具現化する仕事（集積回路の製造）は，巨大な工場において，図5.1の工程を繰り返すことになる．すなわち集積回路では，設計と製造のそれぞれが，大きなモジュールとして独立していく．この設計と製造の関係については，後で詳しく考察する．

5.4　比例縮小則とムーアの法則

各部の寸法を比例縮小させながら微細化する

　集積回路における製造技術の進歩とは，一つのチップのなかになるべくたくさんの回路を作り込むことである．そのためには加工寸法を小さくする（微細化）．微細化の指導原理が比例縮小則（scaling rule）である［Denard, et al., 1974］．集積回路の構成要素の各部を同じ比率で縮小する．

　例えば図5.2のMOSFET基本構造において，各部の寸法をすべて比例的にS分の1に縮小する．そうすると遅延時間はS分の1に高速化する．消費電力もS^2分の1に減る．比例縮小則論文の第1著者デナード（R.H. Dennard）は，かつて私にこう語ったことがある．「あんなに簡単な論文はないね．算数だけで書ける．でも，私の論文で一番引用されるのが，あの比例縮小論文なんだ」．

　比例縮小は，だいたいはいいことづくめである．かくて30年以上にわたり，集積回路技術は比例縮小則にのっとって微細化を進めてきた．それは必然的に集積回路の大規模化への道でもあった．

ムーアの法則──集積回路の規模は3年で4倍，10年で100倍に拡大

　その大規模化の傾向を整理したのがムーアの法則である．これまで，すでに何度も紹介してきたが，ここであらためて元の意味を確認しておこう．ムーア（Gordon E. Moore）は「裏切り者の8人」の一人だ．ノイスと共にショックレー半導体研究所を辞め，フェアチャイルドに移る．さらにノイスと一緒にインテル（Intel）を創業する．

ムーアは集積回路の集積密度の増加傾向を経験的に整理し，論文を発表した[Moore, 1965]．現在は，集積回路の1チップに載る素子数は18箇月ごとに2倍になると表現され，これがムーアの法則として長くもてはやされている．18箇月に2倍は3年で4倍に相当する．例えばメモリなら，1チップのビット数が3年で4倍の割合で増えていく．これは長く当てはまり，ムーアの法則の権威を高めた．3年4倍は10年100倍である．それが30年以上続いている．30年なら100万倍だ．

集積密度を上げながら，1チップの価格は平均するとあまり変わらなかった．したがって単位機能の価格，メモリなら1ビットを記憶するのに必要な価格は，30年で100万分の1に下がる．集積回路の，そして半導体産業の，社会へのインパクトが大きくなった背景に，このムーアの法則がある．

集積回路設計が複雑化する

集積回路では構成要素数がムーアの法則に従って増え続ける．構成要素をどう配線して価値ある回路にするか．要素数増大を価値増大に変換する作業，それが集積回路の設計である．

集積回路の特徴として，要素数増大に要するコストはわずかである（それがムーアの法則だ）．要素数増大を価値増大に変換できれば，わずかなコストで大きな価値を獲得できる．しかし要素数が増え続ける以上，配線設計は絶え間なく複雑化する．集積回路の設計は，この複雑さの増大に対処し続けなければならない．そうしないと，要素数増大を価値増大に変換できなくなる．

結果としては，集積回路はこの変換に成功してきたといえよう．だからこそ，人は集積回路を使い続けている．

しかし複雑化した集積回路の設計に半導体メーカーは困り始める．人材も足りない．LSIの設計ができる卒業生を供給してほしい．半導体メーカーは大学に，こう頼むようになった．

ミード（C. Mead）とコンウェイ（L. Conway）の著書[Mead, et al., 1980]は，その要求に応えるための教科書である．しかしそこで提案された方法は，以後の集積回路設計の基本となり，大学生の教育を超えて，半導体産業全体に大きな影響を与えていく．

複雑化する回路設計に対処するためにデザインルールを導入

上記教科書は集積回路設計にデザインルールという概念を導入した．事実上は最小平面加工寸法，これが集積回路におけるデザインルールである．さらにそれは，実際はMOSFETのゲート長だ（図5.2）．

ゲート長を短くすると，MOS型の集積回路は高速になり，同時に集積回路の規模も大きくなる．ゲート長という最小平面加工寸法は，その集積回路の性能と規模を象徴する数値である．

一方，プレーナプロセスと比例縮小則の下では，最小平面加工寸法が決まれば，集積回路を構成する各部の寸法が決まり，それに応じて加工工程も決まっていく．平面にどんなパターンが描かれているかは，直接には加工工程に影響しない．これを「パターン独立性」と呼ぶ［ボールドウィンほか，2004, p.94］．パターンを作る設計工程と，ウェーハを加工する製造工程とが，パターン独立性によって分離される．これがプレーナプロセスと比例縮小則のすごいところである．

MOS 型集積回路の生産は，最小平面加工寸法というデザインルールによって，設計と製造のそれぞれをモジュール化できる．デザインルールというインタフェースさえ共有していれば，設計部門と製造部門は，それぞれ独立に仕事を進められる．設計と製造の分業への道が開かれたのである．

またデザインルールの導入によって，設計の内部をさらにモジュール化できるようになった．チップ面を，いくつもの機能モジュールに分割し，それぞれを独立に設計する．一度できた機能モジュールはライブラリに登録し，何度でも使い回す．

一方，集積回路の製造も，設計とは独立に自らの進歩を続けることになる．こちらはシリコンを煮たり焼いたりする工程である．そのための専用の装置が次々に開発され，後に述べる半導体製造装置産業が成立する．

5.5　集積回路技術に内在する本質的矛盾

システムの機能が集積回路チップへ

集積回路の姿形はまぎれもなく小さな部品だ．エンドユーザーは目にすることさえめったにない．ところがエンドユーザーが期待する機能の大部分は集積回路の中に収まっている．集積回路が大規模になるほど，エンドユーザーの求めるものと集積回路の機能とが結び付く［西村, 1995］．

この構造を通じて，半導体産業は他の産業と結び付く．半導体の開発・設計は，いまや半導体を使う機器・システムの開発・設計とほとんど等価だ．この構造こそ集積回路の産業的な新しさである．半導体産業の経済・文化へのインパクトがここまで巨大になったのは，もっぱらこの構造による．

集積回路技術の本質的矛盾

集積回路の製造方法は，どう考えても，同じものを大量に作るのに向いている．ところが製造技術の進歩は必然的に，ユーザー側からの多品種少量生産の要求を招く．この矛盾は本質的で，集積回路である限りつきまとう．

集積回路は一度にたくさんできてしまう．一度にたくさん作れるからこそ，1個当りの製造コストを安くできる．だがそれは，たくさん売れれば，の話だ．集積回路の製造技術が進歩して集積規模が大きくなると，放っておけば個々のチップの売れる数は少なくなる．

集積回路における製造技術の進歩とは，一つのチップの中になるべくたくさんの回路を作り込むことである．つまり集積規模を大きくする．これが集積回路の進歩の方向である．集積規模が大きくなれば，一つの集積回路でできる機能が増える．例えば電卓なら，1個の集積回路チップで，電卓の機能全部が，まかなえるようになる．そうすると，このチップは，電卓以外の用途には使えなくなる．これが矛盾の構造である．

最終製品の機種ごとに別の集積回路を作っていたのでは，一つのチップの数はあまり出ない．製造技術が進歩して集積規模が上がるほど，この傾向は強まる．製造技術の進歩はチップの汎用性をなくすのである．すなわち集積回路技術は本質的に「多品種少量生産」に向かわざるを得ない．

製造技術が進歩することによって，集積回路は，その進歩した製造技術に不向きの製品になっていく．これが矛盾の構造である．しかし結果的に，集積回路はひたすら高集積化の道を進んできた．矛盾は克服されてきたというべきだろう．

矛盾克服の方策は時代によって変わる

半導体産業は常に，設計と製造の前記の矛盾に取り組んできた．矛盾の克服の仕方は時代によって変わる．変わったときが集積回路産業の構造転換期である．

1970年以前には矛盾は顕在化しない．1950年代は半導体産業の黎明期であり，集積回路はまだない．個別のトランジスタと個別の電子部品で回路を組んでいた．1960年代になると集積回路が開発されるが，まだ規模は小さく，汎用部品の性格が濃厚だった．

けれども1960年代の末には，矛盾が露呈してくる．集積規模がかなりのレベルに達し，そろそろLSI（大規模集積回路）ということばが使われ始める．電卓程度のシステムならワンチップで実現できそうになってきた．だがそうなると，そのチップは特定目的にしか使えない．半導体製造技術が不得意な多品種少量生産になってしまう．高くついてかなわない．これが1960年代末の状況である．

1チップになる前と後

電卓を例にとろう．1970年代の初め，電卓は10万円くらいしていた．サイズも大きかった．まさに卓上計算機であって，とても手のひらに乗るようなものではなかった．

電卓に必要な半導体チップの数が，仮にある時期，100個だったとする．製造技術が進歩して集積規模が大きくなると，10個で済む．やがて1個で足りる日が来る（図5.4）．この過程で電卓の値段も下がる．初期には電卓の製造コストの大部分を半導体が占めていた．

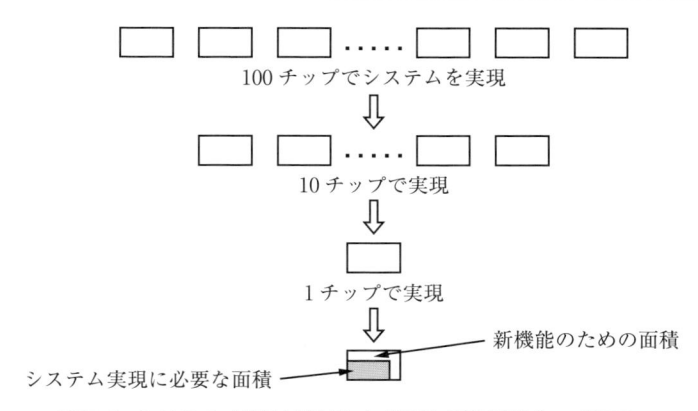

5. 個別トランジスタから集積回路へ

図5.4 システム（例えば電卓）に必要な集積回路チップ数は，製造技術進歩につれて減っていく

1980年ごろには1 000円になる．このときにはLSI1個で電卓ができるようになっていた．

ここまでの過程では，「何を作るか」の仕事はそれほど重要ではない．電卓の回路を実現するという目的がはっきりしているからである．与えられた目的（電卓の機能）を「いかに少数の半導体チップで実現するか」が仕事の中心である．手段は微細化であり，半導体技術者だけで仕事は完結する．

半導体チップの数を減らしていく過程で，その半導体の用途の特定化が進む．たくさんの数の半導体で電卓を組み上げていたときは，個々の半導体チップは汎用で，他の用途にも使える．ところが1個のチップで電卓ができるようになれば，そのチップの用途は電卓に限られる．別の用途には別のチップがいる．少品種大量生産に向いた製造技術との矛盾がここであらわになる．

「いかに作るか」から「何を作るか」へ

電卓用集積回路のほうにも，1個になってしまった後どうするか，という問題が発生する．半導体の数はもう減らないから，電卓の値段は下がらない．1980年以後，電卓の値段は1 000円前後のところに止まっている．

しかし半導体製造技術の進歩（微細化）は続く．電卓機能に必要なチップ面積はますます小さくて済む．電卓機能だけではチップ面積が余ってしまうのである（図5.4）．この余分の面積を何に使うか．電卓以外の新しい機能を追加して，製品に付加価値を付ける．これが次の仕事として登場してくる．できた最終製品は単なる電卓ではない．時計か，ゲームか，手帳か，いずれにしても，この新しい付加価値に対してお客から対価をいただく．販売単価は単なる電卓より高くなる．数量拡大によってではなく，単価上昇によって市場拡大を図る．コストダウンから付加価値上昇へ，の転換である．

同時に仕事の重点が「いかに作るか」から「何を作るか」へ移る．余った面積に何を追加すればユーザーは喜ぶのか，これを考えなければならない．答えは半導体技術の進歩だけからは出てこない．電卓側（機器側，ユーザー側）の製品企画の問題であり，マーケティングの仕事である．半導体の設計と，半導体を組み込む機器の設計は，協力しながら進める必要が出てくる．

半導体集積回路のおそろしさ——システムメーカーによる半導体内製の失敗

これを意識したシステムメーカー，セットメーカーが，一時期，半導体製造に乗り出した．「集積回路を内製しないと単なる箱屋になってしまう」，こんな危機意識が，例えば日本のオーディオ関連企業を，半導体内製に向かわせた．1970年代末から1980年代初頭のころである．日本の半導体産業が一番元気だったときだ．

結果的には半導体内製はほとんど失敗する．社内需要だけで巨大な設備投資を維持し続けるのは無理だった．別の見方をすれば，これらの企業は，先の矛盾克服に失敗した．

たしかに，ある時点を固定すると，そのときに要求されるシステム性能を実現するには，特製のカスタムチップがいる．そのためには最先端の半導体工場を建てなければならない．だがその投資を自社需要だけで回収できるほど，システムの数は出ない．どうするか．

「半導体を外販する」と，どの内製メーカーもいった．しかし例えば特定オーディオメーカーのシステム要求を満たすチップ，それはそのメーカー向けに特化したチップだ．それを欲しがる顧客が，外部に多数いるわけがない．

そのうえ，極めて高度なはずの，そのカスタムチップの性能を，3年もすれば，ごく普通の市販チップが実現してしまう．3年で4倍の割で市販チップの性能が上がるからである．これが集積回路のおそろしさだ．

かなり後のことになるが，2006年，ソニー・コンピュータエンタテインメントは，同社のゲーム機「プレイステーション3」に高性能プロセッサ「Cell」を搭載，豪華でリアルな表現のゲーム開発を追求する．Cellは，ソニーがIBM，東芝と共同開発したカスタムチップである．プレイステーション3の最大の「売り」だった．しかし後継機のプレイステーション4は，そのCellを採用しない．

2013年1月にソニー・コンピュータエンタテインメントはプレイステーション4を発表する．そのCPUにはx86系の汎用プロセッサを採用，パソコンに近いアーキテクチャにしている［麻倉, 2013］．ここには「集積回路技術のおそろしさ」が表れている．極めて高度なカスタムチップの性能を，しばらくすると普通の市販チップが実現してしまう．

5.6　半導体製造装置産業の成立

手作業から装置産業へ

　個別トランジスタ製造の核心は不純物の制御とリード線の取付けである．当時のトランジスタは手作業で作られている．日本の女子従業員の器用な手先が，日本をトランジスタ王国にした［電子工業 20 年史, 1968, pp.110-111］．各社は「トランジスタ娘」を大量に採用した．

　1959 年ごろに登場した拡散トランジスタによって状況は一変する．拡散トランジスタでは，マスクに開けた穴から不純物を半導体内に拡散させる（図 5.1 のドーピング）．トランジスタ製造における手作業の比重が下がり，装置産業化が進んだ．またこのとき初めてバッチ（一括）生産が可能になる．トランジスタを 1 個 1 個作るのではなく，多数のチップを同一ウェーハに作り込み，後で切り分けてパッケージに入れるという作り方になる．前に紹介したプレーナプロセスが威力を発揮した．

半導体産業とは独立に半導体製造装置産業が成立

　やがて「半導体製品を作るための製造装置」を作って販売する製造装置メーカーが，「半導体製品を作る」会社とは別に登場する．それも，リソグラフィやエッチング，デポジション，ドーピングなど，工程ごとの専業メーカーが出てきた．これらの半導体製造装置メーカー群が集まって，半導体製造装置産業を形成する．

　これは，それほど普通のことではない．例えば，「テレビ製造装置メーカー」という企業群は存在していない．したがってテレビ製造装置産業という産業はない．自動車製造装置産業も，独自の産業としては成立していない．

　しかし半導体製造装置産業は早くに成立した．半導体製造装置の業界団体（SEMI）の創立は 1970 年で，米国半導体工業会（SIA）の結成（1978 年）より早い．

　半導体メーカー内で製造技術開発に従事した技術者が，その技術をもとに製造装置メーカーをベンチャー企業として起こす．これが特に米国では多かった．その結果，特定の半導体メーカーが開発した技術であっても，装置を購入して使うことを通じて，業界全体が利用できるようになる．とはいえ技術を開発した半導体メーカーにとっては，自社技術の流出でもある．

　「装置メーカーに製造技術を教えすぎたことが，日本の半導体がダメになった原因だ．装置メーカーは教えた技術を装置に入れ込み，その装置を後発の外国企業にも売り込んだ．こうして，自分たちが開発した技術を，外国の後発メーカーにも使われてしまった」．

　日本の半導体メーカー出身者のなかには，こういってはばからないひとが少なくない．しかし各社が製造装置を内製したら，どうなっていたか．技術を開発した当の半導体メーカー

にとってさえ，装置開発が遅くなり，コストも高くついたろう．

高騰する設備投資の減価償却が半導体製造における最大コストへ

　半導体メーカーは，半導体製造装置を購入して半導体製造工場を建設する．製造技術が高度化し，大口径ウェーハに微細加工を施すようになるにつれ，製造装置は高額になり，半導体製造工場への設備投資は巨額になる．その減価償却が，半導体製造における最大のコストになっていく．

　複雑化する集積回路設計を付加価値向上にどう結び付けるか，高騰する製造設備投資をどう償却するか，設計と製造のそれぞれに常に存在するこの二つの問題が，後年の「設計と製造の分業」を準備する．

6. マイクロプロセッサの誕生

すぐ前の5章で集積回路技術には本質的矛盾があると述べた．この矛盾に対する抜群の解決策が1970年代初頭に登場する．マイクロプロセッサである．鍵はプログラム内蔵方式にあった．

6.1　マイクロプロセッサで集積回路技術の矛盾を克服

プログラム内蔵方式でハードウェアを汎用化する

これまで何度か述べてきたように，プログラム内蔵方式はコンピュータのハードウェアを汎用にする．マイクロプロセッサは，半導体チップに載ったプログラム内蔵方式のコンピュータである．だからマイクロプロセッサは汎用である．苦手な多品種少量生産をしなくて済む．前章で詳しく紹介した矛盾，集積回路に常につきまとう矛盾を，マイクロプロセッサなら解決できる．

マイクロプロセッサは，汎用コンピュータに集積回路を用いる動きから生まれたのではない．電卓という，もう一つの計算機の流れがマイクロプロセッサを生み出した．

「電卓にLSIを使いたい．小型化など，多くのメリットが期待できる．しかしLSIの製造は大量生産向きである．同じチップをたくさん作って初めて安くなる．ところが電卓と言っても機種はいくつもある．機種ごとにいちいち専用LSIを起こしていたのでは，高くついてかなわない」．

電卓メーカーのビジコン社にいた嶋正利は，1960年代の終わりごろに，こう考えていた[嶋, 1987]．まさに先の矛盾，集積回路技術の本質的矛盾にぶち当たっていたのである．嶋は解決法を求めて内外の半導体メーカーを訪れる．

ほとんどの半導体メーカーが相手にしてくれない．やっとインテルが話を聞いてくれた．当時のインテルはできたばかりのベンチャーである．「仕事が欲しかった」．当時社長だったノイスは私にそう語っている．やがてインテルのホフ（Marician Edward Hoff, Jr.）が，マイクロプロセッサを提案してくる．矛盾の解決法としては抜群だった．

マイクロプロセッサなら同じLSIが，どの電卓にも使える．機種ごとの対応はプログラム（ソフトウェア）でやればよい．LSIを変える必要はない．

半導体メーカーはマイクロプロセッサとメモリを作ればいい

極論をいうと，半導体メーカーは2種類の汎用チップ，マイクロプロセッサとメモリだけを大量に作ればいい．得意の大量生産技術がフルに生きる．半導体メーカーがハードウェア，半導体ユーザーがソフトウェアという分業の成立だ．

プログラム内蔵方式は，ハードウェアをプロセッサとメモリにモジュール化した．マイクロプロセッサ方式ではさらにそれを，マイクロプロセッサとメモリという具体的なチップとしてモジュール化する．半導体メーカーが分化して，マイクロプロセッサを主につくる会社（例えばインテル）と，半導体メモリを主に作る会社（例えば1980年代の日本の半導体メーカー）の分業が成立していく．

6.2　顧客とメーカーの共同作業がマイクロプロセッサを実現

マイクロプロセッサ開発は発注者と受注者の共同作業

マイクロプロセッサの開発は，発注者と受注者の共同作業だった［西村，1998］．顧客の抱える問題を半導体で解決しようという努力，そこからマイクロプロセッサは生まれた．発注者の電卓メーカーも受注者の半導体メーカーも，当時はベンチャー企業である．マイクロプロセッサは，中央研究所の基礎研究から生まれたのではない．国を挙げての大プロジェクトから生まれたのでもない．

「世界初のマイクロプロセッサ4004」の開発により，1997年の京都賞・先端技術部門がファジン（Federico Faggin），ホフ，メーザー（Stanley Mazor），嶋の4氏に贈られた．嶋は受賞記念講演のタイトルを「私とマイクロプロセッサ——初めに応用ありき，応用がすべてである」とした［嶋，1997］．応用の側，顧客の側からの刺激がなければ，マイクロプロセッサの開発という現象そのものがなかったはずだ．そういう自負が込められている．

システム分野では，「市場で何が本当に必要かを，顧客と一緒に働いたり，顧客密着で言動や行動を観察した結果からつかみとらなければイノベーションは起こりません．顧客が言葉でこれが欲しいと表現できるものは既に作られてしまっているのです．顧客から見て営業，製造のかげに隠れた研究開発は時代遅れです」．米ベル研究所で通算14年働いた経験のある黒川兼行はこういう［黒川，1996］．マイクロプロセッサという巨大なイノベーションは，まさに黒川のこの指摘のとおりのプロセスで起こった．

「4ビットのCPU」をホフが提案

顧客（＝発注者）は日本のビジコン社である．同社はLSIの進展に対応し，「何種類もの電卓に応用できる電卓用の汎用LSIを開発する方針を決定した」［嶋，1981］．受注者は米イ

インテル社である．フェアチャイルド社をスピンアウトしたノイスとムーアが1968年に設立した．

ビジコンは，できたばかりのこのインテルと1969年4月に仮契約を結び，6月に嶋を含む3人の技術者をインテルに送る．インテル側で対応したのはホフである．

ビジコンの電卓設計に従うと，LSIの個数が多くなってしまう．これでは当時のインテルの限られた設計スタッフでは対応できない．ノイスはアーキテクチャを最初から考え直すようにとホフを励ます［Faggin, et al., 1996］．チップ数を減らす必要をホフは痛感する．

一方ビジコンの嶋には「なかなか電卓の論理を理解してもらえない」という不満が蓄積していた．ところが8月下旬のある日，ホフが興奮気味に部屋に入ってきて，3, 4枚のコピーを嶋たちに手渡す．これがマイクロプロセッサ「4004」を中心とした世界初のマイクロコンピュータチップセット「MCS-4」の原型である．それは「4ビットのCPU」という新しいアイデアの提案でもあった．それまで沈黙していたホフが，突然，とうとうとしゃべり出した［嶋，1997］．

嶋は顧客か開発者か

報告を受けたビジコン本社は，ホフのアイデアを高く評価する．嶋は仕様をつめてから，12月に帰国する．本契約が結ばれたのは1970年2月6日である．

1970年4月に嶋は再度インテルを訪れる．ところがプロジェクトは進行していない．4月に入社したばかりのファジンが回路設計者として指名されていた．しかし「私は1週間前にフェアチャイルド社からインテル社に入ったばかりで何も知らない」という状態だったという［嶋，1981］．ここから嶋とファジンの猛烈な共同作業が始まる．

1971年1月のある晩，ファジンは試作を終えた最初のシリコンウェーハを受け取る．嶋は1970年10月に既に帰国している．ファジンは実験室に一人でこもり，夜明けまでチップのテストを繰り返す．結果は期待どおりだった．世界初のマイクロプロセッサ誕生の瞬間である［ファジン，1997］．

「マイクロプロセッサの開発は，発注者と受注者の共同作業だった」．先にこう書いた．しかしインテル社や米国の関係者は，これを認めていない．ビジコン社を，そして「4004」開発における嶋を，あくまで「顧客」と位置付ける．

嶋は後にインテル社に入社する．そして8ビットのマイクロプロセッサ「8080」を設計した．この「8080」はベストセラーとなる．「8080」設計者としての嶋を，インテルは大いに顕彰する．しかし世界初のマイクロプロセッサ「4004」開発においては，嶋を開発者の一員とはしない．

私見では，ここにはナショナリズムが影を落としている．マイクロプロセッサ開発を米国

の業績としたいという思いが米国側にある．逆に，日本の関与を大きくみたいのが日本側の思いである．京都賞における嶋の受賞は，日本側のこの思いと無縁ではないだろう．

6.3 マイクロプロセッサの産業的インパクトは巨大

マイクロプロセッサの浸透で仕事も暮らしも劇的に変わった

マイクロプロセッサの産業的インパクトは大きい．「およそ人間の発明したもので，マイクロプロセッサの開発と発展ほど，短期間のうちに大きな影響を与えたものは他に見当たらない」と京都賞は讃える［京都賞受賞者資料，1997］．

実際，いま私たちのまわりにあるほとんどの機器にマイクロプロセッサが入っている．パソコンはもちろん，携帯電話もテレビも，さらに洗濯機や炊飯器も，マイクロプロセッサを内蔵する．

マイクロプロセッサのあるところではソフトウェアが働いている．それはまた，ソフトウェアを開発する仕事が，狭義のコンピュータ以外のところに大量に発生したことを意味している．

私たちの仕事や暮らしの環境は，マイクロプロセッサの浸透で劇的に変わった．

マイクロプロセッサの製造販売権は最初はインテルにはなかった

当初は，マイクロプロセッサは市販品ではなかった．インテル社とビジコン社の契約（1970年2月6日締結）では，新しいチップセットはビジコン社のためだけに製造販売されるカスタム製品である．ビジコンだけが独占的に使用できる．世界初のマイクロプロセッサはビジコンのものであって，インテルには製造販売権がなかった．

ただしインテルは，マイクロプロセッサ（当時の表現ではワンチップCPU）を開発した，という発表はしている．少数のサンプルを関係者に配布することもしたらしい．そこから評判が広がり，マイクロプロセッサの巨大なポテンシャルをインテル自身が知ることになる．

後にインテルは，「4004」の製造販売権を6万ドルでビジコンから買い戻す．これでインテルによる一般市場への販売が可能になった．やがてインテルはマイクロプロセッサ主体の会社となり，世界最大の半導体メーカーに成長していく．

パソコンがマイクロプロセッサの大市場になるとは予想されていない

マイクロプロセッサが一般市場に売り出されたのは，1971年11月である．マイクロプロセッサの時代がこうして始まる．しかしその当時，関係者がマイクロプロセッサのインパクトをすべて見通していたとはいえない．

今でいう組込み（embedded）システムへの応用は，多くの人がすでに意識していた．し

かし，パーソナルコンピュータ（パソコン）などの汎用のコンピュータが，マイクロプロセッサの大市場を拓くと予想していた人は，当時は，ほとんどいない．

現実には，パソコンはマイクロプロセッサの巨大市場となる．この市場は，マイクロプロセッサの登場で刺激を受けた若い人々が開拓した．故スティーブ・ジョブズ（Steven Paul Jobs, アップル社を創業）やビル・ゲイツ（William Henry Gates, III, マイクロソフト社を創業）たちが，そこに含まれている．

マイコンブーム

マイクロプロセッサの登場は，たちまちエレクトロニクス業界に興奮をもたらす．1970年代前半のうちにブーム状態となった．当時の表現ではマイコンブーム．マイコン，すなわちマイクロコンピュータは，いくつかの意味で使われている．一つはマイクロプロセッサと全く同じ意味で用いる．またマイクロプロセッサとメモリを同一チップに載せたもの，この意味でも使われる．

さらに，個人用の小型コンピュータ，すなわち現在のパソコン，この意味で使われることもあった．1970年代前半には，パソコンはまだ商品になっていない．しかし自作するマニアが続々現れる．半導体メーカーもマニア向けにチップセットなどを用意し，マイクロプロセッサや関連半導体製品の普及を促進した．日本でも秋葉原に専門ショップができ，マニアが集う．やがて，彼らのための雑誌が次々に創刊される．

東海岸から西海岸へ，大企業からベンチャーへ，中央研究所の時代から産学連携の時代へ

マイクロプロセッサは1970年代初頭に，米国西海岸で誕生した．開発したのはシリコンバレー創業の半導体ベンチャーである．以後のマイクロプロセッサシステムとその応用の開発は，米国では西海岸が中心になる．開発の主体は，マイクロプロセッサの登場に刺激を受けた若いアントルプルヌールたちだ．彼らの将来に期待を寄せる投資家，エンジェルやベンチャー・キャピタルも，西海岸に集まってくる．こうしてシリコンバレーは，ますます成長していく．この現象は象徴的である．

1960年代までの米国では，産業の中心地は東海岸だった．世界初の電子計算機もトランジスタも，東海岸で産声を上げた．産業界の主役は大企業である．トランジスタは，世界屈指の大企業の中央研究所で生まれた．

ところが四半世紀後にマイクロプロセッサを生み出したのは，大企業の中央研究所ではない．この人類史における最大級のイノベーションは，日米二つのベンチャー間の激しいやりとりから生まれた．以後，西海岸のシリコンバレーで主役となっていったのは，アントルプルヌールである．彼らが起業したベンチャー企業が大きな役割を果たす．東海岸から西海岸への米国産業界の重心移動は，大企業からベンチャーへ，という主役交代も伴っていた．

大学の役割も変化する．MITで博士号をとってベル研究所へ．これが，かつては米国理系学生のエリートコースだった．ショックレーは，この例である．大学も研究所も東海岸にある．しかしシリコンバレーでは，スタンフォード大学やカリフォルニア大学バークレー校などが，アントルプルヌールたちの育成母体となる．優秀な学生は起業を目指す．時代が，こう変わっていく．できたばかりのベンチャーに中央研究所なんて，そもそも，あるはずがない．

この意味でも象徴的なのはインテルである．ノイスやムーアらの創業者たちは，中央研究所だけは持つまいと決めていた［ムーア，1998］．理由は後の研究開発の章で詳しく述べる．中央研究所を持たない分，インテルは大学との関係を大切にした．シリコンバレーでは産学連携が大きく成長していく［西村，2003］．

7. 半導体メモリの成長と日本半導体産業の盛衰

7.1 半導体メモリ産業の成長

汎用コンピュータのメインメモリに半導体メモリが進出

プログラム内蔵方式ではプログラム（仕事の手順）をメモリに入れる．できる仕事の規模はメモリ容量で決まってしまう．ここから大きなメモリ需要が生じてくる．

1950年代の終わりごろから，コンピュータメモリは磁気メモリの時代になっていた．ところが1970年9月，米IBM社は汎用大型コンピュータの最新鋭機，システム/370 モデル145のメインメモリ（主記憶）に，半導体メモリを採用すると発表した．このインパクトは大きかった．

以後，コンピュータのメインメモリに半導体メモリが進出していく．それは，半導体集積回路産業にとって，コンピュータメモリという大市場が出現したことを意味する．

MOS型のDRAMが主役に

半導体メモリにも何種類かある．なかで，次第に主流になっていったのが，MOS型（5章）である．MOS型のなかでも，DRAM（ダナミックランダムアクセスメモリ）と呼ばれるタイプが，メインメモリの主役となり，大市場を形成していく．

このDRAMは，書換え・読出しが1ビット単位で自由にできる．ただし常時リフレッシュ動作を繰り返さないと，記憶内容が失われてしまう．これが「ダイナミック」の意味だ．また電源を切ると，記憶機能はなくなる（揮発性）．だからDRAMは外部記憶装置には使えない．

MOS型DRAMの特徴は，集積規模を大きくしやすいことである．大容量のメモリを安く作るのに向いている．この特徴によって，1970年代を通してメインメモリの主役に登りつめていく．

DRAMが大市場を形成

DRAMはムーアの法則に従い，3年に4倍というペースで集積規模を増大させた．1チップに記憶できる容量は，1970年の1Kビットから，1985年の1Mビットへと成長する．15年間に1 000倍の進歩である．

この時期，DRAMの総ビット数需要は年率2倍のペースで増えた．10年で1 000倍である．1チップのビット数は3年で4倍になる．10年で100倍だ．10年で1 000倍のビット数需要を満たすためには，チップ数が10年で10倍に増えなければならない．

DRAMチップの単価は，平均すると，あまり変わらなかった．もちろん，個々の製品，例えば16Kビット製品は，市場投入時には高く，普及につれて急速に安くなっていく．しかしやがて，次世代の64Kビット製品が高値で市場に入ってくる．これを繰り返すため，DRAM平均単価は1985年ごろまでは変化が少ない．DRAM平均単価は，いつもだいたいπ（3.14）ドルだという経験則（πルール）が，となえられていたこともある．

チップ数が10年に10倍，チップ単価が変化しないとなれば，チップの売上が10年で10倍に増える．年率に直すと26％である．これがメモリ市場の金額成長率になる．このころの半導体メモリ市場は，年率20％以上で高度成長した．

7.2　日本の半導体メモリ産業が躍進

1980年代にはDRAMシェアで日本がトップになる

汎用コンピュータのメインメモリに半導体メモリの採用が始まったのは，1970年代初頭である．そこから半導体メモリ市場，とりわけDRAM市場の成長が始まる．この市場を最初に制したのは，米国の半導体メーカーだ．1970年代は米国のシェアが最大である（図7.1）．

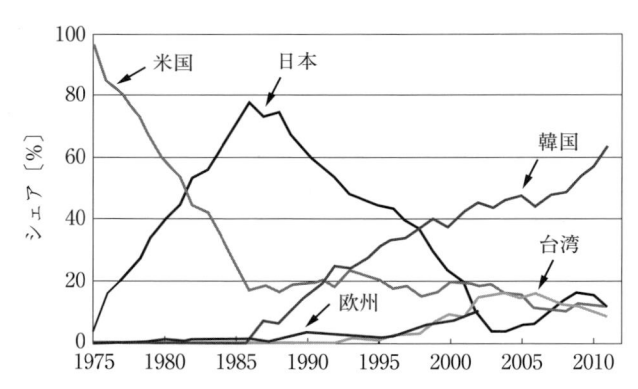

図7.1　DRAMの地域別シェア推移（出典：[湯之上，2012b]，原データはデータクエスト）

1970年代の後半から日本メーカーの急成長が始まる．1980年代初頭には米国を抜き，日本のシェアがトップになる．1980年代には，日立，日本電気，東芝が，順番にDRAMトップサプライヤーとなった．

1985年には，インテルがDRAMから撤退，マイクロプロセッサに事業を集中する．「本当は撤退したくなかった．なにしろメモリをやりたくてインテルを創業したのだから」．ノイスは私に，悔しそうにそう語ったことがある．

日本製DRAMの信頼性が高いことを米国ユーザーが実証

日本の半導体メモリは，信頼性が高いという評価を得た．日本製半導体メモリ躍進の最大の理由は，この高信頼性の実現である．

半導体メモリの当時の最大市場は，汎用コンピュータである．汎用コンピュータは数億円もする．短期間に買い換える製品ではない．部品には高い信頼性を要求した．なかでも半導体メモリは中核部品だ．

また当時のメモリ市場に，電子交換機があった．1970〜1980年代には，交換機の電子化が進行する．電子交換機の内実はプログラム内蔵方式のコンピュータである．通信分野は，汎用コンピュータに劣らず，高い信頼性をDRAMチップに求める．

日本の半導体業界は「信頼性を作り込む」という手法で対応する．検査段階で不良品を排除するよりも，そもそも不良品を出さないよう，製造工程を工夫する．信頼性が上がるだけでなく，歩留まりも上がって生産性が向上する．だから結果的に，チップを安く供給できる．この手法を日本電気の技術者が，1980年3月，米国の技術雑誌 *Electronics* に発表した［Goto, et al., 1980］.

時を合わせるかのように，日本電子機械工業会（英文略称はEIAJ，日本電子情報技術産業協会JEITAの前身）が，1980年3月25日に米国ワシントンで「品質管理：日本の高生産性の鍵」と題するセミナーを開く．受入れ検査において，日本製DRAMのほうが米国製より良品率が高い，と米ヒューレット・パッカード社の担当者が，このセミナーの席で発表した［アンダーソン，1980］．日本製半導体メモリの信頼性が高いことを，米国ユーザーが実証してくれたのである．

生徒が先生を超える

反響は大きかった．前記の技術雑誌 *Electronics* の編集部は，次のようなコメントを載せた．「奇妙なことが起こった．日本の半導体メーカーがアメリカ人に品質管理について教えにきた．そしてその教えが正しいことを，アメリカ人が証明する．もともと日本は，品質管理を米国から学んだはずだ．生徒が先生を超えた」［Editorial, 1980］．

日本に品質管理を教えたのはデミング（William Edwards Deming）だとされている．デミングは1946年以来，たびたび来日して講演する．1950年の滞日中，朝鮮戦争が勃発した．

朝鮮戦争は米国の対日政策を変える．第2次世界大戦の終結後すぐには，米国は日本の工業力回復を抑制した．日本が二度と戦争を起こさないようにするためである．ところが朝鮮

戦争（1950〜1953年）が始まってからは，米国は日本を「反共の防波堤」「アジアの工場」と位置付ける．安くて質の良い工業製品の供給基地として，日本を米国の軍事目的に役立てようとした．

ここから発生した米国の軍事特需の基準を満たすため，日本の産業界は品質管理を追求するようになる．そしてデミングの教えを熱心に勉強した．1950年の日本でのデミングの講義録は，日本科学技術連盟（日科技連）から本として出版される．みな，とびついたという．この本の売上げに基づき，デミング賞が1951年に創設されている［中山，1995］．

完成後に欠陥を見つけるのではなく，欠陥を防止せよとデミングは説く．このデミングの主張は，当時の米国では受け入れられていない．しかし日本の半導体業界はデミングの教えに忠実だった［Goto, et al., 1980］．

米国の半導体メモリユーザーは日本製を支持する．日本製のDRAMは米国市場でのシェアを上げる．それは偉大なる達成だった．「安かろう悪かろう」だった日本製品が，DRAMという最先端ハイテク分野において，米国製品を超えたのである．大成功というほかない．しかしこの成功が，後年の日本半導体産業の凋落を準備する．けだし「成功は失敗のもと」でもある．

7.3 半導体貿易摩擦

冷戦の脅威が薄らぐなか米国の対日政策が変化

1985年は象徴的な年である．米国の長期・短期の対日政策と半導体メモリ市場，この三つが同期して1985年に変化した．そのとき日本のDRAM産業は絶頂に達し，以後は急速に衰退していく（図7.1）．実は後に見るように，テレビやVTRなどの民生用電子機器の輸出も，1985年までは急増し，以後は急減している．1985年が日本電子産業の転換点である（20章）．

1980年代半ばには冷戦の脅威は薄らぐ．ゴルバチョフがソビエト連邦の最高指導者となったのは1985年3月だ．1990年に冷戦は終わる．日本の工業力は米国にとって，もはや強化の対象ではなくなっていた．「質の割に安い」日本製品は，すでに供給過剰である．日本の工業力を抑制したほうが米国の国益にかなう．日米関係は，こう変わっていた．

短期的な米国政策の変化もある．1981年にレーガンが米国大統領となり，レーガノミックスと呼ばれる経済政策を実施した．減税による景気刺激，軍事支出の増加，「強いドル」の維持のための高金利政策など——がその内容である［伊丹ほか，1995, p.95］．その結果，米国の国内需要が伸び，日本からの対米輸出も大きく伸びた．また円安・ドル高を招く．これが1980年代前半の状況である．1980年代前半の日本の半導体産業の躍進は，この円安に支

えられていた．

　ところが1985年になると，レーガン政権は2期目（1985～1989）となり，政策が変わる．1985年9月に「プラザ合意」と呼ばれる「円高ドル安」政策が先進国間で決まる．以後の数年間に，1ドル240円から120円にまで，円高が進んだ（**図7.2**）．

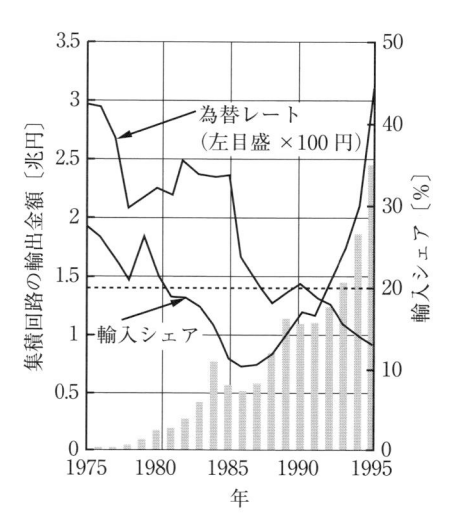

輸入シェアは輸入／内需，内需＝生産＋輸入－輸出として計算．

図7.2　日本の集積回路の輸出金額と輸入シェアおよび円-ドル間為替レートの年次推移（資料：財務省貿易統計，経済産業省　機械統計など）

　冷戦を前提とする日本の工業力強化という長期政策と，レーガノミックスによる円安という短期政策，長短二つのこの米国政策が1985年に二つとも転機を迎える．日本の工業力を強化から抑制へ，そして円安から円高へ，1985年を境に米国政策は変わった．

米国半導体業界は日本製メモリの価格をダンピングとして提訴

　米国の半導体工業会（Semiconductor Industry Association, SIA）は，1985年，1974年通商法301条に基づき，米国通商代表部（USTR）に日本を提訴する．「日本の半導体産業は，日本国内の閉鎖的市場構造を背景に，過大な設備投資を行い，安値輸出をして米半導体産業に被害を与えている」とした．要求は，日本国内における米国系シェアの上昇と，ダンピング防止のための諸措置，である．また同じ1985年に，米国半導体メーカーは，日本のメモリ輸出価格を，ダンピングとして商務省に提訴した．

　日本製品の高品質は「不良品を出さないように製造工程を工夫する」ことによっている（そ

れはデミングの教えだ)．そうすると生産性も上がる．だから安くできる．これが日本側の主張だった．しかし米国側は品質と生産性を対立概念とし，高品質の日本製品の価格をダンピングとする主張をゆずらない．これを受け，1986年9月に日米半導体協定が締結される．

コストを無視して高品質を追求する姿勢が日本に醸成される

問題の焦点の一つは，米国の政府と半導体業界が，日本製半導体メモリの価格を，ダンピングとしたことである．品質の割に安すぎると非難した．

ダンピングと非難された日本の半導体技術者たちの間に，「良いものを安く売ってなにが悪い」といった気分が生じた．「安くつくっちゃ，いけねーのかよ」という，うらみも聞かれた．製造コストを下げ，製品を安くする．工業製品を製造するなら当然のこの努力，これを続けることに，日本の技術者たちが徒労感を感じるようになる．後年，日本企業もメモリを安く作らなければならなくなったとき，この徒労感から技術者たちが抜け出せない．そうなった可能性を否定できない．

日本製の半導体メモリは，高品質を評価されて成功した．一方，安くすると非難される．それならコストを気にせず，良いものを作ることに専念しよう．こういう姿勢になっても不思議ではない．

価格監視制度と日本製DRAMを高価格に誘導

日米半導体協定は価格監視(fair market value)制度を導入した．それぞれの時点で，量産規模に応じた製造コストに適正な利潤をのせる．こうして決めた適正価格以下で販売してはいけない，とする．これが価格を下支えし，結果として日本企業のメモリビジネスは大いに儲かったはずだ．

同時に韓国の半導体メーカーがメモリ市場に参入するのを助けた．価格監視は韓国製品には適用されなかったからである．韓国は日米半導体協定の受益者だった［伊丹ほか，1995, p.22］．

ただし，日本製DRAMが韓国製品に比べて高価になった原因は，ほかにもある．一つは円高である．1985年の「プラザ合意」以後の数年間で，1ドル240円から120円にまで，円高が進んだ(図7.2)．DRAMでは，3年経つと記憶容量4倍の製品が，同じ価格で出てくる．これがDRAMにおける世代交代である．ところが日本の次世代製品だけ，ドル表示では価格が倍になる．

図7.2に見るように，日本からの集積回路輸出は1985年からの3年間は減少する．この時期の輸出に円高の影響があったことは確かだろう．

日米半導体協定は 1996 年に終結

　日米半導体協定締結の際，日本の国内市場で外国製半導体製品のシェアを上げる，これを事実上，約束する．「20％」という数値を「約束した，しない」で日米の争いが続いた．

　図 7.2 には，外国製半導体シェアの目安として，半導体の国内需要（内需）に占める輸入のシェアを併せて示してある．内需を「生産＋輸入－輸出」とし，この内需に対する輸入の比率を「輸入シェア」とした．貿易摩擦当時の「外国製半導体シェア」の定義は，はっきりしていない．

　ともあれ図 7.2 によれば，1980 年代は，たしかに輸入シェアが低い．1990 年代初頭まで，輸入シェアは 20％以下である．しかし 1990 年代初頭に 20％を超え，以後は急速に上がっている．

　シェア数値の約束の有無はともかく，日本は官民を挙げて外国製半導体の輸入を増やす努力をした．そのための組織，半導体国際交流センター（略称 INSEC）まで作る．

　しかし「一定の国内マーケットを供出するという数値目標は，様々なゆがみを日本の半導体企業の競争上の地位にもたらしたのである．その反省から，1994 年からの日米自動車交渉では，日本政府が自動車部品のアメリカからの輸入に関する数値目標の設定要求にがんとして応じない強い姿勢をとった，といわれている．日米半導体協定での失敗が大きな原因なのである」[伊丹ほか, 1995, p.20]．半導体産業の失敗の教訓を，自動車産業は生かしたというべきか．

　日米半導体貿易摩擦の最盛期は，1980 年代半ばから後半にかけてである．1985 年の半導体売上げランキングで，初めて日本企業（日本電気）が首位となる．さらに 1986 年には世界半導体市場のシェア争いにおいて，日本企業の合計が米国企業合計を抜いてトップになった（図 7.3）．

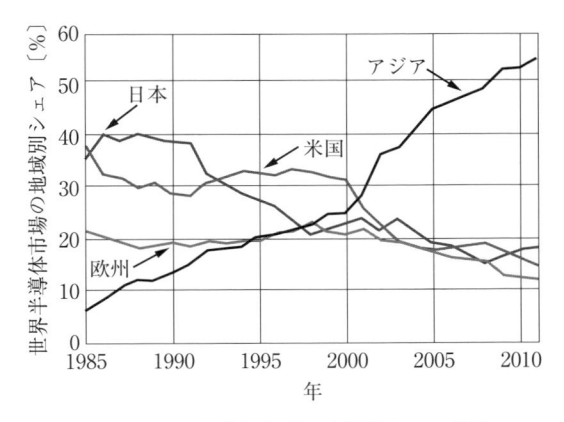

図 7.3　世界半導体市場の地域別シェア推移
（資料：世界半導体統計（WSTS））

今や昔．この日本半導体メーカーの隆盛も，1990年代になるとすっかり様変わりする．日本企業のシェアは長期低落を続ける．1993年には米国系企業の合計シェアが日本企業の合計シェアを抜き返す（図7.3）．ランキングの首位にはインテルが座る．さらに日本市場における外国製半導体のシェアも，1994年には20%を超えて伸び続けている（図7.2）．

ただし以上の日米シェア争いは，2000年以後になると，ほとんど無意味だ．世界半導体市場における日米欧のシェアには，ほとんど差がなくなり，長期低迷が続く．伸びているのはアジア市場であり，そのシェアは今や日米欧の合計より大きい（図7.3）．

1996年，日米半導体協定は役割を終えて終結した．

7.4　日本DRAM産業が壊滅へ

1970年代後半から日本のDRAM産業は急成長を遂げ，世界のDRAM市場におけるシェアが，1986年には80%に達する．しかしそこが頂点で，以後，急速にシェアを落としていく（図7.1）．1990年代の後半に韓国が日本を抜き，韓国のシェアは，いまや60%を超える．

DRAM市場が汎用コンピュータからパソコンに転換

1981年，汎用コンピュータの盟主IBMがパソコンを発売，パソコン時代の到来を告げた．1984年にはアップルのマッキントッシュ，1985年にマイクロソフトのウィンドウズが登場し，本当に個人向けのコンピュータが，市場で大きな存在になっていく．

パソコンが個人に売れるようになるとともに，パソコン向けのメモリ市場も成長し始める．一つひとつのパソコンに搭載されるDRAM容量は，大した大きさではない．しかしパソコンは数が出る．DRAM市場も，主役は汎用コンピュータからパソコンへと転換していった．

パソコン向けDRAMに汎用コンピュータ向けと同等の信頼性は不要

パソコンは個人が買う道具である．安くなければ売れない．それに進歩が激しい．次から次へと新しい高性能機種が，安い値段で登場する．新しい機種は，性能が上がっているのに，値段は安い．新しいパソコンでないと，できないことが次々に出てくる．この状況の下では，同じパソコンを長く使い続けるのは難しい．パソコンは5年ももてば十分だ．どうしても，こうなる．

となれば，パソコンに搭載するDRAMにも，5年以上の寿命はいらない．こうしてDRAMに要求される信頼性のレベルが，汎用コンピュータ用とパソコン用では，様変わりする．その代わり，低価格の要求は，パソコンでは，はるかにきびしい．

韓国メーカーは対応した．パソコン向けの安いDRAMを大量生産する．日本のDRAM

メーカーは対応できなかった．汎用コンピュータ向けの高信頼の製品で成功，この成功体験から抜け出せない［湯之上，2005］［同，2009］．

「経営，戦略，コスト競争力で負けた」「技術では負けていなかった」．日本半導体産業の言い分は，この2点に集約される［湯之上，2009，pp.40-41］．そこには，技術とコストを別物とする考えがひそんでいる．韓国メーカーは粗悪品を作ったのではない．市場が要求しないところを切り落とし，安い製品の大量生産を実現したのである．そのためには高い技術力と経営力がいる．

成功体験と貿易摩擦が日本企業からコスト意識を奪う

日本企業は，最初から高品質・高価格製品しか作れなかったわけではない．大昔を思い出せば，日本製品は「悪かろう安かろう」だった．それがやがて「値段の割には品質の良い製品」として評価されるようになる．DRAM に限っても，1980 年代前半の日本製品は「質が良いのに安い製品」だった．なにしろダンピングと非難されていたのだから．

貿易摩擦の渦中でのダンピング非難と価格監視は，安く作る意欲を日本の技術者から奪い去る．安く作っても，ほめられるどころか，非難される．それなら「コストなんか無視して，ひたすら高性能・高品質を追求する」．そうなってしまった．

市場の要求が高品質から低価格にシフトしても，日本企業は対応できなかった．

2012 年，日本に DRAM メーカーはなくなる

日本の半導体メーカー各社は，1980 年代後半から DRAM 市場で急速にシェアを落としていく．DRAM 事業が重荷になった各社は，DRAM 事業からの撤退を模索し始める．1999 年，日立製作所と NEC は両社の DRAM 事業を統合し，エルピーダメモリを設立した．同年，富士通は汎用 DRAM 事業から撤退する．2001 年には東芝が DRAM 事業を米マイクロンに売却する．さらに 2003 年，三菱電機の DRAM 事業をエルピーダが吸収した．こうして日本の DRAM メーカーは，エルピーダ 1 社となる．

しかしそのエルピーダも，2012 年に経営破綻し，米マイクロンへ売却される．社長交代，外国からの資金導入，台湾企業との提携，日本の公的資金による救済など，破綻に至るまでのエルピーダには紆余曲折があった．

2012 年のエルピーダの破綻で，日本には DRAM メーカーはなくなる．ヨーロッパにもない．米国にはマイクロン 1 社が残る．世界の DRAM 市場を制しているのは韓国である．台湾メーカーも，わずかに残る．これが 2012 年以後の状況である．

汎用品（メモリ）と多品種少量品の製品ミックス効果を失う

メモリ事業の切り離しは，「製品ミックス効果を忘れた分割」だという批判がある［鴨志田，

2012］．汎用品（主にメモリ）と多品種少量製品（主に非メモリ）の製品ミックス効果によって，多品種少量生産の高コストを回収する道があるという．

具体的にはこうだ．まずメモリに積極的に投資し，先行者利益を確保する．その後に同じ生産ラインで多品種少量品を製造する．多品種少量品は一般的に大きな利益をあげにくい．しかし汎用品（メモリ）で先行者利益を確保しておけば，全体としては利益を得られるし，生産ラインの償却もできる．

償却期間初期の汎用品大量生産は有効に作用する．償却金額は一般に初期に大きいからである†．この戦略の場合はもちろん，初期に大量生産するメモリが売れ，先行者利益を確保できること，これが前提になる．

1980年代前半までの日本の半導体メーカーは，この戦略を採っていたといえるかもしれない．当時のテクノロジードライバーはメモリである．したがって最先端ラインでまずメモリを生産し，先行者利益を得る．少し時間をおいて多品種少量品を同じラインで生産する．その時点では，そのラインはメモリ向けとしては最先端ではなくなっているかもしれない．しかしほとんどの多品種少量品には，そこまでの微細化はいらない．そういう時代だった．こうして，汎用品と多品種少量品の製品ミックス効果によって，全体として設備投資を償却し，利益を確保する．

しかしその後，日本では，まず投資戦略が遅れる．この結果，汎用品（メモリ）で先行者利益が得られなくなる．これを嫌った各メーカーは，メモリ事業を切り離してしまう．そうなると，多品種少量品だけで生産ラインへの設備投資を償却し，利益を上げなければならなくなる．これは難しい．次の8章で議論する「設計と製造の分業」は，この問題の解決策の一つとして出てきたものである．

7.5 ムーアの法則がもたらすニヒリズム

5年以上も壊れない機器は遅れた技術思想の産物

同じパソコンを5年以上使い続ける人は，あまりいない．長寿命の半導体メモリはパソコンには無用である．汎用コンピュータ向けの長寿命品は過剰品質ということになる．これはパソコンと半導体メモリに限った話ではない．

電子情報通信分野のあらゆる製品の中核に，集積回路が位置している．その集積回路はムーアの法則に従って進歩する．ハードウェアのコストパフォーマンスは3年で4倍になる

---

† 半導体事業の減価償却には定率法が採用されることが多い．この場合は償却開始直後の償却金額が一番大きい．このとき同時に売上を大きくできれば，利益確保が容易になる．

と考えてもいいだろう．それなら同じ製品を5年以上使い続けないほうがいい．それはパソコンに限らない．ハードウェアは4～5年動けばいい，これがムーアの法則からの帰結となる．

これを前提に，グーグル日本法人の社長だった村上憲郎は，次のようにいい切る．「ムーアの法則に代表されるICT技術の進歩から見れば，少なくともICTに限っていえば，5年以上も故障しない機器は過剰品質である．5年以上も故障させない保全は過剰保全である．それは遅れた技術思想である．『安心安全』をキープしつつ，部分的に壊れながら5年間だけは動く製品と部分的に壊しながら5年間だけは完璧に運用できるシステムこそが，最先端である」［村上，2011］．

経済合理性の観点からは，まことに正しいというほかない．さらに村上は，この発想は技術屋からはなかなか出てこないとし，責任を製品企画部門・マーケティング部門に帰すべきだとする．「国内市場からの『安心安全』への過剰な要請，その国内市場からの要請のみに目を奪われて，その要請に応えるべく滅多なことでは故障しない過剰品質で作られる製品と，その上その過剰品質の製品に更に過剰に施される保全の組合せを金科玉条のごとく踏襲し，技術部門に強制してきた製品企画部門・マーケティング部門こそ，発想の転換の遅れの元凶である」［村上，2011］．

サムスン電子のメモリ事業部では，13 400人の社員のうちの230人が専任マーケッタである．日本企業の対応する事業部だと，専任マーケッタは数人程度で，社内的地位も低いという［湯之上，2009，pp.68-70］．DRAMマーケットの変化に対応できたサムスンと，できなかった日本企業，むべなるかな．

やってられねーよ

比例縮小則とムーアの法則の下では，消費電力も新製品のほうが低い．旧製品を使い続けるより，新製品に買い替えたほうが，環境にさえ優しい．

ハードウェアは4～5年で取り替えたほうがいい世界では，良い物を長く使おうとするのは「遅れた技術思想」になりかねない．だがそれは，ときに人心を荒廃させる．

顧客の要請に応えて，25年も壊れないと保証できる製品を作った．価格は，それほど高くせずに済んだ．顧客も喜んでくれた．ところがダンピングだと非難されてしまう．それならと，コストを気にせずに高品質を追求した．そうしたら今度は，市場が変化していて，そんな製品は過剰品質だと非難される．「やってられねーよ」．技術者たちが，ふてくされても不思議ではない．

ニヒリズムが忍び寄る

思えばこれは，いつものことである．新技術が旧製品を魅力のないものにする．ほとんど

人類史の全過程で起こってきたはずだ．そしてそれは，人を幸せにするとは限らない．それでも技術は進歩する．そして人は，進歩した技術を使わざるを得ない．ある種の無力感，あるいは一種のニヒリズムが忍び寄ってくる．そこにどう折り合いをつけるか．一般解は，おそらくない．

電子情報通信分野に限れば，問題の一つは半導体集積回路の進歩の速度だろう．3年で4倍，10年で100倍というムーアの法則は，人間の寿命に比べると，あまりに速い．ドッグイヤーと呼ばれるゆえんである．

近年，少し速度が遅くなる様子が見え隠れする．従来どおりの微細化を進めることが，技術・経済の両面で難しくなる．ムーアの法則が維持できなくなるかもしれない．そこで別の方策の模索が続く．この別の道を半導体業界では More Than Moore と呼び習わしている．

8. 半導体産業における設計と製造の分業

8.1 集積回路の矛盾が再び激化

1985年ごろから日本の半導体産業の伸びが鈍ってくる

　日本の半導体産業は1980年代前半に急成長する．特に1984年には前年比40％と，大きく伸びた．しかし翌1985年には一転，マイナス成長となる．以後，日本の半導体産業の様子が変わってくる．これをよく示すのが図8.1，日本の集積回路生産金額の年次推移である．縦軸には対数目盛を採用した．したがって傾きが成長率を表す．1984年までの急成長，1985～2000年の安定成長，2000年以後の急減，日本の集積回路生産は，この3期に区分できる．

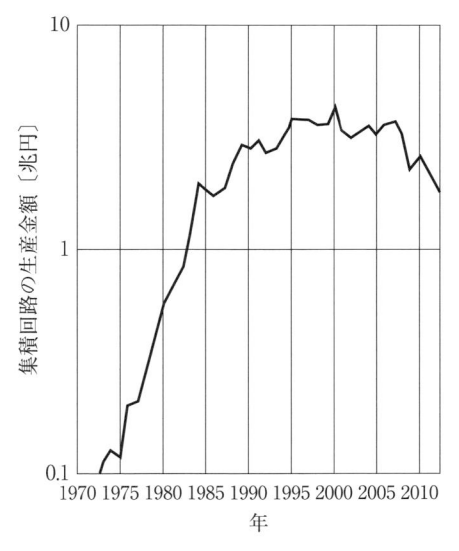

図8.1　日本の集積回路の生産金額推移
（資料：経済産業省 機械統計）

　1980年代前半までの日本半導体産業の躍進を支えたのは，既に述べたように半導体メモリである．そのメモリ需要を牽引したのは，この時期までは汎用コンピュータだった．ところが1980年代後半になると，パソコンのメモリ需要が大きくなってくる．その過程で，日

本の半導体メーカーがシェアを落とす（7章）．しかしDRAMだけが半導体産業ではない．

メモリからASIC（特定用途向けIC）へ

1985年以後の成長鈍化には，もう一つ，別の事情がある．半導体ユーザーがメモリだけでは満足しなくなったのである．5章で集積回路技術には本質的矛盾があると強調した．その矛盾の解決策として，マイクロプロセッサは抜群だった．しかし万能ではなかった．たしかにプログラム内蔵方式ではハードウェアは汎用である．ハードウェア価格の低下には大いに貢献した．しかし責任をすべてソフトウェアに押しつける方式でもある．高性能なマイクロプロセッサと高速・大容量のメモリを半導体メーカーが供給してくれても，ユーザーはそれを特定用途にすべく，ソフトウェアを開発しなくてはならない．

システムの規模が巨大になるにつれて，これを動かすためのソフトウェア開発が重荷になる．大量のソフトウェア技術者が必要となり，コストもハードウェアを上回り出した．汎用コンピュータでは1960年代に顕在化し，「ソフトウェア危機」として意識される．1985年ごろから，同じ問題がマイクロプロセッサシステムにも表れる．ソフトウェアの開発速度が半導体の開発速度に追いつかない．

「用途をあらかじめ半導体チップに入れておいてもらいたい」．ユーザーはこういい出した．ASIC（application specific IC，特定用途向けIC）の時代がこうして始まる．後のシステムLSIやSoC（system-on-chip）も，実質的には同じ概念と私は考えている．

ASICであれシステムLSIであれ，半導体側にとっては，不得意な多品種少量生産を要求される．

チップをいくつかの機能モジュール（IP）に分ける

多品種少量生産に対応するためのASICの設計手法は，ソフトウェア危機の回避の方法に共通する．具体的にはチップを，いくつかの機能モジュールに分割する．これらのモジュールを同時並行に設計する．よく使うモジュールはライブラリに保存登録しておき，繰り返し用いる．これらの機能モジュールをセルと呼ぶことがある．IPとも呼ぶ．このIPはintellectual property，すなわち知的財産権である．設計済み機能ブロックに知的財産権が設定されるところから，半導体業界では，これらのモジュールをIPと呼ぶようになった[†]．

ASIC設計ではチップがモジュールに分割され，個々の「モジュール（IP）設計」と，モジュール間の関係を構築する「チップ設計」に階層化される．こうなると，IP設計とチッ

[†] 電子情報通信分野では，IPという略語には注意が必要だ．いくつもの意味で使われているからである．まず，本来の知的財産権の意味である．それの流れで，いま述べたように，集積回路設計のための機能モジュールをIPと呼ぶ．またインターネットの通信規約，すなわちinternet protocolの略称もIPだ．さらにinformation providerの略称としてもIPが使われている．

プ設計を別企業が担う可能性が開ける．IP 設計を業とし，それを半導体メーカーなどに販売する企業が，今は存在する．

設計のための CAD ツールが水平分業の可能性を開く

以上の IP 設計やチップ設計には，当然コンピュータが使われる．すなわち集積回路設計のためのコンピュータ支援装置（CAD ツール）を用いる．かつては，半導体メーカー各社が，それぞれ自前の CAD プログラムを開発し，自社の汎用コンピュータに載せて，自社内だけで使っていた．しかしいまは，集積回路設計ツールや CAD プログラムは，外部から購入している（「自前主義から分業へ」が，ここにも見られる）．提供しているのは，だいたい米国の専業メーカーである．

CAD ツールは設計と製造をつなぐところに位置する．本づくりとの比較でいうと，原稿を書いたりレイアウトをしたりする段階に相当する．実際，集積回路の設計と製造は，本や雑誌の編集と印刷によく似ている（**図 8.2**）．

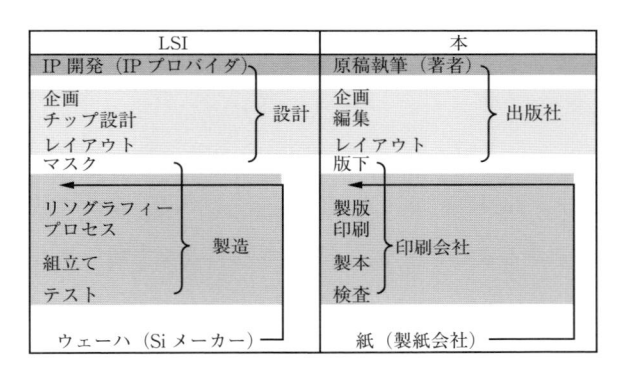

図 8.2 LSI 製造工程と本づくりの対比

同じ CAD ツールが普及すると，CAD ツールが一緒の標準インタフェースの役割を果たす．別の言い方をすると，CAD ツールがオープン化を促す．自動車業界でも，部品メーカーと完成品メーカーが CAD データを共有するところから，オープン化が始まったという．

オープン化とは水平分業である．IP 設計，チップ設計，製造，組立てなどを複数企業で分業する（**図 8.3**）．すべてを半導体メーカー内で行う垂直統合（図 8.3 (a)）から，いくつもの会社が水平に分業する同図 (b) の可能性が出てくる．なかで特に重要なのが，設計と製造の分業である．

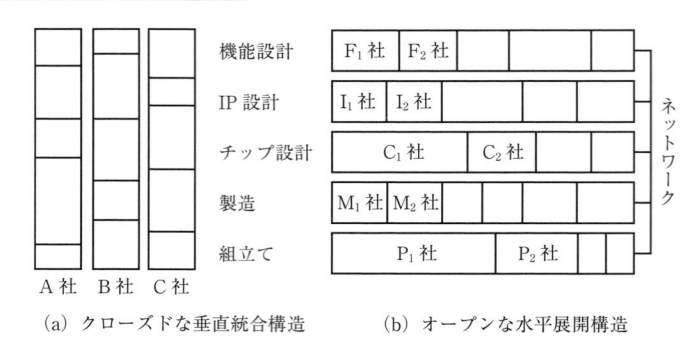

図8.3 半導体産業における垂直統合と水平分業

(a) クローズドな垂直統合構造：A社、B社、C社がそれぞれ機能設計、IP設計、チップ設計、製造、組立てを垂直統合している。

(b) オープンな水平展開構造：機能設計（F₁社、F₂社）、IP設計（I₁社、I₂社）、チップ設計（C₁社、C₂社）、製造（M₁社、M₂社）、組立て（P₁社、P₂社）がネットワークで結ばれる。

8.2 設計と製造の分業

設計と製造の分業という矛盾克服法が現れる

1980年代後半から，設計と製造を別の企業が担うという分業が登場してくる．半導体工場を持たないファブレスのチップ設計会社と，半導体製造サービスに特化したシリコンファウンドリによる分業，これが次第に広まる．この分業は，集積回路技術の持つ本質的矛盾の解決策でもあった．

なおファブレス（fabless）という言葉は，fabrication less から来ている．製造工場を持たない，という意味である．またファウンドリ（foundry）には本来，鋳物，鋳物工場という意味がある．鋳物を鋳造するように，シリコンで半導体製品を製造する工場，といったところか．

ファウンドリは自社ブランドの半導体製品を持たない．その意味で，ファウンドリはサービス業であって，メーカーではない．製品ブランドは発注者が持つ．発注者がファブレスであっても，メーカーは発注者である．製造者責任も発注者に帰する．

日本の半導体メーカーは，この設計と製造の分業を嫌った．設計と製造を統合した事業形態（integrated device manufacturer, IDM）に固執し続ける．これが日本半導体産業衰退の一因，私はそう考えている．

設計と製造はどういうときに分業すべきか

半導体産業におけるファブレスとファウンドリの分業は，設計と製造の分業の一例である．この分業は珍しくない．建設業，ファッション産業，出版業などにおいて，設計と製造は早くから分業している．例えば本や雑誌の設計（編集）は出版社が担い，製造（印刷・造本）は印刷会社が分担する．この分業構造は，半導体における設計―製造関係とよく似ている（図8.2）［西村，1985］．

設計と製造は，どういうときに分業すべきか．モジュールとして設計と製造が独立しているかどうか，まず第1にこれが問われる．設計と製造のそれぞれが，互いに相手の内部に手を突っ込まずに仕事を完結できる．こうなっていないと分業にならない．

この観点から見ると，設計と製造の分業を促すのは，実は製造技術の進歩だ．製造技術が未熟なうちは，設計技術者は製造技術のことをよく理解していないと設計できない．このときは設計者と製造技術者は共通の「生産者文化圏」を形成し，ユーザー（消費者）からは離れる．これを私は工業社会型の構造と呼んでいる（図8.4 (a)）．製造技術が進歩すると，設計者は製造技術のことを気にしなくてもよくなる．設計者はむしろユーザーの意向を探り，それを実現するほうに注力する．そしてユーザーと共通の「情報処理文化圏」を形成する（同図 (b)）［西村，1983］．

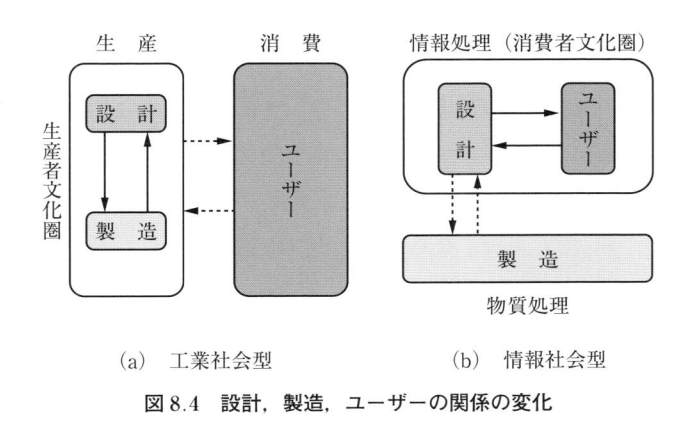

(a)　工業社会型　　　　(b)　情報社会型

図 8.4　設計，製造，ユーザーの関係の変化

図8.4(a)では設計と製造は一企業内に垂直統合されているとみなせよう．対して同図(b)の構造では，設計と製造を別の会社が担う水平分業の可能性が開ける．

5章で述べたように，MOS型集積回路には「パターン独立性」がある．パターンを作る設計工程と，ウェーハを加工する製造工程とが，パターン独立性によって分離される．比例縮小則の下では，デザインルールというインタフェースさえ共有すれば，設計と製造がモジュール化され，それぞれ独立に仕事を進められる．この性質によって，設計と製造の分業への道が開かれる．

設計と製造のそれぞれを別の会社が分担すべきか，これが次の問題である．設計と製造がモジュールとして独立したとしても，それだけなら同じ社内の設計チームと製造チームが分担すれば済む．設計会社と製造会社という別企業による分業にする理由は何か．

ここで重要なのが，設計と製造のコスト構造の違いである．出版の場合を例にとろう．本や雑誌の編集者（＝設計者）の最大の仕事は，「読者が何を読みたがっているか」を探りあてることである．この仕事に大きな装置はいらない．

印刷（＝本や雑誌の製造）は装置産業である．大部数の印刷には輪転機が必要で，そのための投資金額は大きい．となれば，印刷における最大のコスト要因は装置（印刷機）の減価償却だ．言い換えれば資本コストである．もう一つ言い換えれば時間コストである．大金を投資して買った装置が遊んでいる時間，これこそが最大のコストということになる．装置が動いていても遊んでいても，減価償却コストは容赦なく発生し続けるからだ．

ここから出版社と印刷会社の分業が導かれる．出版社は内容や読者対象ごとに小さく分かれ，印刷は印刷会社に外注する．印刷会社は巨大化し，群小多数の出版社から印刷を受注する．多数の出版社からの注文によって，印刷機が遊んでいる時間を極小化する．

上記の出版社，すなわちファブレスの設計会社は，製造装置という大きな資産を持つ必要がなくなる．これはまず，上記のように減価償却負担が軽くなることを意味する．加えて資産効率が向上，結果的に投資家に歓迎される可能性が高まる．これについては15章「設計と製造の分業——EMSの発展」で詳しく述べる．

また電子情報通信分野の設計の仕事には，半導体集積回路の場合に限らず，ソフトウェアの比重が高まる．システムの中核がプログラム内蔵方式だからである（1章で定義したソフトウェア圧力）．ソフトウェアによって付加価値を高める仕事と，ハードウェアを効率よく生産する仕事は，どうしても異質になる．それぞれに適した人材も違ってくる．これも設計と製造の分業へと業界を導く．

ファブレスとファウンドリの分業

半導体工場を持たないファブレスの集積回路設計会社と，半導体製造サービスに特化したシリコンファウンドリによる分業，この分業は，先に述べた出版社と印刷会社の分業によく似ている．

半導体製造工場の設備投資金額は巨大になる．これを1社が設計した集積回路の製造だけで償却できるか．インテルなら可能だろう．メモリの大メーカーであれば，なんとかなる．そのインテルやメモリ最大手のサムスンさえ，ファウンドリ事業に乗り出している［Altera, 2013］［IC Insights, 2013a］．まして，ほとんどの半導体メーカーにとって，最先端半導体製造工場の維持は困難になってきた．その分，ファウンドリへの依存が大きくなる．

ファウンドリは製造に特化する．複数企業から設計データを受け取り，ウェーハプロセスを施して納品する．その意味でサービス業である．ファウンドリでは，複数企業からの設計の受注で製造ラインの稼働率を上げ，投資の償却を図る．すべてのチップ設計者に門戸を開いて製造を引き受ければ，装置の稼働率を上げることができる．個々の製品種別の好不況の影響も小さくなる．

ファウンドリ事業で世界一の企業は，台湾のTSMC（Taiwan Semiconductor Manufacturing

Co.Ltd.）だ．モーリス・チャン（Morris Chang）が1987年に創立した．ファウンドリのビジネスモデルを確立するうえで，チャンの果たした役割は大きい［日本経済新聞，2010］．

ファウンドリを利用するチップ設計者はファブレスになり，製造装置への投資負担を免れる．そうなれば狭い品種に事業を特化して，他社の追随を許さない製品への道を開きやすい．これは出版と印刷，ファッションデザイナーと繊維・縫製会社，建築デザイナーと建設会社などの間では，すでに長い歴史のあるビジネスモデルだ．

ファウンドリはインタフェースを公開する

設計と製造が分業するためには，設計と製造の間で仕事を受け渡すためのインタフェースが必要である．同一企業内の分業なら，このインタフェースは，その企業独自のものでいい．インタフェースを他社に公開する必要もない．しかしファウンドリは，そうはいかない．ファウンドリは，なるべく多数の設計会社から製造を受注したい．それはファウンドリのビジネスモデルの根幹だ．だからファウンドリは設計会社に対して，インタフェースを公開しなければならない．それが設計会社にとって魅力的なインタフェースであれば，たくさんの設計会社が，そのファウンドリに集まってくる．

たくさんの設計会社が特定ファウンドリのインタフェースに従って設計するようになると，そのインタフェースは事実上の標準（de facto standard）となる．そうなると他のファウンドリも，自社インタフェースを事実上の標準に合わせないと，顧客の設計会社が寄りついてくれなくなる．

提案したインタフェースが顧客に歓迎され，事実上の標準となったファウンドリには，顧客が集中する．装置の稼働率が上がり，装置を速やかに償却できる．そうなれば新しい装置が買える．そのファウンドリの製造技術は他社に先がけて進歩する．そうすると，顧客の設計会社は，ますますそのファウンドリに集中する．勝ち組が勝ちやすくなる構造，勝ち組が独占してしまう構造が，水平分業には造り付けられている．この構造は，ネットワーク外部性（11章）の一種である．

8.3 半導体生産システムのオープン化とファウンドリの進化

かつてファウンドリの製造技術は，統合メーカー内の製造技術に比べて一段低いとされていた．ファウンドリは研究開発に投資せず，製造装置を買って製造に専念する．したがって最先端デバイスの製造はできず，少し遅れた製品を他社ブランドで安く製造する存在，そう見下されていた．

ファウンドリビジネスが始まった当初，その傾向がなかったとはいえない．半導体メーカーが開発した製造技術が製造装置に移転される．ファウンドリはその装置を買って製造す

る．その間に，かなりの時間差がある．その時間差が，ファウンドリが作る製品の技術的「遅れ」につながっていた．

しかしこの事情は，いつの間にか変化する．ファウンドリが製造技術でも先頭に立つに至る．これが可能になった背景に，半導体製造装置メーカーとファウンドリの連携強化がある．

半導体生産システムのオープン化

半導体メーカーは，リソグラフィ，エッチング，ドーピング，デポジションなどの装置を購入して生産ラインを構築する．この生産ライン構築は，もちろん半導体メーカーの仕事だ．しかし各装置間のインタフェースをどうするか．最初は半導体メーカーが，各装置ベンダーと話し合って，その半導体メーカー固有のインタフェースを設定していた．

半導体メーカーが違えばインタフェースも違う．装置ベンダーは，半導体メーカーごとに別々のインタフェースを用意しなければならない．日本では，この状態が長く続く．

しかし各工程のインタフェースが標準化され，公開されれば（これがオープン化だ），工程ごとに異なるベンダーの製造装置を使ってもラインを組みやすくなる．一方，製造装置メーカーは，個別ユーザー（半導体メーカー）の要求に合わせることに振り回されずに，標準インタフェースに準拠した製品に開発を絞り込める．その分，装置価格を下げられるはずである．開発期間も短縮できる．標準機であることによって，世界全体を市場として事業を展開できよう．

セマテックがオープン化の方向に米国業界を動かす

米国ではセマテック（SEMATECH）が1991年ごろから，オープン化の方向に業界を動かすのに貢献した．セマテックは，米政府と米半導体メーカーによる半導体製造技術開発プロジェクトである．1988年の設立当初は目標をDRAMなど，デバイス技術開発に置いていた．背景にあったのは，メモリ調達を日本などの外国に頼り切ることへの不安である．しかし1990年ごろから目標が，製造装置・生産システムのほうに移っていく．

セマテックが主導権を発揮したのは標準化である．製造装置そのものや，装置間のインタフェースを極力標準化し，コスト削減と装置開発速度の向上を図る．標準インタフェースの確立と公開は，オープン化の必須条件である．日本の超LSI技術研究組合も，結果として，製造技術の標準化に貢献した．異なる組織から人が集まって，共同で仕事をすることの意味の一つが，そこにある．

超LSI共同研究所は，製品作りの研究は行わず，製造技術などの共通基盤整備に努力を集中した．セマテックも，デバイス開発を狙った初期にはうまくいかず，製造技術の標準化を目標にするようになってから，成果を上げだした．そこには共通性がある．

装置メーカーとの連携でファウンドリが製造技術でも先頭に

　ファウンドリは装置の償却が速い．多数の設計会社から製造を請け負い，装置の稼働率を高めるからである．償却が速い分，先に新装置を買える．まず，この効果でファウンドリは統合メーカーより，製造技術で前に出た．

　さらにその後，ファウンドリは製造装置メーカーとの連携を強化する．ある時期から，製造装置開発には，半導体生産ラインが必要になっていた．複数の製造装置メーカーが，同じ半導体生産ラインを使い，装置相互をすり合わせる．この役割を果たす半導体生産ラインとして，ファウンドリのラインが重きをなしていく．

　ファウンドリは自社ブランドの半導体製品を持っていない．半導体メーカーは顧客ではあっても，競争相手ではない．したがって自社ラインで得た情報を，装置メーカーが公表することを妨げない．

　半導体の統合メーカーの場合，自社ラインを装置メーカーに貸して装置開発に協力したとしても，そこで得られた情報を他の統合メーカーに知られることには，抵抗がある．結果として，統合メーカーのラインではなく，ファウンドリのラインが，製造装置開発に使われることが多くなる．この現象は，半導体製造技術開発の場が，統合メーカーから，ファウンドリと装置メーカーに移ることを意味する．かくてファウンドリはいまや，技術においても先頭に立つ．

8.4　日本の半導体業界は分業を嫌い続けた果てに衰退

日本の半導体メーカーは独自ノウハウにこだわった

　日本の半導体メーカーは生産システムのオープン化を嫌った．自社独自のノウハウにこだわり，細かい設計変更を装置メーカーに要求する．装置メーカーもこの要求に応え，半導体メーカーと一緒に生産システム構築に加わる．これは日本の美点とされた．しかし問題はコストと時間である．

　装置メーカーが無料で半導体メーカーの要求に応じるわけがない．装置価格などの形で，必ずもとはとっているはずだ．時間もかかる．半導体メーカーごとに個別対応とならざるを得ないからである．遅くなることそのものが，市場への敏速な対応には不利となる．時間はコストだ．

　装置メーカーにとって，顧客は日本企業だけではない．設備投資が急増しているのはアジア諸地域だ．日本の半導体メーカーへの個別対応にかまけていると，開発速度は遅くなるし，装置価格は高くなる．国際市場で日本製半導体製造装置の競争力が下がってしまう．

標準に準拠しても差は十分につく

　標準インタフェースに準拠した製造装置を用い，公開された科学的知識に基づいて作っていたのでは，どこの会社の製品にも差がなくなってしまう．製造装置にしても，どのメーカーのものを使ったって同じということになりかねない．こういう考え方がある．そうだろうか．

　オーディオ装置を思い出そう．標準インタフェースは大昔に確立していて，アンプ，プレーヤ，スピーカ，どこのメーカーの製品をもってきたってつながるし，音も出る．しかし音は千変万化し，装置一式の価格も千変万化する．日本語の文法を守りながら，名文と駄文，いくらでも差はつく．

　製造装置メーカーは，オープン化によって本来の競争に戻れるはずだ．半導体メーカーへの個別対応に終始していると，サービス競争に陥る．半導体メーカーのいうことをいかによくきくか，という競争になってしまう．本来，製造装置は，エッチングならエッチング，デポジションならデポジションの，性能で競うべきである．その競争は標準インタフェースに準拠しながら十分に可能だ．

日本の半導体業界はファブレス―ファウンドリ分業を嫌い続ける

　日本企業は，ファブレス―ファウンドリの分業に，ごく近年まで背を向け続ける．一般に日本の半導体メーカーは，設計より製造に強い．日本メーカー自身がそう公言していた．それならファウンドリになるという選択肢があったはずである．しかし日本の半導体業界は，設計―製造の統合に固執した．なぜだろうか．

　一つの理由は，社内のモジュール化ができていないからではないか．モジュール間のインタフェースがはっきりしていないのだ．社内で人事異動があると，インタフェースも変わってしまう．これではモジュールを外部調達できない．

　日本メーカーが統合に固執した理由として，もう一つ，日本のエンジニアは減価償却についてのコスト意識が低いのではないか，この思いが私にはある．ランニングコスト（変動費）は強く意識している．それに比べると資本コスト・時間コスト（固定費）は，技術の問題ではなく経営の問題としているような気がする．変動費を減らすのと固定費を減らすのとで，どちらがトータルコストに効くか．そのためには何をすべきか，これはもちろん経営選択の問題である．しかし選択結果を実行できるかどうか，それは技術の問題だ．エンジニア自身が，減価償却コスト（資本コスト）を常に意識していないと，実行力に問題が生じる．

　例えば日本の半導体エンジニアは歩留まり向上には熱心だ．けれども減価償却コストを勘定に入れれば，歩留まりを下げてでもスループットを上げたほうが，トータルコストが安くなることがある．こういう方向に技術を用いることをせず，やみくもに歩留まりを上げよう

韓国の半導体メーカーは資本コストに敏感

　韓国の半導体メーカーにスカウトされた日本人技術者は驚く．新しい半導体工場を立ち上げる際，韓国メーカーは，建屋ができると掃除もそうそうに装置の搬入を始める．すぐにクリーンルームをフル稼働して，高価なフィルタを使い捨てながら，一刻も早く製品を出荷しようとする．投下資本が寝ている時間を短くするためだ．そのためにはフィルタなどのランニングコストには目をつぶる．

　日本の半導体メーカーなら，きれいに清掃した工場に，しずしずと装置を搬入し，ゆっくりと慣らし運転をしてから，テストウェーハを流し始める．また日本の半導体メーカーは製造装置購入の際，微細化性能を重視する．これに対して韓国や台湾の半導体メーカーは，装置のスループット（単位時間当りの処理量）と稼働率を何より重視するという［湯之上，2009, p.160］．

市場の伸びと投資タイミングがちぐはぐだった

　かつては日本には，わずかの例外をのぞくと，本当の意味での半導体メーカーは存在しなかった．半導体事業で上げた収益に基づいて設備投資し，それを半導体事業の次の収益に結び付ける，こういう形で，自己責任で半導体事業を展開してきた企業，これが，日本にはほとんどなかった．

　日本で一般的だったのは，総合電機メーカーが，そのなかの一事業として半導体製品を製造販売するという形である．その半導体製品は，社内でも使われるし，外販もする．

　総合電機メーカー内の半導体事業，その最大の問題は，設備投資の時期と規模を，半導体ビジネスの観点からだけでは決められなかったことである．日本企業の半導体投資のタイミングは，市場の伸びとの関係で見たときに，ちぐはぐだった．これも日本の半導体産業が衰退した一因だろう．

　半導体は浮沈の激しい事業である．半導体需要が伸びる時期を予測し，その時期に供給力が十分あるように投資時期を選ばなければならない．これに半導体特有の世代交代がからまる．次世代製品を，いつ，どの程度の量，出荷するか．そのためには，新しい装置に入れ替えた工場をいつ稼働させるか．こういった設備投資計画が半導体事業の成否を制する．

　図8.5を見てみよう．この図は国内半導体メーカー12社の，集積回路売上高合計と集積回路関連設備投資金額合計の年次推移である．売上が伸びたとき，その当の年に設備投資金額を増やす，この傾向が歴然だ．売上が落ちると設備投資も減らす．これもはっきりしている．そうするとどうなるか．

　その結果が図8.6である．この図は前図と同じ12社の，売上高合計と減価償却費合計の

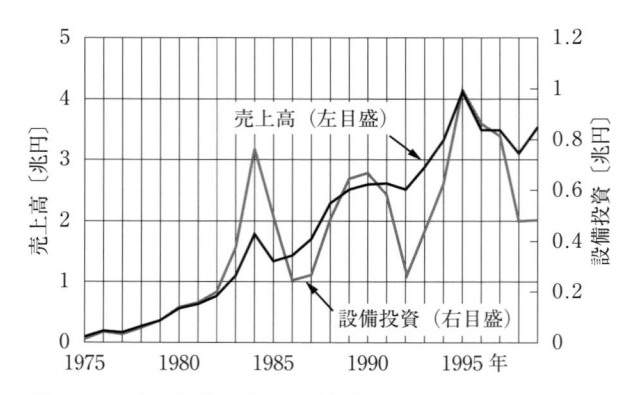

図8.5 日本の集積回路の設備投資金額と売上高の年次推移
（資料：[IC ガイドブック，2000]（脚注参照））

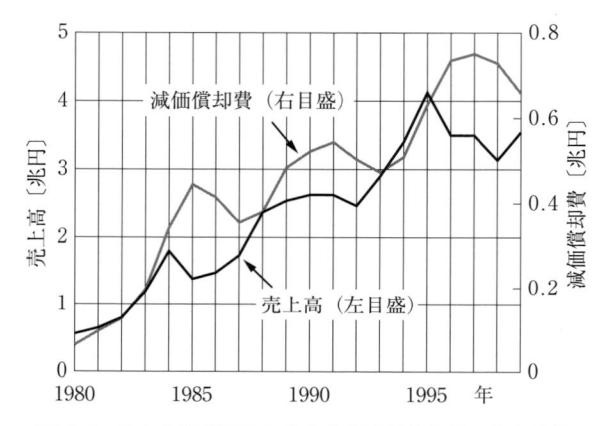

図8.6 日本の集積回路の売上高と減価償却費の年次推移
（資料：[IC ガイドブック，2000]（脚注参照））

年次推移である．原データと算出法については [IC ガイドブック，2000] と脚注[†]を参照してほしい．

図8.6において，売上高と減価償却費は，1984年までは並行して上昇している．設備投資と，その結果としての売上増が健全だったことを示す．ところが1985年以後は様子が違う．減価償却負担は，売上が減ったときに，しばしば大きくなっている．この状況が何度も見られる．

---

† 図8.5と図8.6は，通産省（現 経済産業省）が1990年代末に，当時の日本の半導体メーカー12社について調査したデータに基づく [IC ガイドブック，2000, p.194]．減価償却費は，設備投資金額全体に5年の定率償却を適用して計算した．償却率には当時の法定償却率 0.369 を用いている．定率法の場合，初年度の償却費が大きくなる．設備投資を年初にするか年末にするかで，その当該年度の償却費は大きく違う．これを調整するため，実施時期は平均的に年央とし，初年度の償却費は一律半額とした．また6年目には一律に除却するとし，以後には減価償却費は計上していない．

例えば1985～1986年には，売上が急減しているのに，減価償却費は大きく上にふくらんでいる．好況だった1980年代前半（特に1984年）に投資を積み上げ（図8.5），その償却負担が不況期に重くなってしまったのだろう．設備投資を売上と同相で実施した結果，減価償却負担が売上と逆相になる，これが頻繁だ．利益は乱高下するにちがいない[†]．

半導体事業部門が総合電機メーカーの一部だったことには功罪両面

総合電機メーカーにとって，投資に使える資金は，半導体のためだけのものではない．その結果どうしても，半導体のための投資を，半導体事業にとっての最適タイミングで実施するわけにはいかないことが多くなる．ただし，この問題は，韓国のサムスン電子にも共通する．サムスン電子も総合電機メーカーだ．テレビなどの最終製品も製造販売している．

問題の本質は，企業の内部統治の問題に帰する．それぞれの企業が半導体をどれだけ重視しているか，そして半導体事業部門が投資時期決定において，どれだけの自由を持っているか．

大きな総合電機会社に属していたことは，投資資金の獲得に有利に働いたこともあるはずである．特に投資資金を銀行融資で調達する場合には，大企業を背景にしていることは有利だったはずだ．少なくとも米国の半導体専業メーカーは，そう見ていた．

社内に半導体需要があることには，功罪両面があったように思う．テレビなどの家庭電気製品向けアナログ集積回路などでは，メリットもあったのではないか．かつては，日本の半導体事業では，この種のアナログ集積回路の規模は，それなりに大きかった．

しかし社内需要だけでは，半導体が必要とする投資を支えることはできない．かつて内製だけだったIBMでさえ，耐えられずに外販を始めた．外販しないと半導体の投資を回収できない．ところがそうすると，先に挙げた投資のタイミング問題が発生する．半導体は社内において，儲け頭から金食い虫へと乱高下を繰り返した．いまIBMは，外販に加えてファウンドリ事業さえ手がけている．

[†] 2007～2009年，日本の家電メーカーはテレビ工場建設に大規模な投資を実行した．地上波ディジタル放送受信のためのテレビ買換え需要（地デジ特需）が，盛んだったときである．当然テレビの売上げは伸びていた（図20.3）．その売上げが伸びていたときに工場建設投資を増やす．工場ができ上がってテレビ出荷が増え，減価償却負担が本格化するのは2010年を過ぎてからだ．2011年7月にはアナログテレビ放送は終了し，テレビ買換え需要は激減する（図20.3）．在庫は積み上がり，減価償却負担が重くのしかかる．かくて日本のテレビメーカーは2012年には不振を極める．「売上と同相の投資，売上と逆相の償却負担」という構造が，ここにも見られる．「半導体事業が総合電機メーカーの一部門だったため，半導体事業の観点から設備投資時期を決められなかった」という言い訳は，テレビの場合には通用しない．減価償却コスト（資本コスト）への鈍感さは，日本企業の体質となっている可能性を否定できない（20章と22章に関連の記述がある）．

半導体事業の切り離しが進み，日本にも半導体専業メーカーが登場

1990年代の終わりごろから，電機各社は半導体事業の切り離しを始める．半導体メモリ事業の切り離しと離合集散については，すでに紹介した．DRAM事業は日本から消滅しつつある．東芝のフラッシュメモリが，日本に残るほとんど唯一の半導体メモリ事業である．

メモリ以外の半導体事業についても，切り離しと統合が進む．2002年，NECは同社の半導体事業部門をNECエレクトロニクスとして分社，独立させる．メモリ事業はすでにエルピーダに移していたので，NEC本体には半導体事業は存在しなくなった．

2003年には，日立製作所と三菱電機の半導体部門が分社化して統合され，ルネサステクノロジーが設立された．2010年にはさらに，NECエレクトロニクスとルネサステクノロジーが合併し，ルネサスエレクトロニクスとなる．

そのルネサスエレクトロニクスも，2012年には経営危機に陥る．大規模なリストラが進行中である．2012年12月に，産業革新機構が約1400億円，トヨタ自動車，日産自動車，キヤノン，パナソニックなど8社が約100億円を出資する計画が決まった．産業革新機構は必要に応じて，更に500億円を追加で出資または融資するという．なお産業革新機構は政府が大部分を出資している投資ファンドである．

さらに2013年2月，富士通とパナソニックはシステムLSI事業を統合，ファブレスの新会社を設立すると発表した．製造に関しては，台湾のTSMCとファウンドリを設立し，三重工場（300 mmラインを備える）を，この新ファウンドリへ移管するという．

2000年代後半には日本でもファブレスへ傾斜

上記の離合集散を繰り返しながら，NECエレクトロニクス，ルネサス，それに富士通やパナソニックも，2000年代の半ばごろからは，製造部門を縮小・売却し，ファウンドリへの依存を進めている．「なにをいまさら」，どうしても私はそういいたくなってしまう．1980年代から私は，半導体産業では設計と製造の分業に必然性があるといい続けてきた．その私の言葉は，日本の半導体メーカーを動かすには至らなかった．ジャーナリストとしての私の言葉の力が弱かったせいに違いない．いまになって，そう思う．ここまで日本の半導体産業が落ちぶれると，さすがにくやしい．

上記大手の離合集散とは別に，以前からファブレスの半導体事業を進めてきたベンチャー企業は日本にも存在する．例えばメガチップス（1990年設立），ザインエレクトロニクス（1991年設立）などである．

なお不思議なことに，ファウンドリとして名乗りを上げるところはない．かつて日本の半導体メーカーは，自他共に，設計は苦手でも製造には強いといっていた．それならどうしてファウンドリになろうというところが出てこないのか．

8.5 ファブレスとファウンドリの存在感がますます大きくなる

モバイル向けファブレス半導体メーカーの雄クアルコムが躍進

　半導体の市場として，携帯電話，スマートフォン，タブレット端末などのモバイル機器の比重が大きくなってきた．その影響が半導体メーカーのランキングに表れつつある．世界半導体ランキングのトップは20年にわたってインテルである．2位はサムスン電子．こちらは10年，2位を保つ．しかし2012年の3位にはクアルコム（Qualcomm）が入った［IC Insights, 2013b］．

　クアルコムはファブレス半導体メーカーである．事業をスマートフォンなどのモバイル機器向けに集中している．そのクアルコムは，2010年9位，2011年6位，そして2012年3位と半導体メーカーとしてのランキングを上げる［小島，2012］．しかも2012年の半導体売上は前年比27.2％の成長だ．ランキング1位のインテルは2.4％のマイナス成長だった．2012年11月には，クアルコムは株式時価総額でインテルを抜いたという．パソコンからモバイルへの市場転換を示して象徴的だ．

ファブレスとファウンドリの存在感が大きくなる

　米国の調査会社ICインサイツ（IC Insights）は，ファウンドリも含めた2012年半導体売上高ランキングを発表した．その売上高は，1位インテル491億ドル，2位サムスン323億ドル，3位TSMC172億ドル，4位クアルコム132億ドルである［IC Insights, 2013b］．ファウンドリとファブレスが，それぞれ3位と4位を占めるに至っている．

　同時に2012年，ファウンドリとファブレスが伸び，統合メーカーは不調だった．中期的にもファウンドリとファブレスの成長率が統合メーカーより高いと，複数の調査会社が予測する．これまで統合メーカーだったところが，自社生産を減らし，ファウンドリへの生産委託を増やしていることが，この傾向を助長している．

　さらにパソコンからモバイル機器への市場転換は，インテルの存在感を小さくし，ファブレス企業の躍進につながっている．ファブレスの躍進は当然ファウンドリに有利に働く．設計と製造の分業，すなわちファブレスとファウンドリの組合せは，存在感を，ますます大きくしている．

サムスンは大手ファウンドリでもあり，インテルもファウンドリ事業を始める

　半導体メーカーランキングの上位2社，インテルとサムスン電子は設計と製造の統合を基本としている．インテルはパソコン向けマイクロプロセッサ，サムスンは同じくパソコン向けメモリの最大手だ．その生産規模が自社生産ラインの減価償却を可能にしてきた．だから，20年後にも残っている統合メーカーはインテルとサムスンだけだろうとTSMCのチャンは

みる［日本経済新聞, 2010］.

　しかしサムスンは大手ファウンドリでもある．サムスンの 2012 年の半導体事業の売上の伸びはマイナス 4% だったのに対し，ファウンドリ事業は前年比でほとんど倍増，世界第 3 位のファウンドリに躍進した［IC Insights, 2013a, 2013b］.

　そのうえインテルもファウンドリ事業に進出する可能性が出てきた．米アルテラ（Altera）社が同社の将来製品の生産をインテルに委託し，インテルは同社の 14 nm 世代技術でそれを製造することに，両社が合意した［Altera, 2013］．世界最大の半導体メーカーがファウンドリ事業を始める．

　高騰する半導体設備投資を，統合メーカーの自社需要だけで償却することは，ランキング 1 位，2 位の半導体メーカーにとってさえ困難になってきた．そういうことだろう．

第III部
情報処理と通信の融合

　第2次世界大戦の直後に誕生したプログラム内蔵方式は，事務処理用の汎用コンピュータとして大きな産業を形成する．その過程でモジュール化設計が進展し，互換機ビジネスを招くと同時に，後年の水平分業を準備する．

　「コンピュータを独り占めして対話的に使いたい」．この思いにとりつかれた人たちの一群は，コンピュータの小型化に取り組む．他の一群は，通信回線でつないだ端末から大型コンピュータにアクセスするシステムを発展させる．何十年か後，両者はインターネットに合流する．

　1970年代初頭に登場したマイクロプロセッサに刺激された若者たちは，パーソナルコンピュータを自分たちで作り上げてしまう．このパソコンに，汎用機で培われたモジュール化思想が結び付き，コンピュータ業界に水平分業が定着する．

　長い歴史のある通信にも，ディジタル化とプログラム内蔵方式が浸透する．伝送と交換のディジタル化が完成したとき，通信業界には，携帯電話とインターネットの大波が押し寄せ，これに通信自由化が加わって，産業構造が大きく変わる．

　やがて，すべての流れがインターネットに合流し，インターネットが産業や社会のインフラストラクチャになっていく．

9. 汎用コンピュータの進展とモジュール化

9.1 コンピュータの「世代」

かつてはハードウェア構成でコンピュータを世代分類した

プログラム内蔵方式コンピュータのハードウェアはプロセッサ（central processing unit, CPU とも呼ばれる）とメモリから成る．これに何を用いるかでコンピュータの発展を世代分類することが，かつてはよく行われた．

第 1 世代…真空管

第 2 世代…トランジスタ

第 3 世代…集積回路

というのが標準的世代分類である．これはプロセッサに何を用いているかを基礎にしている．

メモリも各世代にほぼ対応して変化した．第 1 世代では超音波遅延線や CRT（ウィリアムズ管）などが使われた．第 2 世代のメモリは磁気コアメモリだろう．第 3 世代の後半になるとメモリにも半導体メモリ（集積回路）が使われるようになる．これは 1970 年代になってからである．

第 1 世代コンピュータの商用化

コンピュータ産業は UNIVAC I によって始まった［能澤, 2003, p.325］[†]．UNIVAC I は最初のビジネス向け量産型コンピュータである．1 号機は 1951 年 3 月に国勢調査局に納入された．ハードウェア構成は「真空管＋遅延線メモリ」で，典型的な第 1 世代コンピュータといえよう．また 8 台の磁気テープ装置が付いていた．

UNIVAC I を開発したのはモークリとエッカートである．二人は ENIAC 開発と EDVAC 計画で中心的な役割を果たした．1945 年 3 月に二人はペンシルベニア大学ムーア・スクー

[†] モークリとエッカートは 1949 年 3 月に BINAC を完成，ノースロップ社（Northrop Aircraft Company）に出荷した．この BINAC を世界初の商用コンピュータとする考えがある．しかし BINAC はノースロップ社では動作しなかったといわれている［能澤, 2003, p.326］．そうなると 1951 年初頭に出荷された英国のフェランティ・マーク I を世界初の商用コンピュータとみることもできる（4 章）．けれどもフェランティ・マーク I は，マンチェスター大学のマーク I をベースに開発され，納入先もマンチェスター大学だった．コンピュータ産業へのインパクトは大きいとはいえない．

ルを去り，紆余曲折を経て，レミントン・ランド（Remington Rand）社で UNIVAC I を商用化した．

UNIVAC I は文字コードをベースにしたコンピュータである．コンピュータが科学技術計算のためだけの機械ではないことを実証したマシンだった［能澤，2003，p.325］．

1950 年代におけるコンピュータの用途を大別すると，科学技術計算用と事務処理用の二つになる．最初は，ほとんどのコンピュータが科学技術計算のために作られた．後者の事務処理のためには，当時の米国では，パンチカードシステムが広く使われていた．このパンチカードシステムを，コンピュータが置き換えていく．事務処理部門のほうが，コンピュータの用途として大きく成長する．

事務処理部門を担ってコンピュータの巨人となるのが IBM だ．IBM の最初の商用コンピュータは 1953 年発売の「701」である．プロセッサは真空管，メモリは CRT だった．

トランジスタの第 2 世代から集積回路の第 3 世代へ

第 2 世代の代表的商用機は 1958 年発表の IBM7000 シリーズである．プロセッサには真空管に代えてトランジスタを用いる．メモリのほうは 1950 年代後半から磁気コアが使われるようになっていた．第 2 世代機では磁気コアがメモリの主流となる．

またこの時期にはアセンブラ技術やコンパイラ理論が確立し，フォートラン，アルゴル，コボルなどの高級言語が出そろう．

コンピュータがすっかりトランジスタ化された 1960 年ごろに，半導体のほうでは IC（集積回路）が登場する．これがコンピュータに採用されるのは 5 年くらい後の 1960 年代半ばからである．このへんからが第 3 世代となる．代表的商用機は IBM システム/360 や UNIVAC 1108 などである．

ソフトウェアの面では，「ソフトウェア危機」が問題になり始める．プログラム内蔵方式によってハードウェアを汎用化したコンピュータだが，その汎用コンピュータを動かすためのソフトウェア開発が重荷になってくる．

コンピュータを世代分類できるのは第 3 世代まで

ハードウェア構成とコンピュータの世代がきれいに対応するのは第 3 世代までである．その後のハードウェア面での大きな変化はメインメモリ（主記憶）への半導体メモリの採用だ．IBM システム/370 から，これが一般化する．始まったのは 1970 年からである．

その後，集積回路の進歩はコンピュータ業界の構造を変え，汎用機の「世代」では状況を表せなくなる．例えばマイクロプロセッサが 1971 年に登場し，1970 年代以後のコンピュータの世界を大きく変える．この変化は「世代」とは無縁である．

9.2 メモリと入出力装置

プログラム内蔵方式コンピュータには，ハード，ソフト，入出力装置の3者が必要不可欠である［伊丹ほか，1996, p.38］．そしてハードウェア本体はプロセッサとメモリから成る．前記コンピュータの「世代」は，主にプロセッサが何でできているかで定義されていた．そこでこの9.2節では，メモリと入出力装置の発展を概観しておく．

メモリの階層構成

メモリは早くから階層化された．現在のコンピュータメモリは少なくとも3層構成になっている（図9.1）．プロセッサ（CPU）に近いところから，キャッシュメモリ，メインメモリ（主記憶），補助記憶装置（外部記憶装置）の3層である．この順に書込み／読出し速度が遅くなり，ビット単価は安くなる．なお補助記憶の「記憶」には，memoryではなくstorageが使われることが多い．

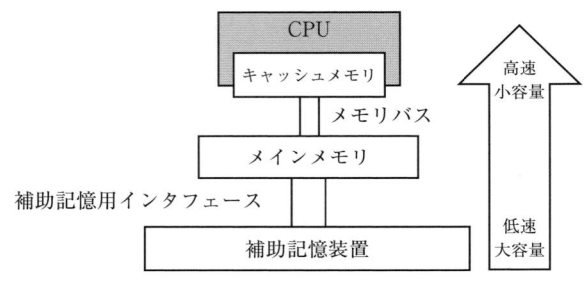

図9.1 コンピュータメモリの階層構成

メインメモリとキャッシュメモリには半導体メモリが使われている

メインメモリには最初は，超音波遅延線やCRTなどが使われた．しかしすぐに磁気メモリに替わる．長く使われたのはコア（磁芯）メモリである．1950年代半ばに登場し，1960年代には主役だった．

1970年ごろからメインメモリは半導体になっていく．なかでもMOS型のDRAM（ダイナミックランダムアクセスメモリ）が，メインメモリに定着し，現在に至る．高密度（大容量）にするためには，半導体メモリのなかで最も適した構造だからである．ただしDRAMは，常時リフレッシュ動作を繰り返さないと記憶が保持できない．また電源を切れば記憶内容は失われる（揮発性）．

キャッシュメモリには，高速のスタティックRAM（SRAM）が使われている．

補助記憶装置の主役は長く磁気ディスク

　補助記憶装置は，計算結果やプログラムを保存しておくことが第1の役割である．したがって電源を切っても記憶内容を失ってはならない．すなわち不揮発性が不可欠である．磁気テープや磁気ディスクなどの磁気メモリが早くから使われている．なかでも磁気ディスクは，今なお補助記憶の主役だ．

　コンピュータにさせたい仕事が大きくなると，大容量の補助記憶装置がいる．大型コンピュータには巨大な磁気ディスクが付随していた．コンピュータベンダーにとっては，磁気ディスクは大きな収益源だった．

　その後，磁気ディスクは多様な発展を遂げる．汎用機向けの磁気ディスク装置は大きな独立した筐体に入って存在感を誇っていた．一方小型コンピュータでは，本体内に内蔵されるようになり，今に続いている．しかし逆に，小型のケースに入った着脱可能の磁気ディスク装置も普及している．用途もコンピュータを超え，テレビ番組などを録画する装置にも広く使われている．

　日本国内の磁気ディスク生産金額は，1992年の8800億円をピークに減少が続く．それでも2000年には5572億円あったが，2010年には18億円と激減した（経済産業省生産動態統計）．

フロッピーディスクが一時期広く普及する

　補助記憶装置は，時に入力装置にもなる．この用途で大きな役割を果たすのが，着脱可能な記憶媒体である．磁気ディスクの一種，フロッピーディスクは，かなり長期にわたって，この用途で広く使われた．特に日本では，日本語ワードプロセッサ（ワープロ）の補助記憶装置として広く普及し，一部では今なお使われている．したがって特に日本では，産業的にも大きな存在だった．

　その後2000年ごろから，フロッピーディスクの担っていた役割は，CDやDVDなどの光ディスクに替わっていく．

半導体メモリが補助記憶装置に進出

　2000年ごろからの，もう一つの大きな動きは，補助記憶装置への半導体メモリの進出である．不揮発性のフラッシュメモリが，補助記憶装置にまで使われるようになった．

　フラッシュメモリが最初に商業的に使われた用途は，ビデオカメラの動画記録である．次いで静止画ディジタルカメラ（デジカメ）の記録に使われる．この二つの用途がフラッシュメモリの量産を促し，価格を下げる．また記録した動画や静止画をパソコンに移し，整理・保存したり，印刷したりする需要が生じる．その結果，パソコンがフラッシュメモリを扱えるようになる．

やがて USB インタフェースのメモリが発売され，パソコン向けでは主流となる．USB メモリは容量100ギガバイトを超えるものも市販され，可搬型ハードディスクの代替が可能になった．

さらにノートブックパソコンでは，磁気ディスクを内蔵せず，フラッシュメモリを内蔵補助記憶装置とする製品が続々登場している．磁気ディスクを半導体メモリで置き換えることは，半導体業界の長年の悲願だった．悲願はようやく達成されようとしている．

仮想記憶の普及

かつてパソコンやワープロには，ハードディスクを内蔵しない製品も少なくなかった．メインメモリの容量も小さかった．作業中にメインメモリの不足を告げられ，データの一部をフロッピーに移すよう，コンピュータに指示される．フロッピーを入れたり出したり，忙しかった記憶がある．

しかしいまでは，メモリ階層を，コンピュータユーザーが意識することは，ほとんどない．仮想記憶（virtual memory）と呼ばれるメモリ管理方式が広く普及したからである．例えば処理の最中にメインメモリの容量が足りなくなっても，仮想的なメモリ空間を補助記憶装置内に確保する．こうすればユーザーは，メインメモリの不足を意識しなくて済む．

補助記憶装置を雲の彼方におくことも可能

補助記憶装置を一切持たないコンピュータもある．例えばクラウドコンピューティングなら，プログラムも結果も，雲の彼方（ネットワークの向こう側）に置くことができる．作業するときだけプログラムを呼び出す．作業を終えれば，結果と共に雲の彼方に返す．企業内システムでは，各人のコンピュータにハードディスクがないほうが管理は楽である．

個人のパソコンユーザーの場合も，インターネット空間に自分の記憶領域を持てる．手許のパソコンの記憶容量は，ほどほどにとどめ，自分のデータをインターネット空間に置いておくことは，十分に可能になった．スマートフォンなどのモバイル機器でも利用できる．

考え方としての歴史は古い．ネットワークコンピュータという名称で，ネットワークの向こう側にリソースの多くを置く方式は，以前から提案されていた．問題の本質の一つは，ネットワークの速度だろう．大容量のデータを高速にやりとりできるのなら，リソースが遠くにあっても差し支えない．インターネットに代表されるネットワークの発達は，メモリのあり方にも影響を及ぼしつつある．

プログラムやデータを読み込ませるための入力メディアの変遷

プログラムやデータを，別のところで何らかの媒体に記録し，それをコンピュータに読み取らせる．この方式は，プログラム内蔵方式コンピュータの黎明期から使われている．初期

のコンピュータの多くは，紙テープに穴を開けたものを用いていた．これはテレックスからの流用である．

次に用いられたのは穴の開いたカード（パンチカード）である．コンピュータ以前に，IBMはパンチカードを用いた事務処理システムの最大手だった．コンピュータでもIBMは入力に同じパンチカードを用いる．これが業界に広く普及した．

外部記憶装置は入力装置にもなる．フロッピーディスクはもともと，パンチカードに代わる入力メディアとして開発された．この目的での入力装置の歴史は，外部記憶装置の歴史に重なる．フロッピー→光ディスク（CDやDVD）→半導体メモリ（USBメモリなど）と，移り変わってきた．

フロッピーディスクやその駆動装置（フロッピーディスクドライブ）は，1980年代から1990年代にかけて，かなりの産業を形成する．最盛期の1987年，フロッピーディスクドライブの生産金額は，約2000億円である（経済産業省生産動態統計）．今はゼロ．この分野の有為転変は激しい．

人間がコンピュータに直接指示する入力装置の変遷

コンピュータへの情報入力には，まずスイッチが必要だ．今でも電源スイッチは付いている．初期のコンピュータにはスイッチボードが付いていて，ランプが点滅していた．スイッチは人間の手指の動きを電気信号に変え，コンピュータに指示を与える．この目的には，やがてキーボードが主役となる．マウスも広く使われている．近年はタッチパネルの人気も高い．

人間が出した指示を確認したり変更したりするためには，コンピュータの状態を監視する装置（モニタ）が必要だ．その役割を大昔は，数多くのランプ群が担っていた．じきにCRTディスプレイになり，長く使われる．2000年ごろからは液晶ディスプレイが使われ，現在に至る．このディスプレイは同時に，情報処理の結果を表示する出力装置でもある．

出力装置の主役はプリンタ

コンピュータが処理した結果を人間に示す出力装置，その主役は今も昔もプリンタだ．テレックス用プリンタが初期には転用されている．以後，多種多様なプリンタが開発され使われている．

日本国内のプリンタ生産は減少傾向にある．1990年に6943億円だったプリンタの国内生産金額は，20年後の2010年には1231億円にまで減少した（経済産業省機械統計）．

入力に必要なモニタは，出力表示装置でもある．現在の主力は液晶ディスプレイだ．

人間に見える形の出力表示をしない用途もある．いわゆる組込み型（embedded）の用途では，出力表示をしないことが多い．例えば炊飯器に組み込まれているマイクロコンピュー

タの出力は，直接ヒータを制御する．コンピュータの出力ではなく，炊飯器の出力を人間は賞味する．

対話型 対 バッチ処理

　上記の入出力装置を別の角度から考えてみよう．21世紀の私たちはコンピュータを使うとき，なにはともあれ，まず画面を見る．パソコンであれ，スマートフォンであれ，電源スイッチを入れたら，ディスプレイ画面を見る．そして指やマウスなどのポインティングデバイスか，キーボードを用いて，コンピュータに何かさせるべく指示する．そうするとコンピュータは応答を画面に返してくる．これが人間とコンピュータの「対話」(interaction) である．画面という出力装置を介して，ポインティングデバイスなどの入力装置を用いながら，コンピュータと人間は，やりとり（対話）を繰り返す．これが現代におけるコンピュータの標準的な使い方である．

　しかしコンピュータが世に登場してからしばらくの間は，こういうコンピュータの使い方は普通ではない．当時のコンピュータには，そもそもディスプレイ画面は，めったに付いていなかった．

　プログラムを穴の開いた紙テープまたはカードの形にして，オペレータに託す．オペレータは，それを順次コンピュータに読み込ませ，処理させる．何時間か，ときには何日か後に，紙に印刷された結果を受け取る．これが「バッチ処理」である．長いこと，コンピュータの使い方の主流だった．

　しかし早い時期から，対話的に使えるコンピュータも開発されている．この対話型コンピュータは，コンピュータの小型化（ダウンサイジング）やインターネットの形成に大きな影響を与えた．これについては，次の10章で，入出力装置とは別の観点から述べることにしたい．

9.3　IBMシステム/360——モジュール化設計で互換性を実現

システム/360が実現した互換性をユーザーは大歓迎

　コンピュータ本体の歴史に戻る．1964年発表のIBMシステム/360は第3世代コンピュータの代表的機種である．システム/360は「ファミリー」概念を導入した．ファミリー内の各機種のサイズは様々である．しかし実行命令セットは，すべて同一だ．

　周辺機器も共有できるようにした．システム/360のファミリー機種であれば，すべて互換性がある．小型機を使っていたユーザーが大型機に乗り換えるとき，小型機で使っていたプログラムは，そのまま大型機でも使える．入出力機器も，そのまま使える．逆に，本体をそのままにして，入出力機器だけアップグレードすることも可能だ．これらは当時としては

画期的だった．

　ユーザーは大歓迎した．システム/360 は，IBM 社のコンピュータのなかで，商業的に最も成功した製品群となる．システム/360 は，コンピュータ産業における IBM 社の地位を，圧倒的に高めた．

　ファミリー全機種のアーキテクチャを統一し，互換性を実現したのはモジュール化設計である．システム/360 は，世界初のモジュラ型コンピュータだった［ボールドウィンほか，2002］．

　しかし互換性は諸刃の剣でもあった．IBM 内製品と互換性のある大量の他社製品（互換機）が生み出される．これら互換機の市場の伸びは，やがて IBM 自身を脅かす．さらに後年には，IBM が圧倒的な存在感を誇っていた市場から，多数のベンチャー企業が水平分業する市場へ，コンピュータ業界が転換していく．その構造転換を可能としたのも，システム/360 が導入した互換性だった．

モジュール化設計で互換性を実現

　システム/360 の設計前，1960 年代初頭の状況を見てみよう．IBM だけでなく，各コンピュータメーカーのモデルは，それぞれ独自で共通性はなかった．新しい機種に切り替えるとき，ユーザーは現状のプログラムをすべて書き直さなければならない．このためユーザーは新機種の導入に消極的だった［ボールドウィンほか，2002］．一方メーカーにとっては，旧世代のアプリケーションとシステムのサポートが，悪夢となっていた．1961 年の年末，IBM は「互換性のある新しいコンピュータ・ファミリー」の開発を決める［ボールドウィンほか，2004, pp.251-252］．

　まずプロセッサと周辺機器の設計を，「見える」情報と「隠された」情報に分ける．「見える」情報が「アーキテクチャ」である．そこには，システムをどういうモジュールに分けるかという情報と，モジュール間の連結ルールが含まれる．連結ルール（インタフェース）は「見える」情報である．

　世界中に分散する何十もの設計チームは，連結ルール（インタフェース）を守らなければならない．しかし自分が担当するモジュール内の「隠された」要素，すなわち他のモジュールに影響を及ぼさない要素については，完全な裁量権を持っていた．これがモジュール化設計である．

モジュール化による互換性はやがて IBM 自身を脅かす

　モジュール化によって，同じモジュールを複数のチームが競い合って作ることができるようになった．インタフェースを守っている限り，各チームは，他のチームどころか IBM にも相談する必要がない．これが「下請け」と違うところである．結果としてモジュール化は，IBM 帝国を浸食する．新興企業が，プリンタ，端末，メモリ，ソフトウェアや最後に

はCPUに至るまで，いわゆるプラグ互換モジュールを製造する．IBM提供のインタフェースに従いながら，IBMの内製品よりコストパフォーマンスに優れた製品が作られる．

システム/360はよく売れた．しかしシェアは増えなかった．システム/360がよく売れるに伴い，互換機市場のほうが，いっそう拡大した．システム/360は，そしてそのモジュール化設計は，コンピュータ市場全体の成長に貢献したことになる．

1967年12月には，IBMサンノゼ研究所の従業員12人がIBMを去り，インフォメーション・ストレージ・システムズ（ISS）というベンチャー企業を創業する．かれらは半年でIBM内製品より安くて高速のディスクドライブを開発した．その後もIBMの設計者やエンジニアがIBMを去っていく．互換機メーカーで働くためである［ボールドウィンほか，2004，pp.450-451］．

9.4 ハードウェアベンダーからソリューションビジネスへ

1950年代初頭にUNIVAC Iで始まった商用コンピュータの流れを，IBMシステム/360は汎用コンピュータとして集約した．すなわち汎用コンピュータという概念またはジャンルを確立した．ほとんど同じ概念を表す用語として，汎用大型コンピュータ，汎用機，メインフレームなどが存在する．以後のコンピュータビジネスの変遷を，先回りして，たどってみる．

最初はハードウェアの製造販売がコンピュータ事業だった

コンピュータビジネスは，当初はハードウェアを製造販売する事業だった．外部記憶装置や入出力機器も，純正品をコンピュータメーカーが製造販売する．この段階では，ソフトウェアはハードウェアのおまけである．かつてのIBMは「120％ハードウェアの会社だった」と，日本IBMに勤務した経験のある方から聞いたことがある．

システム/360の時代になっても，当初は，ソフトウェアはハードウェアの付属品として一括して納入されていた．

アンバンドリング——ソフトウェア産業の成立

この状況を変えたのがいわゆるアンバンドリング（unbundling）である．結び付きを解いて分離すること，これがunbundlingの意味だ．米IBM社は1969年，従来はハードウェアの価格のなかに含まれていたソフトウェア，SE（system engineer）サービスおよび教育の価格を分離独立させた．アンバンドリングの当初は，アプリケーションソフトウェアの開発は，相変わらずコンピュータベンダーと顧客企業の共同開発である．ただしこの作業は有償となった．ソフトウェアの価値が高まり，それだけで独立して一つの事業として成り立つよ

うになったという認識が背景にある．ハードウェアとソフトウェアが，それぞれモジュールとして産業的に自立したともいえる．

　アンバンドリングと同時に，ハードウェア，OS，アプリケーションソフトウェアの間にインタフェースが設定され，開発に携わる人たちの間で共有される．アンバンドリングによって，たしかにIBMはソフトウェアの対価をとれるようになった．しかし同時に，IBM互換のソフトウェアが合法的に市場流通する道も開かれた．コンピュータメーカーではない，ソフトウェアビジネスだけの会社，これが可能になる．ソフトウェア産業の成立である．

　ソフトウェアといっても，さすがにOSは企業秘密として，IBMは公開しなかった．しかし360のアーキテクトだったアムダールが富士通の支援を受けて1970年に独立，IBM互換機を開発する．純正機より低価格で高速だったという［池田，2002］．

1990年代にIBMはソリューション提供会社に変身

　アンバンドリングが進んで水平分業体制になると，部品，ハードウェア，OS，アプリケーションなど，コンピュータシステムに必要な構成要素を，それぞれ別の事業体が担う可能性が出てくる．ユーザーは，ハードウェアやアプリケーションなどを自由に選んで，自分好みのシステムを作ることができる．ただしユーザーの負担は大きくなる．

　こうなるとソリューションの出番である．個々の顧客の求めに応じ，その顧客に最適のコンピュータシステムを構築する．必要なハード，ソフトなどは，社内製品にこだわらず，どこからでも調達する．これがシステムズインテグレーションであり，ソリューションビジネスである．いまコンピュータベンダー各社は，これを事業の中核に据えようとしている．「120％ハードウェアの会社」だったIBMが，いまソリューションビジネスの先頭を走る．

クラウドコンピューティングというソリューションは垂直統合の再来か

　ネットワークは一般に水平分業を促進する．そして水平分業ならソリューションの出番と上に書いた．しかしネットワークの進歩はクラウドコンピューティングを可能にした．クラウドコンピューティングはソリューション事業の一形態とみなせる．そのクラウドコンピューティングを垂直統合とする考え方がある［中田ほか，2012］．

　クラウドコンピューティングではコンピュータリソースのほとんどを雲の彼方（ネットワークの向こう側）に置く．それらを管理するのはクラウドコンピューティング事業者である．事業者はユーザーにコンピューティングサービスを提供している．そのためのリソースは，ハードウェアであれソフトウェアであれ，複数のベンダーから提供されているだろう．しかしこの形態を水平分業と呼ぶには抵抗がある．

　ユーザーは単一のクラウド事業者からサービスを受けていて，自らはコンピュータリソースを所有しないし，管理しない．自らが利用しているコンピューティングサービスが水平分

業によるものだという自覚はないだろう．

　クラウドコンピューティングは集中処理の再来と解釈できる．垂直統合の再来とも解釈できそうだ．ネットワークの進歩は分散処理をさかんにし，水平分業を促進した．しかしそのネットワークがさらに進歩すると，クラウドコンピューティングに行き着き，集中処理と垂直統合が再来する．携帯電話から発展してきたモバイルコンピューティングの分業形態も，パソコン業界型の水平分業とはいいにくい．集中と分散，垂直と水平の往復運動がここに見られる．

10. 対話型コンピュータからパソコンへ

10.1 対話型コンピュータの発祥

　画面という出力装置を介して，ポインティングデバイスなどの入力装置を用いながら，コンピュータと人間は，やりとり（対話＝interaction）を繰り返す．これが現代におけるコンピュータの標準的な使い方である．こういうふうに対話的に使えるコンピュータが，事務計算用のバッチ処理計算機とは別に，早い時期から開発されていた．対話型コンピュータは，その後の小型コンピュータ開発や，インターネットに至るネットワーク形成の源流に位置している．

対話型コンピューティング（interactive computing）の起源

　米国の MIT（マサチューセッツ工科大学）では 1950 年代に，大きな CRT 画面を備えたコンピュータが動いていた．入力装置にはライトガン（一種のポインティングデバイス）を使うこともでき，対話的にコンピュータを使うことが可能だった．

　実は 1940 年代の中ごろまで，MIT はディジタルコンピュータには積極的ではなかった．これには，ブッシュ（Vannevar Bush）の微分解析機のお膝元だったことが関係している．微分解析機は一種のアナログコンピュータである．そしてブッシュ[†]は，ディジタルコンピュータには消極的だったらしい［脇，2003，p.25］．

　その MIT が戦時中の 1944 年 12 月，フライトシミュレータの研究を海軍から受託する．研究担当を割り当てられたのは，大学院生のフォレスター（Jay Wright Forrester）である．MIT の伝統に従い，当初はアナログコンピュータを使う予定だった．しかしフォレスターは戦後の 1946 年初頭に，ディジタルコンピュータの採用を海軍に提案する．提案は採用され，

[†] ブッシュは MIT で，1930 年ごろに微分解析機を開発した．この微分解析機は実用化され，広く使われた．微分解析機は一種のアナログコンピュータである．そのせいか，ブッシュはディジタルコンピュータ開発には積極的ではなかったという．
　　ブッシュは第 2 次世界大戦中には，米国の国防関連組織で要職をつとめ，原子爆弾開発においても大きな役割を果たしたといわれる．大統領の科学技術顧問の役割も果たし，1945 年 7 月には「科学――果てしなきフロンティア」［Bush, 1945］と題するレポートを大統領に提出，戦後の米国の科学技術政策に大きな影響を与えた．
　　ブッシュはまたメメックス（memex）という概念の提唱者としても著名である．情報を記録し検索するための概念的機械で，後年のハイパーテキスト開発に影響を与えたという．

ワールウィンド（Wihrlwind, つむじ風）計画と呼ばれることになる [脇, 2003, pp.25-27]．

フォレスターはディジタルコンピュータについて学ぶため，1946年夏のムーア・スクール・レクチャーを受講した．黎明期のコンピュータの常として，ワールウィンドもまた，ムーア・スクール・レクチャーの影響下にある．

ワールウィンド計画によるディジタルコンピュータは，1951年4月20日に動作にこぎつける．高速性・リアルタイム処理・対話機能を重視した設計だった．プロセッサには真空管，メモリにはCRT（ウィリアムズ管）を用いている．

空軍のサポートによってMITでは対話型コンピュータが発展

1950年代には空軍がワールウィンド計画をサポートした．1949年8月，ソ連が原爆開発に成功し，米国は衝撃を受ける．空軍はMITに防空研究所を設けることを計画する．紆余曲折の後，学部とは独立した研究所の設立がMITで承認された．これがMITリンカーン研究所（1951年8月設立）である．リンカーン研究所は1953年にはMITキャンパスを離れ，レキシントンに移転する．

リンカーン研究所ではワールウィンドIIが開発され，メモリを磁気コアに置き換える．これによってワールウィンドIIは世界最速のコンピュータとなった．この高速化によって空軍のSAGE（Semi-Automatic Ground Environment，半自動式防空管制組織[†]）に使える性能となり，IBMが量産機を製造した．量産機の製造開始は1957年である．

またMITリンカーン研究所では，トランジスタ式コンピュータ，TX-0とTX-2が開発される．いずれもワールウィンドの伝統を引き継ぎ，対話型のコンピュータである．

コンピュータを占有して対話的に使う夢にとりつかれる

TX-0やTX-2の使用経験を通じ，対話的にコンピュータを使う魅力を知った人たちが，MITには少なからず存在するようになる．そのうちの何人かは，コンピュータを個人で占有して対話的に使いたいという夢にとりつかれる．この夢を実現しようとする道は，当時は二つに分かれる．

一つは大型コンピュータを時分割で分け合って使うTSS（time sharing system）への道である．この場合，それぞれの個人は端末から大型機にアクセスする．しかし当時の端末はテレタイプのような形態で，対話的には使いにくい．この端末の処理・記憶・表示の能力を

[†] SAGEはソ連軍の原爆搭載爆撃機を意識して開発された．しかしSAGEが完全動作するようになったころには，ソ連の脅威は弾道ミサイルになっていた．したがってSAGEの軍事的意味は限定的である．一方，コンピュータシステムとしてのSAGEは先進的で，対話型のリアルタイム処理やモデムを使ったデータ通信に大きな進歩をもたらしたという．

ワールウィンドIIをベースにSAGE向けコンピュータを量産したのはIBMである．IBMはSAGEでの経験を生かし，航空座席予約しシステムを開発する．

高め，インテリジェント化する．こうして端末はパソコンに近付く．IBM-PCは，この流れに位置付けることも可能だろう．

またTSSは，大型コンピュータと端末を通信回線でつなぐ．ここで情報処理と通信の接点ができる．後のコンピュータネットワーク，そしてインターネットへの道が，ここから始まる．

もう一つの道は，コンピュータを安価・小型にする方向（ダウンサイジング）である．MITの対話型トランジスタコンピュータTX-0とTX-2を設計・製作したクラーク（Wesley Clark）は，TSSに反対し，研究室で1台を占有できる程度のLINC（Laboratory Instrumental Computer）を，1962年に開発する．このLINCを最初のパーソナルコンピュータとする人もいる［喜多，2003，p.116］．

10.2　ダウンサイジング

DECがミニコンを開発

　DECの創業者ケン・オールセン（Kenneth Harry Olsen）はMITの大学院生だったとき，前記のクラークと一緒に，TX-0とTX-2の製作に従事した．TX-0は小型のプロトタイプだったこともあって，1956年には，MITに無償貸与され，リンカーン研究所からキャンパスのほうに移された．

　大型で高速だがバッチ処理のIBMの汎用機より，小さくて遅いけれど対話型のTX-0を使いたくて，MITの学生たちは行列を作る．これを見てオールセンは，対話型の小型マシンに市場があることを確信する．

　DEC（Digital Equipment Corporation）はMITからの大学発ベンチャーとして，1957年に設立される．DEC初のコンピュータPDP-1は，TX-0の影響を強く受けた製品だった．最小構成の価格は12万ドルで，1960年に出荷され，大評判になる［脇，2003，p.57］．

　ミニコンピュータ（ミニコン）というジャンルを確立したのはPDP-8である．1965年に発売された．これも必要最小限の裸のマシンである．OSはなく，ユーザーがプログラムする以外のソフトウェアもない．しかし机の上か下に置けるほど小さかった．

　この裸のコンピュータは，専門的な知識のある人にしか使えない．しかしPDP-8は商業的に大成功した．1967年のDECのIPO（新規株式公開）は伝説的成功例となる．ベンチャーキャピタル産業を創造するうえでも画期的だったという［ボールドウィンほか，2004，p.370］．

　後継機PDP-11/20も当初は，システムソフトウェアなしで1970年に出荷された．1970～1980年代には，同社のPDPシリーズとVAXシリーズは最も成功したミニコンである．

しかしパソコン時代にはうまく適応できず，1998年にコンパックに買収される．そのコンパックも，2001年にはヒューレット・パッカード（HP）に買収された．

機械制御へのプログラム内蔵方式導入をミニコンが拓く

　ミニコンの用途の一つは，工場などで使われる機械の制御である．機械を制御したのは，最初は機械仕掛けだ．その後，制御に電子回路が導入される．しかしプログラム内蔵方式ではなく，いわゆるハードワイヤード方式（配線論理方式）だった．その後ミニコンが組み込まれ，プログラム内蔵方式による制御が導入される．

　この過程は，コンピュータそのものの発展過程と相似形である．すなわちコンピュータもまた，機械式リレーから，配線によるプログラムへ，そしてプログラム内蔵方式へ，という経過をたどった．

　この用途に主に用いられているのは，現在ではマイクロプロセッサである．「組込み」（embedded）システム　という一大分野が形成されている．電子情報通信側から見ると，プログラム内蔵方式コンピュータのこの用途は，「他産業の電子化」である．その端緒を開いたのはミニコンだった．

ダウンサイジングによる各種の小型コンピュータ

　ダウンサイジングの流れは，ミニコンに加え，オフィスコンピュータやワークステーションなど，様々な種類のコンピュータを生み出す．またそれらの小型コンピュータは，しばしば用途を特化する．特定用途向けに専用化した製品のなかには，コンピュータとは呼ばれないものもある．ワードプロセッサやCAD（コンピュータ支援設計装置）などが，その例だ．これらは上に述べた「組込み」システムの一種とみなすこともできる．

　オフィスコンピュータ（オフコン）は日本独特の製品群である．会計処理のための小型コンピュータで，主に中小企業が導入した．海外では，この用途はミニコンの応用分野の一つという位置付けである．しかし日本では，ミニコンに先がけて発展したため，ミニコンとは別ジャンルのコンピュータとして扱われる．

　ワークステーションも種類が多く，厳密な定義は難しい．特定用途向けの製品も少なくない．サイズ・規模としては，ミニコンより小さく，パソコンよりは大きい，といったあたりが一般的か．ワークステーションはOSとしてUNIXを用いることが多かった．UNIXは，ある意味でダウンサイジングされたOSである．モジュール化設計のOSともいえる．

UNIX——Multi（複雑）ではなくUni（単純）を目指したモジュール型OS

　UNIXは1960年代末から1970年代初頭にベル研究所で開発された．当初はPDP-11の上で稼働するよう，DECのアセンブリ言語で書かれていた．しかしUNIXの開発者たちは

C言語を開発し，C言語で UNIX を書き直す．この C 言語の開発と C 言語による UNIX の書き直しは，コンピュータの設計階層や，OS とハードウェアの関係を激変させた［ボールドウィン，2004, p.401］．

UNIX という名称は，Uni-cs を改名したものである．そしてこの Uni は，Multi の反意語として採用された．Multi（複雑）ではなく Uni（単純）にしたいという開発者たちの願いが，そこには込められている．さらにこの願いは，Multics プロジェクトの失敗経験から来ている．

ケン・トンプソン（Kenneth Lane Thompson）をはじめとする UNIX の開発者たちは，かつて Multics 開発プロジェクトに加わっていた．この Multics は，MIT，ゼネラル・エレクトリック，ベル研究所による共同研究プロジェクトである．1000 人ものユーザーが共同利用する大規模 OS を目指す．けれども結果的には失敗だった［ボールドウィン，2004, p.387］．

この Multics の失敗経験から，Multi-cs ではなく Uni-cs，「複雑」ではなく「単純」，これがトンプソンたちの基本方針となる．こうして開発された UNIX はモジュール化設計を徹底している．中心となるカーネルと多数のユーティリティから構成され，追加や改変が容易だ．C 言語で書かれてからは，様々なハードウェアへの移植も容易になる．

UNIX 開発当時の AT&T（ベル研究所の親会社）は，独占禁止法によりコンピュータ産業への進出を禁止されていた．このため UNIX はソースコードと共に，コピー代だけで配布された．これが UNIX の普及を後押しする．特に大学や公共機関に広く普及した．またその過程で，改良や機能追加などが各所で行われ，数多くの UNIX ファミリーが生まれる．

1984 年以後は UNIX 著作権の状況が変化する．米国でいわゆる「通信の自由化」が起こり，AT&T は通信事業を独占できなくなった．しかし逆に，AT&T は情報処理分野に進出可能になる．AT&T は以後，ライセンス許可なしに UNIX を使うことを禁止した．とはいえ追加・改変・移植が容易な UNIX の発展は止まらない．ただし様々な UNIX が生まれ，UNIX とは何か，という問題が発生している．ライセンス供与の正統的 UNIX から，UNIX ふう（UNIX-like）まで，変種は多い．

UNIX は先にも触れたようにワークステーションの OS として広く普及する．UNIX/ワークステーションは，後に述べるパソコンとは違い，専門家指向のコンピュータ文化圏を形成する．インターネットが最初に普及したのは，この UNIX/ワークステーション文化圏である．

オープンなソフトウェア開発モデルを UNIX コミュニティが生み出す

UNIX の重要なインパクトとして，オープンなソフトウェア開発モデルを生み出したことが挙げられる．初期には UNIX は，ソースコード付きで安価に配布された．これを基に，

たくさんの人が UNIX の改変・追加・移植に取り組む．その結果は，公開されることが多かった．

伝統的に OS は開発企業が独占していた．ソースコードは非公開である．社外の人間による改変も許さない．市場で成功した OS の開発企業は莫大な利益を手にする．

UNIX で OS の改良や移植を経験した人たちは，非公開の OS に違和感を持つ．「OS は情報社会のインフラストラクチャだ．すべての OS は有償でもいいから公開すべきだ．改変や移植も自由であるべきだ」．こういう考えの人たちが現れ，コミュニティを形成し，オープンなソフトウェア開発モデルを創出する．そしてこのコミュニティは，UNIX 互換のリナックス（Linux）を生み出した．日本でも組込みシステムを意識した TRON が登場する．いずれも中核部分は無償で公開・配布される．

オープンソフトウェア開発モデルは，コンピュータコミュニティを超えるインパクトを社会に与えた．組織を超えたコラボレーション，非営利組織と営利企業の連携，不特定多数が参加する知的活動，研究開発におけるオープンイノベーション指向など，影響は遠くまで及ぶ．

10.3　パーソナルコンピュータの源流

現時点でのパソコンの形態と使い方を起点にして過去にさかのぼると，いくつもの源流をたどることになる．どの流れを重視するかで，パソコンの起源が違ってくる．

マイクロプロセッサに刺激を受けたアマチュアがコンピュータを作ってしまう

1970 年代初頭にマイクロプロセッサが出現する．これに刺激を受けたアマチュアが「マイクロプロセッサを使えばコンピュータが作れる」と興奮し，実際作ってしまう．市場に出回っているパソコンは，この源流から生まれている．「パーソナル」の意味に，「個人が購入できる価格」まで含めれば，パソコンは間違いなく，この源流から生まれた．

商品としては 1974 年発売の Altair 8800（Micro Instrumentation and Telemetry Systems 製）を最初のパーソナルコンピュータとすることが多い．CPU にはインテルの「8080」を用いている．アップル社，マイクロソフト社の創立は 1976 年である．このころからパソコンの主役企業が出そろってくる．

マウスとアイコンを用いる GUI

現在，私たちはパソコンに向かうとき，画面を見ながらマウスなどのポインティングデバイスで，アイコンをクリックする．この GUI（graphical user interface）を重視して，その起源を求めると，1973 年にゼロックス社パロアルト研究所（Palo Alto Research Center,

PARC）が開発した「アルト（Alto）」に行き着く．だからアルトをパソコンの原型とする考えがある．当時 PARC にいたアラン・ケイ（Alan Curtis Kay）は，「ダイナブック」と呼ぶ独自のパーソナルコンピュータ構想を持っていて，アルトをその試作機と位置付けていた［喜多，2005，pp.79-110］．

しかしアルトは市販パソコンの源流ではない．ハードウェア的にはミニコンに近い．ゼロックス社内では盛んに使われたが，市販されることはなかった．とはいえアルトの GUI はパソコンに大きな影響を与えた．アップルを創業したジョブズ（Steven Paul Jobs）は，アルトの動作を見て，アップルのパソコンに同じ GUI を導入しようとする．これを実現したのがマッキントッシュ（Macintosh）で，1984 年に発売された．やがて他のパソコンにも影響が及び，パソコン操作の基本文化となる．

コンピュータを個人で占有して対話的に使う

個人が占有して対話的に使えるという面を重視すると，これを目指した流れは，コンピュータ開発のごく初期までたどることができる．この流れについては，すでに述べた．

TSS（time sharing system）端末がインテリジェント化すれば，端末はパソコンに近付く．対話型コンピュータを安価・小型にする方向の延長線上にパソコンを位置付けることもできる．この二つの道は排他的ではない．近年流行のクラウドコンピューティングは TSS の再来のようにも見える．

集中の時代と分散の時代が繰り返し表れる

一時期，少数の巨大コンピュータが世界におけるあらゆる問題を集中処理する，といった話があった．実際，メインフレームコンピュータは，巨大化の方向に進化した．しかし間もなく，小型コンピュータを用途に応じて使い分ける分散処理もさかんになる．この方向の極に組込み型がある．コンピュータではない機器のなかで，コンピュータ同様の情報処理が行われている．

単一の巨大コンピュータを用いる場合でも，そこに複数の端末をつないで大勢で使うときは，集中処理とは言い切れない．端末側に処理能力を持たせれば，分散処理ともいえなくはない．

逆に最近のクラウドコンピューティングは，集中処理の再現とも考えられる．コンピュータリソースのほとんどをネットワークの向こう側に置く．手許のパソコンは指示して結果を見るだけで，あまり処理をしないようにすることもできる．スマートフォンにも似たところがある．コンピュータの使い方が通ってきた道は，集中から分散への一方通行ではない．

10.4 パソコンにおける水平分業

IBM-PC が事実上の標準機に

パソコンが産業として大きな存在になったのは，1981年発売の IBM-PC がベストセラーになってからである．さらに1984年に IBM-PC/AT（AT は Advanced Technology の略）が発売され，その互換機が業界標準となる．

IBM はパソコン進出にあたって，仕様を公開し，互換機の登場をむしろ促した．IBM-PC は，マイクロプロセッサにはインテルの「8086」，OS にはマイクロソフトの MS-DOS を採用した．これが結果的に，インテルとマイクロソフトの地位を強化する．

IBM-PC とその互換機の生産には，台湾が大きな役割を果たす．仕様が公開されているため参入が容易で，市場としては世界全体を期待できる．ハードウェアの価格競争力で勝負できる市場が形成されたということである．台湾の工業的発展にも貢献した．

パソコンでは水平分業が定着

ある時期までの汎用機（メインフレーム）では，コンピュータ市場の構造は，図10.1（a）のような垂直統合型だった．各社とも，部品から完成品としてのコンピュータまで，何でも自社で作る．更に各社とも，自社のディーラーから販売していた．

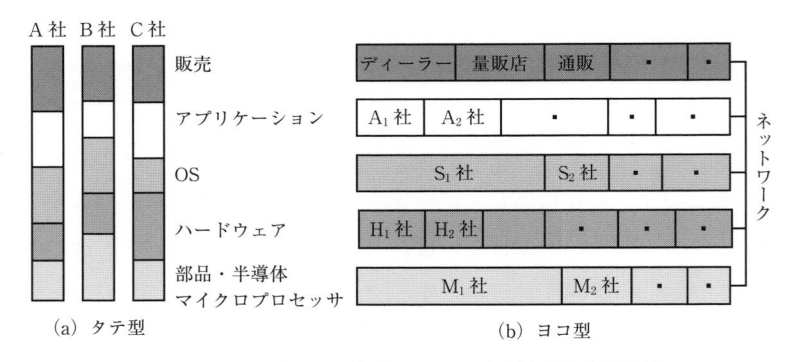

図10.1 コンピュータ産業における垂直統合と水平分業

ただし実際には，すでに述べたように IBM システム/360（1965年発売）は，モジュール化設計の帰結として互換機ビジネスを招いていた．IBM マシン中のモジュールに他社製品が入ってくることを可能にしたのである．DEC のミニコン PDP-11（1970年発売）にも，互換機が導入されていた．とはいえ汎用機やミニコンの場合は，互換機を意図的に導入したわけではない．

ところが IBM-PC の場合は，他社からのモジュール供給を最初から前提としている．そ

れも，マイクロプロセッサと OS という中核モジュールの供給を，他社にあおぐ．

結果としてパソコン市場は，オープン化した多層水平展開構造（水平分業）となった．図 10.1（b）に見るように，マイクロプロセッサ，ハードウェア，OS，アプリケーションなど，システム階層の各層ごとに複数の企業が製品を出しており，それぞれの企業は事業を特定の層に絞り込んでいる．販売チャネルも，メーカーの直接販売，量販店，通信販売など，様々だ．

垂直統合構造では，ユーザーの選択はどの会社のコンピュータを選ぶかに尽きる．ところがヨコ構造では，ユーザーは各層から，好みの製品を，いわば部品として選んで組み合わせ，自らのシステムを構築できる．

水平分業への転換の影響

タテからヨコへ（垂直統合から水平分業へ）の構造転換は遠くまで影響が及ぶ．
 (1) 他社との連携・協力が必要である．
 (2) 大企業の意味が小さくなり，ベンチャーへの期待が大きくなる．
 (3) 社外への情報発信が不可欠である．このためにも会社は小さいほうがいい．
 (4) ネットワークの役割が大きい．水平分業は，ネットワークの進歩普及の結果でもある．
 (5) インタフェースの確立が不可欠である．

水平分業に転換した理由と背景

コンピュータ市場は，なぜ水平分業型に変わったのだろうか．これも整理してみよう．
 (1) コンピュータの価格が安くなる．垂直統合市場では市場競争するのは最終製品だけである．ヨコ型市場では，モジュール（部品やサブシステム）が，それぞれ市場で競争する．
 (2) 他社の機器とつながりやすい．異なるメーカーのコンピュータや周辺機器をつなぐには，標準インタフェースに準拠したオープンシステムのほうが有利だ．
 (3) ネットワークが他社との関係構築を容易にする．取引コストが下がるからである．
 (4) 水平分業が成り立つためには部品メーカーが存在しなければならず，そのためには経済社会のある程度の成熟が不可欠である．
 (5) グローバル化は水平分業を促す．世界全体なら調達先が見つかる．標準インタフェースに準拠した製品なら世界全体を市場にできる．
 (6) ソフトウェア開発とハードウェア生産では，組織と人材の向き不向きが違う．これを1社でやろうとすると，どちらの事業も最適化できない．

10.5 水平分業の危険と垂直統合の誘惑

「自社製品のインタフェースを公開し，他社が補完製品を開発してくれるのを促す」行為こそ，オープン化である．オープン化すると「自社内では思いもよらなかった応用を他社が開発してくれたりする」［國領，1997］．その「応用」（自社製品にとっての補完的製品）を使うために，自社製品を買ってくれる顧客が増える．めでたしめでたしである．しかし，いつもこうなるとは限らない．

特に問題となるのは，他社製品の品質管理である．この問題が深刻になり，主役企業が倒産，一つの産業が崩壊した例がある．以下にこの例を紹介する．

オープン化した水平分業の危険――米アタリ社による米国ゲーム産業の急成長と崩壊

1977 年に米アタリ（Atari）社は，プログラム内蔵方式の家庭用ビデオゲーム機を発売する．プログラム内蔵方式ではあるが，ゲーム専用機だ．このアタリ社のゲーム機が 1980 年代に入ると，大きくヒットする．そのヒットの理由の一つは，ソフトウェア開発のための仕様（インタフェース）を同社がソフトウェアベンダーに広く公開したことだ［真木ほか，2011］．

このオープン化によって，ユーザーが遊ぶことのできるソフトの数が激増する．これがアタリ社のゲーム機の爆発的ヒットをもたらす．米国のゲーム産業は大きく成長した．

しかし間もなく米国のゲーム産業は衰退していく．誰でも参入できるオープンな開発環境のせいで，粗悪なソフトが市場に氾濫する．アタリ社はソフトの品質管理には関与しなかった．ソフトへの不信は，ハードの不信につながり，さらにはゲーム産業そのものが信頼されなくなる．1982 年にアタリ社は倒産する．1983 年ごろには米国のゲーム産業は，いったん崩壊してしまう．

任天堂はアタリの失敗を学んでいた．ファミコンを 1983 年に発売する際，同時にゲームソフトも発売する．初期の人気ソフトは，ほとんど任天堂製である．この段階では一種の垂直統合になっている．自社製人気ソフトのおかげでハードの販売台数が急伸する．こうなってから任天堂はソフト開発環境を公開した（19 章）．

モジュール化分業における安全設計の落とし穴

上記のゲーム産業の事例は，以下に述べるモジュール化分業における安全設計の問題と同型である．インタフェースを介して，二つのモジュール設計が独立に進行しているとしよう．

それぞれは設計に際して，効率を意識する．設計は必要十分に「最適」化したい．このとき互いに，インタフェースの向こう側のモジュールは「完全」に設計されていると考えたくなる．そうすると，「最適」と「完全」の間に隙間が忍び込む．向こうは「完全」に設計し

ているだろうから，こちらは，ここまで落としても「最適」のうちに入るだろう．そう考えて安全のグレードを少し落とす．向こう側も同じ「最適」設計をしたらどうなるか．

　石油タンクの基礎と本体の接点で問題が生じ，大規模なコンビナート災害につながった例がある．タンク本体の設計者と，それを設置する基礎の設計者のそれぞれが，互いに向こうは十分安全に（「完全」に）設計されているものと仮定し，自分の担当部分を「最適」に設計した．その結果「予想もつかなかった」事故が起こる［中岡，1975］［西村，1980］．

　2013 年に起こったボーイング 787 の航空機事故に「モジュール型ものづくりの盲点」という指摘がある［山川，2013］．ボーイング社の担当副社長は「想定外」だったとしている［シネット，2013］．

垂直統合への誘惑とその危険

　上のファミコンの例に見るように，垂直統合あるいはそれに近い閉鎖的な仲間作り，これに成功したときの報酬は大きい．しかしすべてを閉鎖的なグループ内で開発すると，コスト高になる．そしてこのコスト高は，結局最終製品の価格高となる．こうしてユーザーが離れてしまう．垂直統合か水平分業か，オープンかクローズドか，これらは一方だけに決めることはできない．また常に往復する．

　パソコンの場合，IBM-PC は仕様を公開し，互換機作りをむしろ奨励した．ウィンドウズパソコンもこれを引き継ぐ．マイクロソフトはパソコンに進出せず，世界中のパソコンハードウェアベンダーに，自社の OS（ウィンドウズ）を採用するよう働きかける．ウィンドウズのシェアは高まり，それを目当てにアプリケーションソフトの数が増える．「自社の製品をめぐって知的集積の輪を組織化することに成功した企業には周囲がよってたかって付加価値を付けてくれる」［國領，1997］．

　しかしウィンドウズの成功をオープン化に帰するのは一面的な議論だろう．マイクロソフトは OS に加え，アプリケーションソフトも作っている．キラーソフト群ともいうべきワードやエクセルは，マイクロソフト製である．ファミコンの場合と似た構造が，ここにある．

　アップルはマッキントッシュの OS とハードウェアを垂直統合する．互換機の登場も当初は許さなかった．結果としてマッキントッシュのブランド価値は高まり，熱狂的なマックファンを生み出す．しかし市場シェアでは，マックはウィンドウズを下回る．アプリケーションソフトを開発する企業は，しだいにウィンドウズ向けを優先する．そのアプリを使いたくて，ウィンドウズを買うユーザーが増える．マックの垂直統合は，ここではウィンドウズに敗れた．

　後に述べるモバイルコンピューティングでは，垂直統合と水平分業が入り交じる．クラウドコンピューティングにも垂直統合的側面がある．垂直統合から水平分業へという進展は，

一方向性の不可逆過程ではない．

10.6 水平分業では標準インタフェースが不可欠

モジュールの連結ルールとしての標準インタフェース

図 10.1（b）の各層は，それぞれがモジュール化されている．マイクロプロセッサ，ハードウェア，OS，アプリケーションなどがモジュールである．パソコンでは，これらのモジュールを別々の企業が提供している（モジュールの境界，企業の境界）．

複数企業の提供するモジュール同士が組み合わさって動作するためには，モジュール同士の連結ルール（インタフェース）を，複数の参加企業が共有しなければならない．これが標準インタフェースだ．この標準インタフェースは公開されていなければならない．逆に，標準インタフェースに準拠した製品であれば，誰でも市場に参入できる．これがモジュール化設計の特徴である．

事実上の標準と公的な標準

標準インタフェース，すなわちモジュールの連結ルールを決めるのは誰か．従来の工業製品では，お役所主導で業界関係者が集まり，会合で標準を決めて通達する，といった感じの決まり方だった．これを公的な標準（デジュリスタンダード dejure standard）という．これに対して最近の情報システムでは，開発段階からのマーケティングを兼ねた多数派工作，市場でのユーザーの獲得数などが，事実上の標準（de facto standard）を形成する．

IBM システム/360 では，IBM のアーキテクトがインタフェースを決めた．この場合は，元々は社内向けのインタフェースである．しかしこのインタフェースに準拠した互換製品が次々に IBM 社外から提供される．IBM の意に反して，システム/360 のインタフェースは結果的に業界の標準インタフェースとなった．

パソコン（IBM-PC）の場合は，IBM は最初からインタフェースを公開し，互換機参入を促す．初めから標準インタフェースを目指していた．そのほうがパソコン業界全体の拡大につながり，結果として IBM のパソコン事業も成長する．そう考えたといわれている．たしかに汎用機のシステム/360 のときはそうなり，IBM に多大な収益をもたらすと同時に，互換機ビジネスも大きく成長した．

パソコンの場合も IBM 提唱のインタフェースは標準になった．IBM-PC 互換のパソコン市場は躍進する．マイクロソフトとインテルは大きく伸びた．台湾には大きなパソコン関連産業が形成される．しかし IBM 自身のパソコンは one of them の地位にとどまる．IBM は 2004 年，パソコン事業を中国のレノボに売却，パソコン事業から撤退する．

パソコン市場が大きく伸びるなか，事実上の標準となっていったのは，マイクロソフトとインテルの提唱するインタフェースである．自社が提唱したインタフェースが事実上の標準となると，ビジネスを進めやすい．マイクロソフトとインテルは「ウィンテル」連合と呼ばれるようになり，パソコン業界を長く独占的に支配する．

11. ネットワーク外部性とモバイルコンピューティング

11.1 ネットワーク外部性——勝ち組がますます勝ちやすくなる

ネットワークに参加するメンバーが増えると参加者の効用が増す

　二つのOS, AとBが市場で争っているとしよう．Aのほうが少しシェアが高くなった．そうなればアプリケーションを開発している会社は，多少なりともAを優先するだろう．Aの上で動作するアプリケーションが増える．となるとユーザーは，AをOSとするパソコンを買いたくなる．当然Aのシェアが上がる．そうなればアプリケーションの会社はますますAを優先し，Aの上で動作するアプリケーションがどんどん増える．ユーザーはいっそうAを買う．一度勝ち組になると，ますます勝ちやすくなる構造がここにある．この正帰還現象を「ネットワーク外部性」という．

　この場合は，同じOSの購入者集団をネットワークに見立てている．Aを購入するということは，ネットワークAに参加するとみなすことができる．そのネットワークに参加するメンバーの数が多くなるほど，参加メンバーの効用が増加する．これがネットワーク外部性である．

　一般に「外部性」とは市場取引の結果が，取引の当事者以外の第三者に影響を与えることをいう．誰かが車を買う（市場取引をする）．その人が車を走らせると排気ガスが出る．車の売買とは無縁な第三者が迷惑をこうむる．これも外部性である．この場合は「外部不経済」ということもある．

　基礎研究の成果は，その基礎研究を成し遂げた研究者以外の多くの人に恩恵を与えることがある．これも外部性の一種である．基礎研究に公的資金を投入する根拠とされている．

　OSの場合はこうだ．ある人がAを選んで買う（市場取引をする）と，Aのシェアが上がり，A向けのアプリケーションが増える．他の人の持っているAの価値が増し，Bの価値は減る．ある人の市場取引の結果が，別の人の持っているものの価値に影響する．すなわち外部性がある．

　ネットワーク外部性の働く環境とは，互いに補完関係にある製品がインタフェースを介して向かい合っているような場合である．水平分業型の産業構造（例えば図10.1 (b)）では，至る所にこの環境が形成される．OSとアプリケーション，ハードとOS，ビデオのハード

11. ネットワーク外部性とモバイルコンピューティング

とソフトなどである.

シェアの2乗に比例して有利に

　実は本来のネットワーク外部性は，もともとは電話機のようなネットワーク製品に見られる性質である．電話機は一人で持っていても何の役にもたたない．最低限，電話機を持っている人がもう一人はいないと，電話機で話はできない．電話機を持っている人の数が n 人になると，通話チャネルの数は $n(n-1)/2$ となる．n が少し大きくなれば n の2乗に比例するといってよい．すなわち普及している電話機数の2乗に比例して，電話機を持つ効用は大きくなる．

　互いに通話のできない二つの電話規格 A と B が争うとどうなるか．規格 A の電話機を持つ効用は，規格 A の電話機の普及数の2乗，すなわち規格 A のシェアの2乗に比例する．勝ち組はシェアに比例してではなく，シェアの2乗に比例して有利になってしまう.

　ある製品の普及数が増えるほど，その製品の価値が増すこと，この現象こそが本来のネットワーク外部性である．ネットワーク外部性の直接効果ともいう．これに対して，ある製品の普及数が増すと，それを目当てに補完品の数が増え，結果的にその製品の魅力が上がること，これをネットワーク外部性の間接効果という．先に紹介した OS の例は間接効果である．

知識集約的な産業においては収穫逓増の原理が働く

　シェア争いにおいてわずかでも優位に立つと，「優位であること」によって，ますます優位になる．これを「収穫逓増原理」の表れと見ることもできる．

　収穫が増えると，次の収穫がいっそう増える――収穫逓増という言葉はこんな意味を表している．しかし従来型の産業ではこんなことはめったに起こらない．むしろ収穫が増えると次の収穫を増やすのは難しくなる．すなわちある種の収穫逓減が起こることが多い．

　収穫逓減という言葉は，もともとは農業でよく用いられる．同じ土地で同じ作物を毎年続けて作っていると，だんだん収穫が減ってくることが多い．連作障害と呼ばれる現象が起こるためである．従来より深く耕したり，肥料を追加したり，といった従来以上の努力を注ぎ込まないと収穫が減る．

　工業製品の場合も収穫逓減がよく起こる．例えば一家に1台あれば十分な製品の場合，普及率が上昇すれば，販売台数を増やすのはだんだん難しくなる．普及率が上限に近づくと買換え需要が主体になる．いっそうの販売努力が必要となり，販売コストも高くなる．一種の収穫逓減である．

　ところが先に挙げた電話機の例（ネットワーク外部性の直接効果）では，少なくともある段階までは，普及率が上がると電話機の効用が大きくなる．普及率の上昇は，電話機を買う動機を増大させる．これは一種の収穫逓増とみてもいいだろう．ただしその電話機は同じ規

格（インタフェース）の製品でなければならない．OSの場合（ネットワーク外部性の間接効果）も，収穫逓増と解釈できる．勝ち組がますます勝ちやすくなる構造だからである．

一般に，知識集約的な産業においては収穫逓増の原理が働くという指摘がある．自社製品のインタフェースを公開し，他社が補完製品を開発してくれるのを促す．そうすると，「自社内では思いもよらなかった応用を他社が開発してくれたりする．自社の製品をめぐって知的集積の輪を組織化することに成功した企業には周囲がよってたかって付加価値を付けてくれる」［國領，1997］．

ゲーム機（ハードウェア）の付加価値は面白いゲームソフトの有無が左右する．OS（基本ソフト）の付加価値を付けてくれるのはアプリケーションソフトだ．

11.2　ネットワーク外部性による独占をどう克服するか

ネットワーク外部性の働くところでは独占が発生しやすい

ネットワーク外部性は勝ち組をますます勝ちやすくする．そうなると勝ち組が市場を独占してしまう．ネットワーク外部性の働くところ，例えば水平分業市場では，独占が発生しやすい．

実際パソコン市場では，マイクロソフトとインテルのウィンテル連合が市場を独占的に支配した．アップルのマッキントッシュも存在感はあった．しかし結局は「閉鎖的な仲間」の地位にとどまる．

この独占現象は，それぞれの製品の優劣とはあまり関係がない．一度シェアが上回ると，シェアが上だという理由で，ますますシェアが上がっていくからである．したがって敗者復活が難しい．そうなると，市場への新規参入意欲が弱まってしまう．結果として産業活動が衰退するおそれがある．

勝負を別の土俵に移す

ネットワーク外部性による独占は，同じタイプの優れた製品の投入では，なかなか破れない．シェアが上だという理由で，ますますシェアが上がってしまうからだ．

同じタイプの製品では勝負せず，勝負を別の土俵に移す．ネットワーク外部性が働いている場では，この戦略が有効である．モジュール化の活用でもある．

1990年代の半ばに，ブラウザソフトが登場する．ブラウザはインターネットサイトを閲覧するためのソフトウェアである．けれども，自分のパソコンに保存されているファイルを，インターネットサイトと同様に扱い，サイトを訪れるのと同じ感覚で，自分のファイルにもアクセスできる．

一般のパソコンユーザーにとってOSは，ファイルにアクセスするための画面として機能している．同じことがブラウザでできるなら，OS画面は開かず，ブラウザ画面を開いて，ファイルにアクセスしたり，インターネットサイトを見に行ったりすればよい．こうすると，ユーザーにとってのパソコンインタフェースは，OSからブラウザに移る．

ブラウザがいろいろなOSに移植されていれば，OSの違うパソコンを使っているユーザーであっても，同じブラウザ画面を見ながら，同じ操作でパソコンを扱える．一般ユーザーにとってはOSが何かはどうでもよくなり，どのブラウザが使いやすいか，に関心が移る．

これは，ブラウザという新しいモジュールをシステムに追加し，これをユーザーインタフェースとして，OSをユーザーからは見えなくしてしまうという戦略である．勝負の土俵をOSからブラウザに移すことによって，OS独占の意味を小さくする．

ブラウザ市場で一時期，ネットスケープナビゲータは90％近いシェアを獲得した．危険を察知したマイクロソフトは，必死にネットスケープに対抗する．独占禁止法による訴訟を世界各地で経験しながら，結局はマイクロソフトが勝利する．しかし，この過程は逆に，勝負の土俵を移すことが，ネットワーク外部性による独占の克服に有効であることを示している．

iPhoneなどによるアップルの再浮上も，まったく別の新しい競争の場を創造した結果とみることができる．もっともここでも，アップルは垂直統合指向だ．

非営利活動が独占を破ることがある

ウィンドウズの独占を多少なりとも破ったのはリナックス（Linux）だろう．それを開発したのは非営利のコミュニティである．「面白い」という理由で一学生が開発し公開したソフトウェアを，何千人という技術者がよってたかって改良・発展させてしまった．ここまでの段階では金銭のやりとりはなく，みなボランティアだ．報酬は一種の尊敬である．仲間に認められること，これがうれしくて，このネットワークに参加する．

だが結果として優れたソフトウェアができたとなれば，それは商品になり得る．リナックスの周辺に新しいビジネスが生まれた．企業向け基本ソフトウェアとして，リナックスはかなり大きな存在となる．非営利のボランティア活動が市場経済側の企業活動を刺激し，新しい産業が創造された例である．

TRON（The Realtime Operating system Nucleus）の場合もオープンな開発体制であり，利用も無償だ．主に組込み型OSとして使われている．ここでも非営利活動と営利事業の交流がある．

リナックスの例に見るように，独占の発生しやすい水平分業に非営利組織（大学も含む）が加わることの意味は大きい．非営利なら，市場での成功とは違う価値を求めて研究開発に

励むことができる．その成果を営利企業が活用できれば，水平分業の活力が高められる．

ただし非営利活動と営利活動の関係は微妙らしい．営利活動は，非営利活動の成果に依存している．非営利活動の成果は無償で公開されているからである．しかし非営利活動にある種の「敬意」を払わないと，営利事業がスムーズでなくなるという．一方，営利事業が活発化することは，非営利活動にとっても大きな支援となる．

11.3　モバイルコンピューティング

パソコンからモバイルコンピューティングへ

1980年代後半から，パソコンは電子情報通信産業の牽引役だった．ところが2000年代になると，パソコンは価格低下が著しく，急速にコモディティ（安価な日用品）になっていく．

ダウンサイジングの流れはパソコンを超え，主役はモバイル機器へと移る．パソコンではマイクロソフトに敗れたアップルが，スマートフォンやタブレットで復活する．半導体市場では，パソコン向けよりモバイル機器向けの伸びが大きい．

モバイル機器によるコンピューティング（以下モバイルコンピューティングとする）では，ネットワーク接続が前提になる．コンピューティングリソースの多くはネットワークの向こう側にある．モバイル機器は小型・軽量であることもあり，手元の端末側のリソースは少なめである．この構成はクラウドコンピューティングとも近い．

そうはいっても，モバイル機器の出自はコンピュータではない．携帯電話である．つまり通信機である．通信機としてのモバイル機器については後の章で考えることにして，ここではモジュール化と分業構造の観点から，いくつかコメントを述べておく．

モバイルでは通信回線業者の存在感が大きい

モバイルコンピューティングの産業構造は，パソコン産業とは，かなり違う．分業構造やビジネスモデルも様々である．パソコン業界で確立した水平分業も，モバイルコンピューティングには，そのままの形で当てはまるわけではない．

パソコンを使いたいと思ったら，普通はまずパソコンを買いに行く．しかし携帯電話やスマートフォンの場合は，そうではない．一般ユーザーが携帯電話を使いたいと思ったら，日本ではまず通信会社を選ぶことになる．すなわちNTTドコモ，KDDI（au），ソフトバンクなどを選ぶ．これらの通信会社は，接続のための通信回線を確保している．「キャリヤ」と呼ばれるのは，そのためだ．

次に，それぞれの通信会社が提供している電話機を選ぶ．電話機を作っているのは，もちろんメーカーだ．しかし一般ユーザーがメーカーから携帯電話機を直接購入することは，ほ

とんどない．

　音声通話だけなら，以上の手続きで十分だ．コンピュータとしてモバイル機器を使おうとすると，ここからさらにバリエーションが存在する．いずれにしても，通信回線提供企業（キャリヤ）の存在感が大きいのがモバイルコンピューティングの特徴だ．ただし，この通信会社による垂直統合は日本の業界構造である．海外には，さまざまなビジネスモデルがある．

　キャリヤは通信規格を選ばなければならない．この通信規格が，モバイル機器の「世代」を決めている．しかし同一世代のなかに複数の通信規格が併存している．これが，携帯電話機相互間の互換性に影響する．自分の持っている携帯電話が海外でも使えるかどうか，これは通信規格で決まる．それはまた，企業の国際展開に大きく影響する．この問題で一時期の日本は鎖国状態に近く，日本のモバイル機器ビジネスは，世界的には存在感が薄い．この点は13章で再論する．

モバイルコンピューティングの分業構造は水平分業とはいい難い

　携帯電話をコンピュータ的に使う，この使い方は，日本が早かった．携帯電話を用いてメールのやりとりをしたり，インターネットに接続したりするようになったのである．

　特にNTTドコモが1999年に始めた「iモード」は，日本で広く普及した．iモードでは，携帯電話からインターネットに接続し，さまざまなコンテンツサービスを受ける．

　iモード向けのコンテンツサイトも急増した．多くは少額とはいえ，有料のサイトである．各サイトの集金業務をNTTドコモが代行し，電話料金と一括徴収したことが，有料サイトの成功につながっている．有料化に苦労しているパソコン向けサイトと，この点，対照的である［水島, 2005, p.88］．

　コンテンツを提供する企業（コンテンツプロバイダ）はNTTドコモの認証を受けている．課金徴収はNTTドコモが代行する．その意味で，NTTドコモによる閉じたサービスの印象が強い．パソコン業界の水平分業とは，分業構造がかなり違う．

　しかしこの傾向は，米アップル社のiPhoneなどにも見られる．iPhoneの場合，アプリケーションソフトウェアの開発者は，Apple Developper Connectionに加入しなければならない．さらにアプリケーションの公開時にはアップルの審査を受ける必要がある．任天堂がファミコン向けゲームの開発者に課した条件と，よく似ている．

ネットサービス事業者がモバイルコンピューティングの影響を強く受ける

　モバイルコンピューティングのためのハードウェアとして，携帯電話，スマートフォン，タブレット端末の3種が区別されている．ただしそれぞれの境界は明確ではない．経済産業省の機械統計では，スマートフォンは携帯電話に分類されており，タブレット端末はパソコ

ンに分類されている．これらのハードウェアが，回線提供者，OS，通信規格，アプリケーションプロバイダなどと絡み合いながら，モバイルコンピューティングが展開されている．

　モバイルコンピューティングの影響を大きく受けているのは，検索エンジンやSNSなどのサービスをインターネットに提供している事業者である．モバイル機器からのインターネットアクセスが激増している以上，ネットサービスをモバイル機器向けにしなければならない．

　インターネットにパソコンからアクセスする人と，モバイル機器からアクセスする人とでは，関心や好みが違う可能性が高い．パソコンを持たず，使ったこともなく，インターネットへのアクセスはモバイル機器からしかしない，こういう人たちが，すでに大勢いる．彼らに何を提供し，それをどうビジネスに結び付けるか，試行錯誤が激しく進行中である．

キャリヤには「土管屋」になってしまうという危機意識がある

　回線提供企業（キャリヤ）にも危機感がある．日本では，モバイル機器はキャリヤが中心となる事業展開だった．けれどもスマートフォンとなるとOSを握る企業の影響力が大きくなる．アプリケーションやコンテンツを供給する企業をコントロールするのは，アップルやグーグルである（それぞれ，iOSとアンドロイドを提供）．iモードのときと違って，キャリヤがすべてを支配できる状況ではない．

　回線を貸すだけの「土管屋」になってしまう．キャリヤは危機感を，こう表現する．一方で音声通話収入は減少傾向にある．モバイルコンピューティングはキャリヤにも，ビジネスモデルの再構築を迫っている．

12. 半導体とプログラム制御が他産業を電子化

12.1 機械仕掛け→配線論理→プログラム制御

電子情報通信産業が間接的に生活者に触れるところ：他産業の電子化

　電子情報通信という分野の製品やサービスが一般生活者（最終消費者，エンドユーザー）と接するのは，20世紀前半まではメディアだけだった．具体的には電話とラジオ，すなわち通信と放送である．メディアで生活者と接する，この性格は20世紀後半以後も引き継がれる．携帯電話やテレビ，さらにはパソコンも，メディアとみなすことができる．

　これらをユーザーは「電子製品」と意識している．ところが現在は，ユーザーが電子製品とは意識していないところに，電子情報通信分野の技術と製品が組み込まれている．例えば炊飯器に，あるいは自動車に，さらには工作機械などに，電子機器が組み込まれ，情報を処理している．この状況を「電子化」と呼ぶ．電子情報通信産業は，他産業の電子化を通じて間接的にも生活者と接するようになった．

ミニコンが他の機械に組み込まれて，その機械をプログラム制御する

　計算する機械の仕組みは，機械仕掛け→電子回路の配線論理→プログラム内蔵方式の順に進化した．このコンピュータの進化プロセスが，他産業の電子化でも踏襲される．

　例えば炊飯器の制御は，ぜんまい利用の機械仕掛けで始まり，電子回路による制御を経て，マイクロプロセッサによるプログラム制御（プログラム内蔵方式システムによる制御）へと発展する．この順番の進化，機械仕掛け→配線論理→プログラム制御は，電話交換機でも工作機械でも繰り返される．どの分野でも最後はプログラム制御となる．

　プログラム内蔵方式のハードウェアは当初は高価だった．特にメモリが高かった．だから電子化はまず，配線論理（ハードワイヤードロジック）によった．工作機械の場合，配線論理による数値制御（numerical contorol, NC）が試みられたのが1952年，ミニコンを組み込んでプログラム内蔵方式を導入したのが1972年だという［柴田，2008, pp.61-62］．配線論理の時代が，ずいぶん長い．

　この間プログラム内蔵方式のほうは，コンピュータとして発展進化する．しかしやがて他の機器の内部に組み込まれて，その機器を電子化するという流れが出てくる．この「組込み」

(embedded) 型のコンピュータの用い方は，ミニコンに始まる．ミニコンが小型（といっても机上に載る程度）だったことが，この使い方を誘発した．

この用い方では，プログラム内蔵方式コンピュータの出力は機械につながれ，機械を制御する．これをプログラム制御と呼ぶ．電子制御という言葉が使われることがあるが，その場合は，配線論理による制御なのかプログラム制御なのか，あいまいである．

電子化したほうが最終的には安くなる

電子化が本格化するのはマイクロプロセッサが登場してからである．マイクロプロセッサというチップ化したプログラム内蔵方式コンピュータは，何にでも入り込める．あらゆる製品が一時は「マイコン」付きを謳った．いまは誰もマイコン付きなんていわない．マイコン付きでない製品は皆無だからである．ミニコンで始まった「他産業の電子化」はマイコンで本格的になる．

この過程は，プログラム内蔵方式が安くなるプロセスでもあった．最初は機械仕掛けが安い．しかしマイクロプロセッサになると，集積回路の進歩が反映する．ムーアの法則の世界となる．単位機能の価格が3年で4分の1となるとき，マイクロプロセッサによる電子化（プログラム制御）が，最終的には一番安いシステムになる．

電子化は仕事の比重をハードウェアからソフトウェアに移す

最終的には電子化したほうが安くなると上に述べた．ただしソフトウェア開発の費用は大きくなる．電子化とは実際にはマイクロプロセッサの導入である．それはプログラム内蔵方式の導入でもある．プログラム内蔵方式では，ハードウェアを汎用にしておき，個々の仕事はソフトウェアが担う．

集積回路の進歩によってハードウェア（マイクロプロセッサやメモリ）はたしかに安くなる．しかしソフトウェア開発に要する人員・時間などは，システムが複雑になるにつれて，しだいに大きくなる．

電子化したシステムを魅力的なものとするためには，魅力的なソフトウェアを開発しなければならない．システムの付加価値がハードウェアからソフトウェアに移るともいえる．あらゆる分野でマイクロプロセッサが使われるようになったということは，あらゆる分野でソフトウェアの重要性が高まったことを意味する．21世紀の産業界では，分野を問わず，ソフトウェアの比重が増していく．

12.2　自動車産業の電子化とモジュール化

マイクロプロセッサが自動車の電子化を推し進める

　自動車の電子化は，やはりマイクロプロセッサの登場から本格化する．したがって電子化はプログラム制御の導入を伴っており，ソフトウェアの重要性が増していくプロセスでもある．例えば伝統的気化器（キャブレター）に代わって，マイコン制御（ということはプログラム制御）の燃料噴射装置が導入される．先鞭をつけたのはドイツのボッシュである．以後，エンジン制御の状況は大きく変わる．寒い冬の朝，エンジン始動に苦労することはなくなった．

　半導体製品にとって，クルマという使用環境は厳しい．極寒から炎熱までの温度環境，あるいは常に振動にさらされ，時に激しい衝撃のある環境，これらは半導体の使用環境としては異質だ．電子回路が誤動作して自動車が事故を起こしたら，たちまち人命にかかわる．

　しかしそれでも，クルマの電子化は進む．排ガス規制や燃費向上などの社会的要請が電子化を後押ししたという［徳田ほか, 2007］．現在では多数のマイクロプロセッサがクルマに搭載され，車内に情報通信ネットワークが形成されている．

　ハイブリッド車や電気自動車では，自動車の駆動力として電気モータが搭載された．その電気モータは電子システムによってプログラム制御される．100年前の20世紀初頭には，蒸気自動車，電気自動車，内燃機関自動車が併存し，競い合っていた．21世紀のクルマの主流が何になるか，これは予断を許さない．しかし電子化が進み，ソフトウェアの重要性が増すこと，これは確実だ．

　さらに近年は，クルマの外のインフラとの通信がさかんになってきた．カーナビゲーション，電子的料金収受（electronic toll collection, ETC）システム，GPS（global positioning system）などが，その例である．これらも電子システムであり，ソフトウェアが大きな役割を果たしている．

自動車産業でもモジュール化が急

　2012年には，独フォルクスワーゲン社の「モジュラー・トランスヴァース・マトリクス（MQB）」や日産自動車の「コモン・モジュール・ファミリー」など，各自動車会社がモジュール化への取組みを相次いで発表する［フォルクスワーゲン, 2012］［日産自動車, 2012］．これを受け，自動車産業のモジュール化をめぐる動きの報道も活発である［鶴原, 2012］［井上, 2012］．

　ただし自動車産業におけるモジュール化は，部品を機能的／物理的に統合し，より大きなシステム／モジュールにしてから車体に組み付けること，これを意味する場合が多い．分業に関して使われる一般的な意味でのモジュール化［青木ほか, 2002］に比べると，自動車産業

におけるモジュール化は，意味が限定されている．

自動車産業のモジュール化では，① 製品開発におけるモジュール化，② 生産のモジュール化，③ 企業間システムのモジュール化の三つを区別すべきだという指摘がある［藤本，2002］．そして欧米の自動車・同部品企業では ③ のアウトソーシングが先行し，日本企業では ② の生産のモジュール化への取組みが先行しているという．

フォルクスワーゲン社の動きなどは，欧米でも ① の製品開発におけるモジュール化と ② の生産のモジュール化が，ここへ来て進み始めたことを示すだろう．

「系列」は市場と企業の中間

上記 ③ の「企業間システムのモジュール化」の関連で考えると，日本企業は自動車産業において，独特の「メーカー―サプライヤー」関係を作り上げた［藤本ほか，1998］．いわゆる「系列」である．「市場の持つ効率性と組織の持つ安定性を同時にしかも低コストで実現したのが 1970 年代以降の系列システムだった」［米倉，1999，p.221］．

パソコンや半導体における水平分業の進展を前にして「水平分業は米国向きで，日本にはなじまない．垂直統合のほうが日本には向いている」といった説が唱えられたことがある．しかしこれは自動車産業には当てはまらない．もともと垂直統合型大企業は 20 世紀前半の米国で発展した［米倉，1999］．自動車産業も例外ではない．例えばフォード自動車は，かつては鉄板まで自社生産していたという．部品を自社内で生産する割合が高いのが米国自動車メーカーで，系列部品会社に外注するのが日本の自動車メーカー，かつてはこのほうが一般的だった．

しかし 1990 年代には，自動車メーカーと部品メーカーの関係のオープン化が世界的に進んだ．自動車メーカーの一部門だった部品事業部が複数の自動車メーカーに部品を納入する．逆に自動車メーカーは，系列にとらわれずに部品調達先を広げる．こういう関係が増えた．

現在では米国部品メーカーは日本以上に自動車メーカーから独立している．またヨーロッパでは，自動車会社より大きい部品会社があるなど，部品会社が主導権をとる傾向が早くから存在する．日本では，すでに述べたように「系列」という中間的な産業組織が発達していた．1990 年代以後の動きも中間的と感じられるし．

とはいえ大筋では，自動車部品の系列関係は緩んでいく方向に進んでいる．低コスト，現地化，共通化，この三つが「ケイレツ」後の部品取引関係を決める基準だという［広岡，2013］．

組合せ型とすり合せ型

乗用車の生産には，オープン化した水平分業は適していないという指摘がある．藤本隆宏

は「製品アーキテクチャ」を「組合せ型（モジュラー型）」と「すり合せ型（インテグラル型）」に分類する［藤本，2003，pp.87-90］．製品の機能とモジュール（部品）の対応関係が比較的単純で，モジュールの独立性が高く，インタフェースさえ守れば他のモジュールの設計を気にせずに独自の設計ができる，こういう製品アーキテクチャ，これが組合せ型である．組合せ型アーキテクチャの製品は，それぞれのモジュールを別々に設計製造し，それを寄せ集めるだけで，まともな製品を作れる．

これに対し，機能とモジュールの関係が錯綜していて，モジュール相互を微妙にすり合わせないと製品機能がすぐれたものにならない，こういった製品アーキテクチャ，これがすり合せ型だ．乗用車が典型だと藤本はいう．

組合せ型／すり合せ型に加え，オープン型／クローズ型を藤本は区別する（**図12.1**）．インタフェースが業界標準的になっているものがオープン型，1社内で閉じているものがクローズ型である．典型的な製品例では，組合せ型×オープン型なのがパソコン，組合せ型×クローズ型がメインフレームコンピュータ，すり合せ型×クローズ型が乗用車である．すり合せ型×オープン型は原理的に存在しにくい．

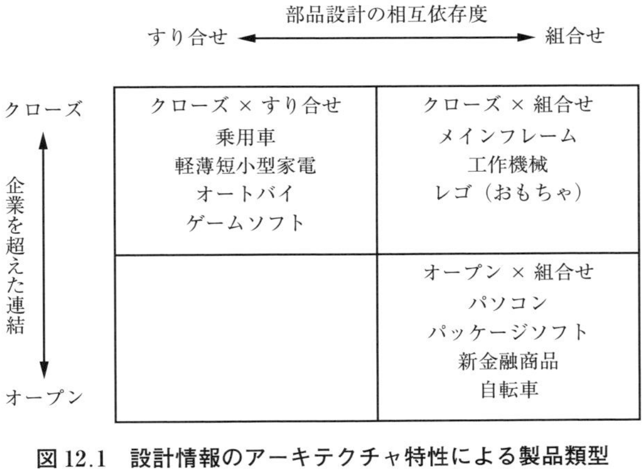

	部品設計の相互依存度	
	すり合せ ←――――→ 組合せ	
クローズ ↑ 企業を超えた連結 ↓ オープン	クローズ×すり合せ 乗用車 軽薄短小型家電 オートバイ ゲームソフト	クローズ×組合せ メインフレーム 工作機械 レゴ（おもちゃ）
		オープン×組合せ パソコン パッケージソフト 新金融商品 自転車

図 12.1　設計情報のアーキテクチャ特性による製品類型
（出典：［藤本，2003，p.90］）

日本企業の得意としてきた製品は一般に，すり合せ型×クローズ型，すなわち囲い込んですり合わせる製品だと藤本は分析する．乗用車がその典型である．

そうだとすれば，自動車産業は水平分業化しにくいことになる．また組合せ型製品では日本企業は活躍しにくいはずだ．ところがディジタル化の進展は一般にインタフェースを単純化する．

ネットワークは企業間の取引コストを減少させる．これはオープン化を有利にする．すなわちネットワーク時代は，すでに述べてきたように組合せ型×オープン型の製品と相性が良

い．パソコンがその典型である．となると，ネットワーク時代には，日本企業は得意技を発揮しにくいということになる．実際，1990年以後の日本産業の沈滞を，そう解釈できるかもしれない．

しかし乗用車におけるクローズ型やすり合せ型の程度は，技術の変化に対応して変わる．ネットワークによる取引コストの減少は，もちろん自動車産業にも及ぶ．これは自前主義より他社との分業を促進し，オープン型への傾斜につながるだろう．また自動車の電子化，すなわちディジタル電子部品を多用したソフトウェア制御の進展は，インタフェースを単純化・標準化させる．すり合せの必要度が減って，組合せ型に近付く．

モジュール化手法で作られる低速・低価格の電気自動車

自動車産業におけるモジュール化で注意すべきは，低価格電気自動車の動向である．例えば中国の山東省では低速・低価格の多種多様な電気自動車（低速EV）が開発され，使われている［大場，2012］［湯之上，2012a］．主に鉛蓄電池を搭載し，時速50 km以下，1回の充電で走れる距離は，せいぜい数十kmである．価格は数万円から数十万円だ．既存部品を組み合わせ，まさにモジュール化の手法で製造する．

日本でも超小型の電気自動車が出始めている．また国交省は超小型車に認定制度を導入する．高齢者や観光客が近距離を移動する車という想定である．

日本の自動車関係者のほとんどは，これらの小型・低速・低価格の電気自動車を，「乗用車」と認めていない．しかし破壊的イノベーションを起こす製品は，現存製品より性能では劣っていることが普通だ．性能では劣っているが，別の特徴によって新市場を開く．その新市場で鍛えられるうちに，やがて性能でも市場でも既存製品を脅かすに至る［クリステンセン，2000］．

電気自動車が環境にやさしいかどうか，それは別の話だ．化石燃料で発電し，送電し，電池に蓄電し，電気モータを回して自動車を走らせる．エネルギーロスの工程がいくつもある．化石燃料で直接自動車を走らせるのに比べ，化石燃料の節約や環境負荷の減少になるとはいい切れない．そのうえ，蓄電池の生産と廃棄に必要なエネルギーや環境負荷を加えなければならない．「火力発電で電気自動車を駆動するのは，電池製造工程も含めたライフサイクルで見れば，エネルギー効率上も，CO_2排出を含む環境負荷の面からも全く合理性がない」という［石井，2013］．

自動運転技術の開発でソフトウェア会社グーグルが先頭を走る

自動車の電子化では，自動運転自動車の開発が活発になってきた．自動運転技術の開発ではグーグルが先頭を走っている．グーグルは2010年に自動運転車を発表，現在までに10台以上の実験車を開発し，すでに公道で50万km近く走らせており，事故は一度も起こして

いないという［清水，2013］．自動運転技術の中核に地図情報がある．これをグーグルは得意としている．

通信機能を持つあらゆる端末のOS開発を，グーグルは狙っている．ロボットのOS開発にも関心を示す．自動運転自動車は「車輪のついたロボット」ともみなせる．もちろん通信端末でもある．自動運転技術の開発で培ったソフトウェアを，ロボットOSに取り込もうとしている［清水，2013］．

また「隊列走行」を狙った研究も世界各地で進んでいる．先頭車は人が運転し，後続の数車は無人で隊列を組んで走れるようにする——これが隊列走行である．主に大型トラックで実験が進む．車間距離の短縮による道路の有効利用，空気抵抗低減がもたらす省エネ効果，さらには運転手不足対策などが期待されている．日本では新エネルギー・産業技術総合開発機構（NEDO）が「エネルギーITS推進事業」の一環として，プロジェクトを進めてきた．

自動車メーカー各社も，もちろん自動運転技術の開発に取り組んでいる．衝突防止機能など，一部は市販車にも生かされている．しかし自動運転自動車は，これまでの自動車ビジネスを根底から覆しかねない．自動運転車という諸刃の剣に，自動車メーカーの姿勢は複雑らしい［清水，2013］．

12.3　腕時計の電子化とスイス機械式腕時計の復活

腕時計産業は電子化における例外である．機械仕掛けだった時計が電子化された．ここまでは普通の電子化だ．しかしその後，機械式時計が大規模に復活する．それはスイス時計産業の衰退と復活の物語でもある．

近代化と電話の普及が腕時計を装飾品から実用品に変える

腕時計は19世紀後半に，女性用装飾品として誕生したという．実用品としての腕時計の普及は，近代化の進展と関係が深い．人口の多くが勤め人になること，子供たちのほとんどが学校に通うようになること，これらが時間割に従って行動しなければならない人間を大量に発生させた．

次に電話の普及が，腕時計の需要拡大を加速する．電話の普及によって，「人々の生活は電話によって取り交わされるアポイントメントによって埋められてゆく．（中略）．約束なしで会うことは許されなくなり，だしぬけの訪問は失礼になる」［吉見ほか，1992，p.43］．子供たちさえ，電話でアポイントをとってから遊ぶようになる．こういう暮らしでは，腕時計は必需品である．

少し先回りする．電話の普及が腕時計を実用品にした．このときの電話は固定電話である．

はるか後の携帯電話の普及，これによって今度は腕時計が実用品ではなくなる．この現象が装飾品としての機械式腕時計の復活を後押しする．

電子化によってスイス時計産業は壊滅的な打撃を受ける

腕時計が実用品だったとき，正確な時計が高級な時計だった．正確な機械式腕時計において，スイス時計業界は1960年代まで大をなしていた．ところが1969年に日本のセイコーからクォーツ式の腕時計が売り出される．水晶振動子（クォーツ）を利用した電子式の腕時計である．正確さでは電子式が機械式を圧倒する．また電子式のほうが，たちまちのうちに機械式より安価になる．

1970年代には，電子化で先行した日本と米国が腕時計の世界市場を席巻する．しかしその後，香港製や中国製の安価な腕時計が世界市場を支配していく．電子化によって安価なコモディティとなった製品の宿命だ．正確さと価格は電子化によって無関係になる．安い製品でも時を刻む能力は同じだ．実用品としての腕時計なら，安い製品で十分になってしまった．

スイス時計業界は壊滅的な打撃を受ける．スイス国内の時計企業の半数が倒産，時計産業の従業者数は1970年の9万人から1984年には3万3000人に減少する［ジェトロ，2012］．

高価な機械式腕時計によってスイス腕時計産業は劇的に復活

2012年の状況は，まったく違う．スイスは世界一の腕時計輸出国に復活し，228億ドルを稼ぎ出している．その輸出金額の4分の3は機械式による．ただし個数では機械式は5分の1に過ぎない．

金額ベースでの時計輸出国の2位は香港で100億ドル．1位スイスの半分にも達しない．3位は中国で，日本は5位以内には登場しない．数量ベースでは1位中国，2位香港，3位スイスである．日本はここでも5位以内には登場しない．輸出単価は，中国の3ドル，香港の19ドルに対し，スイスは739ドルである．

スイス腕時計の輸出単価が高いのは，機械式の比重が高いからである．スイスからの腕時計輸出金額において機械式が電子式を上回ったのは2001年からである．以上のデータはいずれもスイス時計協会の調査資料による．

スイス時計産業のこの劇的な復活，なかでも輸出市場におけるスイス機械式腕時計の高評価，これは何によったのだろうか．実用品から装飾品へ，腕時計のあり方を戻すこと，基本はこれである．その過程で，業界構造の再編が進む．再編の方向は一種の水平分業である．

スウォッチが腕時計をファッション製品に変える

1980年代の前半，スイス時計業界は電子化の打撃で壊滅状態だった．その当時の1983年，いくつかの業界団体が合併してSMH（Societe de Microelectronique et d'Horlogerie）を結

成する．このSMHグループは経営戦略をニコラス・ハイエク（Nicolas George Hayek）に託した．

ハイエクの指導のもと，スウォッチというブランド名の腕時計が1983年に発売される．スウォッチ＝Swatch は Second watch からの命名だという．このスウォッチは数千円で購入できる安価な電子式時計である．高価でもなく，機械式でもなかった．これは注目に値する．時間を知るための実用品からファッション製品へ，腕時計のあり方をシフトすること，これがスウォッチに託された役割である．年2回の新作コレクションの発表など，アパレルと同様の戦略を展開する［柴田，2008, pp.36-39］．

同グループは1985年にエタ（ETA SA Manufacture Horlogere Suisse）と合流する．エタと合流したSMHは1998年にスウォッチグループと名前を変更する．エタは機械式，電子式双方のムーブメントを製造している．近年は，西ヨーロッパで製造される機械式腕時計の大半が，エタ製のムーブメントを採用しているという．時計ブランドとムーブメントが別モジュールとなったということである．ただし高級ブランドの上位機種では，機械式ムーブメントを自主生産しているという（一種の垂直統合）．

腕時計が装飾品に逆戻りすると共に機械式時計が復活

時計の性格を「贅沢を気軽に身に付け，着替えるもの」［ジェトロ，2012］にシフトすること，これに成功したスウォッチグループは，1990年代の後半になると高級化路線に向かう．オメガ，ブレゲ，ブランパンなどの高級ブランドを次々に買収する．各ブランドは，それぞれのブランドにふさわしいデザインを施す．ブランド価値を毀損しないよう，同グループは巧みなブランドマネジメントを展開したという［柴田，2008, pp.36-39］．

この高級化路線へ向かうなか，スウォッチグループもその他のスイス時計メーカーも，機械式時計を強化する．正確さで電子式に劣る機械式も，ブランド価値を伴う装飾性では電子式を上回る．

この時期，すなわち1990年代後半以後は，携帯電話の普及期である．誰もが携帯電話を持つようになる．時間を知るためだけなら携帯電話で十分だ．何のために腕時計を持つか，その意味，その価値が，ますます「時間を知る」ことから遠ざかり，ファッションセンスやステータスを示すためのものへと移っていく．

こうして一度電子化された腕時計市場の主流が，金額では機械式に戻る．そしてスイス時計産業が大規模な復活を遂げる．

日本の腕時計産業の影は薄い

腕時計が実用品から装飾品に戻り，スイス製機械式時計が復活するなか，日本の腕時計産業の存在感は低下している．数量的には腕時計の主流は電子式である．しかし日本製は，こ

こでも影が薄い．日本製は低価格では中国製や香港製に対抗できないからだ．ただし電子式ムーブメントの供給国としては，日本は大きな存在である．

　超高級ブランド品ではヨーロッパブランドにかなわない．クルマ，アパレル，オーディオ，そして腕時計，どの分野でも日本製品の状況は同じだ．一方，数の出るコモディティ製品では価格競争力がない．これもまた日本製品の現状だろう．

　腕時計は，19世紀まで戻れば，もともと装飾品だった．実用品から装飾品への転換，機械式の復活は，その意味では先祖返りである．スイス時計にとっては伝統への回帰だ．経験は豊富に蓄積されているだろう．この経験は日本には存在しない．

　日本企業は「値段の割に質の良い」製品によって成功してきた．市場投入当初の電子式腕時計は，値段の割に正確な時計だった．時計の正確さが「質」を表す指標だったとき，日本製腕時計は大成功した．しかしやがて電子式時計は，どんな製品であれ，価格に無関係に正確になってしまう．正確な時計は，ただの時計である．日本製品は付加価値をどこに求めるか．腕時計産業における日本製品の苦境の構造は，腕時計に限らない．

13. 通信のディジタル化と自由化

　20世紀後半の通信システムは，コンピュータと同様，半導体回路とプログラム内蔵方式によって構成されていく．プログラム内蔵方式を採用する以上，ディジタル化も進む．

　この13章では，伝統的な回線交換と伝送のディジタル化を振り返る．また1980年代半ばに日米で相次いだ通信自由化の影響を確認する．さらに携帯電話を，ここでは通信の観点から概観する．インターネットは次の14章のテーマとする．

13.1　交換機をプログラム内蔵方式で制御する——交換の電子化

配線論理方式のクロスバー交換機が自動ダイヤル通話の実現に貢献

　機械仕掛け→配線論理方式→プログラム内蔵方式，この順序での進展が，様々な分野・製品で繰り返される．電話交換機も，この順序で進化した．ただし交換機の場合，機械仕掛けの前に，交換手による手動交換の時代が長く続く．

　20世紀の前半に，欧米ではクロスバー交換機が実用化される．ただし日本がクロスバー交換機を導入するのは，戦後の1955年になる．クロスバー交換機の時代は，使用実績からいえば長い．全国自動ダイヤル通話の実現に貢献したのはクロスバー交換機である．

「電子交換機」の本質はプログラム内蔵方式による制御

　金属接点のスイッチ群を配線論理方式で制御する．これがクロスバー交換機の基本構造である．ここに半導体（最初は個別トランジスタ，後に集積回路）とプログラム内蔵方式が進出する．ただしクロスバー交換機のどこをどう変えるか，その順序は一律ではなかった．順序の異動は，過渡的には名称の混乱も生んでいる．

　しかしとにかく，制御回路がプログラム内蔵方式になった交換機，これが「電子交換機」である．制御回路には半導体が用いられる．このとき通話路スイッチは金属接点のままでも，電子交換機と呼ぶ．実際，米ベル研究所開発の電子交換機「No.1 ESS」の通話路スイッチは，金属接点スイッチである．No.1 ESSは1965年に現場試験に成功し，電子交換機時代の幕を開けた．日本では1971年ごろから電子交換機の時代が始まる．

電子交換機の通話路スイッチはクロスバー交換機時代と変わっていない．本体は金属接点スイッチを格子状に配列したものである．この構造を「空間分割型」と呼ぶ．

電子交換機の制御部はプログラム内蔵方式だから，実質的にはディジタルコンピュータだ．けれどもスイッチを通る通話信号は，音声で変調されたアナログ電気信号である．その意味で電子交換機は，クロスバー交換機と同じく，空間分割型のアナログ交換機だった．

通話路系もディジタル回路にして時分割にスイッチするディジタル交換機

通話路スイッチをディジタル回路に替え，そこを通る信号もディジタルになった交換機，これをディジタル交換機と呼んでいる．制御部は，もちろんプログラム内蔵方式である．ディジタル回路になった通話路系はメモリを備え，時間的にスイッチする．したがってディジタル交換機は，時分割型の交換機でもある．日本での導入は1980年代になってからだ．

ディジタル交換機に至って，制御系から通話路系まで，半導体回路によって貫徹している．金属接点スイッチは，ようやくなくなった．それは，ほとんど半世紀を要した大仕事だった．

13.2　伝送のディジタル化

すべての情報をディジタル化して統一的に扱う

最古の電気通信である電信では，文字を「トン/ツー」の電気信号，すなわちモールス符号にコード化した．これは2値（バイナリー）のディジタル化といえる．その後に登場した電話では，電気信号を音声信号に比例させる．すなわちアナログ変調方式を用いた．この時代が長く続く．

しかしやがてディジタル化が再び始まる．音声信号を「1と0」の組合せから成るパルス状の電気信号に符号化する．これがパルス符号変調（pulse code modulation，PCM）方式である．

このPCM通信方式では，パルス符号の形の電気信号が，電話網内を伝送され，受け継がれてゆく．これが「伝送のディジタル化」である．日本では1965年に商用試験が始まった．

ディジタル化してしまえば，音声も文字もデータも，さらには動画も，同じ「1と0」の連なりになる．すべての情報をディジタル化し，同じ通信網で統合的に処理する方式，これがサービス統合ディジタルネットワーク，すなわちISDN（integrated services digital network）である．日本では1984年に実用化試験が行われ，1988年に商用サービスが始まった．

異質の大波が次々に押し寄せて来て統合ディジタル網を不要にする

交換のディジタル化と伝送のディジタル化，この両者によって，通信と情報処理の融合は一つの完成系となる．いわゆる先進諸国で，これが達成されたのは1980年代である．あらゆるメッセージをディジタル化し，ディジタル交換機で統合的に処理することが可能になった．この当時，「ニューメディア」が流行語となる．統合ディジタルネットワーク（ISDN）は，従来の通信や放送などの制約にとらわれない，新しいメディアを可能にする，はずだった．しかし現実に起こったことは，まるで違う．

1980年代の半ばごろから，新しい時代が確かに始まった．上記の電話技術の進展方向とは異質の大波が，次々に押し寄せてきたのである．その大波とは，通信自由化，携帯電話，インターネットである．そしてこれらの三つの大波は，従来構造の電話交換網を不要にしていく．ようやく出来上がり「さあこれから」と思ったら，「もういらない」といわれてしまった．

実際，ISDNは実質的には短命だった．2000年ごろから加入者が減少している．インターネット接続のための高速・常時接続・定額料金の回線の需要が急増したからである．ADSL（asymmetric digital subscriber line）や光ファイバ回線などのブロードバンド接続が，この需要に応える．

交換機と搬送装置，それに電話機は，通信機の代表的存在である．この三つの国内生産金額の推移を**図13.1**に示す．この図の電話機は固定電話機で，携帯電話機を含んでいない．その固定電話機の生産は1990年ごろから減少を始めている．携帯電話普及の影響だろう．また交換機と搬送装置の生産金額も1990年代後半から急減している．

以下では上記の三つの大波，通信自由化，携帯電話，インターネットについて，この順序

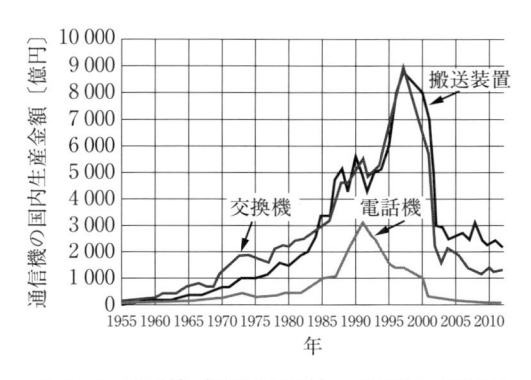

図13.1 電話機（固定電話機），交換機，搬送装置の生産金額推移（資料：経済産業省 機械統計）

で考える．ただしインターネットについては，次の 14 章で議論する．

13.3　100 年ぶりの通信自由化

　米国では 1984 年に AT&T が分割された．日本では 1985 年に日本電信電話公社が民営化され，関連グループに改組される．いずれも，通信サービス市場への自由競争導入が狙いである．

　この時期，1980 年代の半ばは，世界史的な転換期である．ゴルバチョフがソ連の最高指導者となったのは 1985 年だった．それは東西冷戦の「終わりの始まり」を象徴する．1 世紀近くをかけた実験の末，全体主義計画経済は，自由主義市場経済に敗れ去ろうとしていた．おりから米国はレーガン，英国はサッチャー，日本は中曽根が政権を担う．いずれも新自由主義的な経済政策をとる．通信自由化は，その一環である．日本では国鉄民営化が，中曽根内閣の下で実施された．

米国における通信の自由化は独占禁止の観点から実施された

　米国では電話事業は民営である．しかし事実上の独占が長く続いていた．通信自由化は，独占禁止の観点から実施される．1984 年 1 月 1 日，AT&T の分割合意が発効する［フィッシャー，2000，p.328］．AT&T 本体は長距離電話会社となり，ウェスタン・エレクトリックは AT&T テクノロジーズと改称され，ベル研究所をその傘下に置く．地域電話部門は 8 社に分割された．

　分割後の AT&T は情報処理への進出が可能になる．逆に IBM は通信事業に乗り出せるようになった．しかしその後の両社の存在感は，かつてほどではない．通信自由化に加え，携帯電話やインターネットの大波が押し寄せた環境には，伝統的巨大企業の活躍の余地は，あまりなかったようだ．

　次々に起業する新興ベンチャー企業が，自由化された電子情報通信市場を牽引する．マイクロソフト，アップル，インテル，シスコ，クアルコム，ヤフー，グーグル，フェイスブック，などなど．これらはみな，自由化後に活躍の場を見い出した．これらの新興企業に活躍の余地を創り出したこと，これが通信自由化の功績であり，狙いでもあった．狙いは当たったというべきだろう．

　その後のベル研究所は，所属を何度も変えつつ，かつてのような巨大企業研究所ではなくなっていく．これをもって「通信自由化の失敗」の象徴とする声は絶えない．しかし米国の電子情報通信産業全体は，前記のような新興企業群によって，自由化後も活気がある．大企業に垂直統合された中央研究所の時代が終わろうとしていたとき［ローゼンブルームほか，

1998]，まさにそのときに，ベル研究所は「終わり」へ向かって歩みを進めていった．そう解釈することもできるだろう．

「誰の家にも電話がある」状態の達成に日本では 100 年かかった

日本では米国と事情が違う．電話事業は 1890 年以来，一貫して国営だった．そのうえ第 2 次世界大戦直後の日本は焼け野原だ．日本に進駐した連合国軍総司令部（GHQ）は，通信と交通の確保と安全を日本政府に厳命する［電子工業 30 年史，1979，p.29］．この GHQ の命令に従って，まず立ち上がったのはラジオ放送である．戦後日本の電子産業はラジオから復興が始まった．

無線ラジオ放送に比べると，有線の電話網構築には時間がかかる．高度成長の始まる 1955 年時点でさえ，家庭への電話普及率は 1% に過ぎない（図 13.2）．同じ 1955 年に，米国の普及率は 70% ぐらいである［フィッシャー，2000，p.29］．日本ではまず，電話網を構築することが急務となる．

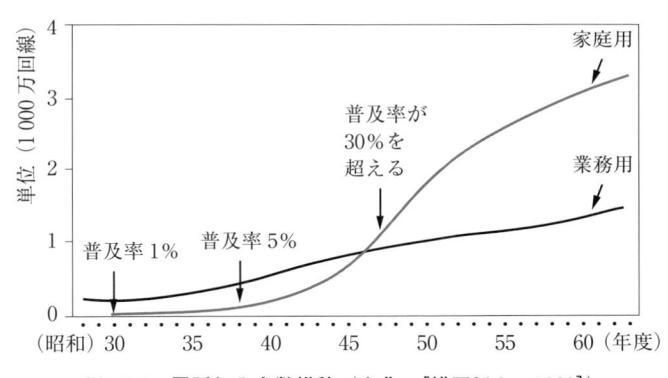

図 13.2　電話加入者数推移（出典：［横田ほか，1989］）

電話は，なかなか普及しなかった．電話サービスへの加入を申し込んでも，電話事業者は，すぐには電話機を設置してくれない．申込者の増加に，電話網の拡充が追いつかず，申込者は長く待たされる．この状態を「積滞」という．

「積滞解消」と「全国自動即時化」が電電公社の目標となる．自動即時化とは，いわゆるダイヤル自動通話である．積滞解消は 1978 年，全国自動即時化の実現は 1979 年だ．日本では電話事業は 1890 年に始まった．そこから積滞解消まで，実に 90 年近くを要したことになる．

また家庭電話が業務電話を加入者数で上回ったのは 1972 年である（図 13.2）．このころの家庭への普及率は 30% ほどにすぎない．「誰の家にも電話がある」という状態になるのは 1980 年代になる．この状態の達成は，ほとんど 100 年をかけた大事業だった．

日本では 1985 年に電電公社が民営化され，通信事業が自由化される

「誰の家にも電話がある」状態が実現したとき，電気通信業界は一変する．1985 年 4 月 1 日に，日本電信電話公社が日本電信電話株式会社（略称は NTT のまま）に衣替えする．この NTT 本体は持ち株会社で，国内電話サービスは NTT 東日本と NTT 西日本が受け持つ．ほかに，無線携帯電話を受け持つ NTT ドコモ，データ通信主体の NTT データなど，グループ企業が整備された．

電電公社の民営化は，100 年近く続いた通信事業の独占体制が終わったことを意味する．特に移動通信分野には，新規参入が相次いだ．

電話機も様変わりする．電電公社貸与の黒い機械ではなくなり，カラフルなデザインを施された小物家電となった．1987 年にコードレス電話の販売が自由化され，人気商品となる．この時期，1980 年代後半には，固定電話機の生産が急成長する．しかし 1990 年を過ぎると，たちまち降下していく（図 13.1）．固定電話から携帯電話への移行が始まったのである．

旧電電ファミリーの消長

米国の AT&T と日本の電電公社は，発生段階の事業形態に違いがある．AT&T の前身ベル電話会社が 1877 年に電話事業を始めたとき，同社は地域電話会社に電話機をリースし，電話事業のライセンスを供与した．電話サービスを加入者に提供したのは地域電話会社である．このビジネスモデルでは，電話機製造はベル社の中核事業だ．AT&T は機器製造部門（ウェスタン・エレクトリック）を一貫して傘下に持ち続ける．

日本では電話事業は国営で始まった．それを引き継ぐ電電公社の場合も，加入者への電話サービス提供が中核事業である．電話機をはじめとする通信機器は，メーカーから調達した．この結果日本には，電電公社に通信機器を納める企業群が形成され，電電ファミリーと呼ばれる．NEC，日立，富士通，沖電気などが電電ファミリーの中核企業だった．

電電公社は機器の製造はしない．けれども研究開発は，電気通信研究所などで行ってきた．その研究成果などを中心にして，電電公社と電電ファミリーは，技術開発，製品開発において協力関係にあった．

通信自由化後に，電電ファミリーはどうなったか．技術・製品・市場が大きく変わるとき（携帯電話とインターネットという大波の到来時期）と，自由化の時期が同期していたこと，問題の本質は，ここにある．電電公社と電電ファミリーが長年かけて開発してきた，例えば交換機，これをインターネットは不要にしてしまう．

米国では，この変化に新興ベンチャー企業が挑戦し，成果を上げていく．AT&T グループの存在感は低下していった．日本では，通信サービス供給者としての NTT グループの地位は，それほど下がっていない．けれども旧電電ファミリーは，新興の情報通信市場では存

在感が小さい．一方で米国と違い，新興企業群が続々育つという気配もない．

1985 年以後，日本の電子情報通信産業全体の地盤沈下が始まったと 1 章で指摘した．1985 年以後は，通信自由化後でもある．また携帯電話とインターネットの大波が押し寄せて来た時期だ．これらの現象は，相互に無関係ではない．この問題は，後の章でもう一度考えたい．

13.4　固定電話から携帯電話へ

小出力の電波を有効活用するセルラー方式

電話は 100 年近く，線につながれていた．1920 年代に有線通信と無線放送，すなわち電話とラジオ，この線引きができて以来，無線は，もっぱら放送用だった．しかし無線技術は，初期にはむしろ，通信に使われた．アマチュア無線に近いような通信が，人気になる．

無線で遠くまで通信しようと思うと，電波の出力を大きくしたくなる．皆が争って出力を上げると混信が起こる．この競争による混信が，無線を通信から遠ざけた原因の一つらしい．

携帯電話は発想が逆である．出力を小さくして，狭い範囲にだけ電波を飛ばす．近くにある基地局に届けばいい．一つの基地局がカバーする範囲をセル（cell）と呼ぶ．セルは大きくせず，基地局を多数配置し，広域をカバーする．携帯電話が移動すると，セルが次々に受け渡され，受持ちの基地局も移動していく．これがセルラー（cellular）方式である．電波出力が小さいので，集積回路で処理しやすく，電池のもちも良くなる［水島, 2005, p.85］．また離れたセルでは同じ周波数を使えるので，電波資源を有効活用できる．

携帯電話が固定電話を加入者数で圧倒

1990 年代に入ると携帯電話の加入者が増え始める．1990 年代末には固定電話を加入者数で追い越す．2010 年には，携帯電話は固定電話の 3 倍の加入者数を持つに至る（**図 13.3**）．なおこの図 13.3 には，インターネット電話の加入者数を併せて示した．インターネット電

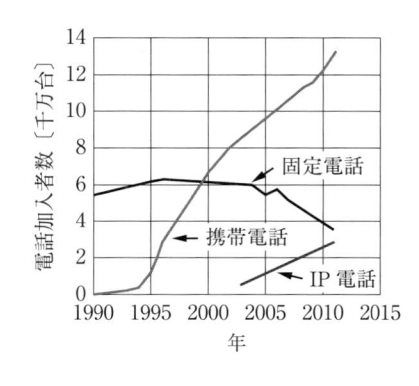

図 13.3　固定電話，携帯電話，IP 電話の加入者数推移（資料：総務省 情報通信統計データベース）

話も伸びており，減少の続く固定電話を間もなく追い越しそうな勢いである．

1994年にはディジタル化が始まる．電子メールの機能が加わり，携帯電話による電子メールのやりとりが急速に広まる．メールといえば第一に携帯電話メールを指す，というのが日本の現状だろう．

1999年には，NTTドコモの「iモード」によって，携帯電話からのインターネットアクセスが人気を集める．iモード向けのコンテンツサイトも急増した．

通信規格，世代，機能などによる分類が錯綜

携帯電話を発展段階に応じて「世代」で分類する慣行が業界にはある．この分類には，通信規格が対応している．一方，機能による分類もある．コンピュータ的な機能の多い最近の携帯電話がスマートフォン（略称スマホ）である．このスマートフォンに対比させるために，従来型の携帯電話を日本では「ガラケー」と略称する．「ガラパゴス化した携帯電話」だからである．しかし英語ではfeature phoneと呼ぶことが多い．この呼び方はむしろ，音声通話機能しかなかったアナログ時代の携帯電話との区別を重視している．スマートフォンほどではないが，電子メールやインターネットアクセスなどの機能のある携帯電話，それがfeature phoneであり「ガラケー」である．ただしfeature phoneとsmart phoneの間に明確な境界があるわけではない．また世代分類と「ガラケー/スマホ」分類も，対応していない．

第2世代期の日本の携帯電話産業は鎖国の下での繁栄を謳歌

世代分類は通信規格によっている．通信規格の違う携帯電話同士では，通話などができない．だから世代分類は，標準化の問題でもある．またデータ通信の速度や電波の有効利用にも，通信規格は影響する．

アナログ方式が第1世代（1G）である．ディジタル化によって始まった第2世代（2G）では，複数の通信規格が併存している．GSM (global system for mobile communications) が世界の主流である．第2世代の80%以上がGSM方式だという．けれども日本ではPDC (personal digital cellular) という独自規格が主流だった．これが日本のモバイル環境を，一種の鎖国状態にする．

外国の携帯電話メーカーは日本に参入してこない．日本メーカーの海外市場開拓も容易ではなかった．けれども日本メーカーは国内市場では安泰だった．おりから日本国内の携帯電話市場は伸び盛りだ（図13.3）．そのうえ日本の人口は，そこそこ大きく，国内市場だけでも日本メーカーは潤った．鎖国の下での繁栄によって，日本のモバイル機器産業の影は，国際的には薄くなった．

日本は世界に先がけて第3世代へ移行

第2世代（2G）から第3世代（3G）への移行には，CDMA（code division multiple access，符号分割多重接続）と呼ばれる技術が大きな役割を果たす．CDMAを携帯電話に応用したのは，クアルコム（Qualcomm）社である．同社は米国のファブレス半導体メーカーで，半導体メーカーの売上ランキングでは2012年に世界第3位に躍進した．クアルコムは携帯電話向けにチップセットを供給しており，それが半導体メーカーとしての成長に貢献した．また同社はCDMAに関する特許を多数保有しており，そのライセンス供与も売上に貢献している．

クアルコムは1998年にcdmaOneと呼ぶ通信規格を提案し，第2世代後期の規格として，米国やヨーロッパの一部で採用される．日本でも，わずかだが使われた．韓国企業は，この規格を採用する．これがモバイル機器市場で韓国企業が成長するきっかけとなったという．

第3世代の通信規格はW-CDMAとCDMA 2000の並立となる．いずれもCDMA技術を用いており，クアルコムの存在感は大きい．

2001年から日本では，世界に先がけて第3世代（3G）の時代に入る．その後，スマートフォンへの関心増大に伴い，先進諸国では3Gへの移行が進んでいる．

13.5　伝送媒体の発展——人工衛星と光ファイバ

伝送媒体には，20世紀後半に二つの大きな技術革新があった．一つは通信衛星，もう一つは光ファイバである．

人工衛星を介する通信と放送

1962年に初の通信衛星テルスター1号が打ち上げられ，宇宙通信の時代が始まる．1963年11月23日には，日米間テレビ伝送実験が行われた．この実験中に，米国のケネディ大統領が暗殺され，通信衛星を介して日本にも報道された．その映像は日本のテレビ視聴者に強い印象を与え，通信衛星の威力を実感させた．日本は1964年の東京オリンピックで，テレビ放送の宇宙中継に成功し，以後の衛星利用を加速する．

同じ1964年にインテルサットが組織される．インテルサットは，静止通信衛星による国際通信網を運営するための国際共同組織である．同組織は1965年にインテルサット1号衛星を打ち上げ，国際衛星通信の商用サービスを開始した．

人工衛星を介した通信と放送によって，世界で起こる出来事を生のまま受信することが容易になる．為政者による情報の地域的独占や，他地域からの情報流入防止は著しく困難になった．現在では電話もテレビもインターネットも，衛星を介して世界全体に送受信されて

いる．

　ただし日本では，放送と通信を区別する伝統が強く，放送衛星（broadcasting satellite, BS）と通信衛星（communication satellite, CS）の区別が残る．とはいえ法改正が何度か行われ，BS と CS の違いは少なくなってきている．

　通信衛星を介する携帯電話サービスもある．離島，高山，海上など，地上局の設置が難しい地域では使われている．また地方自治体・警察・消防署などには，災害時の緊急連絡用衛星電話回線が設置されている．

光ファイバ通信──1970 年代に一気に進歩して実用化へ

　1970 年，伝送損失が 20 dB/km の光ファイバを米コーニング社が発表した［Kapron, et al., 1970］．同じ年，米ベル研究所が，半導体レーザの室温連続発振に成功する［Hayashi, et al., 1970］．ここから光ファイバ通信の開発が一気に加熱する．

　1970 年代の 10 年間に，光ファイバ通信は，基礎研究段階から実用化段階にまで達してしまった．この間に光ファイバの伝送損失は 0.2 dB/km まで低下する．半導体レーザも実用レベルに達する．1980 年代には各国で，公衆通信網の基幹回線への普及が進む．海底ケーブルにも使われるようになった．

　発展途上国も光ファイバ通信網を建設している．金属ケーブル網が未整備なところなら，これから敷くなら光ファイバにしようということになる．

インターネットへのブロードバンド接続回線として FTTH が普及

　21 世紀に入ると光ファイバは家庭にも入り始めた．インターネットへのブロードバンド接続回線として，FTTH（fiber to the home）が現実に普及し始めたのである．総務省の「平成 23 年通信利用動向調査」によると，2011 年末の段階で，インターネットを利用している世帯の比率は 86％で，そのうち FTTH で接続している世帯は，すでに 52％を超える．ただし集合住宅では，配電盤までが光ファイバ接続で，集合住宅内は既設の電話線（金属ケーブル）を使う方式（VDSL など）も多い．上記の統計は，これも FTTH に含めている．

14. インターネットへ

14.1 未来の図書館

1965年の「未来の図書館」が現在のインターネット環境

　未来の図書館（*Libraries of the Future*）と題する本がある．発行は1965年，著者はリックライダー（Joseph Carl Robnett Licklider）という人である［Licklider, 1965］．その未来の図書館には，そこここに情報検索端末が置いてある．端末はネットワークにつながり，ネットワークには膨大な知識が貯蔵されている［喜多，2003, pp.103-106］．

　この未来の図書館は，ほとんどそのまま，現在のインターネット環境だ．私自身，本書を執筆しながら，インターネットを図書館として活用している．著者のリックライダーが想定した「未来」は2000年である［Licklider, 1965, p.2］．2000年時点でのインターネット環境を考えると，著者の未来構想は当たったというべきだろう．

　未来の図書館の情報検索端末は一種の対話型コンピュータである．対話型コンピュータが巨大なネットワークにつながっている状態，これが1965年時点での未来の図書館であり，現在のインターネット環境だ．インターネットの源流の一つは対話型コンピュータから流れ出す．

コンピュータを対話的に使うことの面白さにとりつかれた人々

　1950年代のMITは，対話的に使えるコンピュータを何台か開発した（10章）．これらを作ったり使ったりした人たちのなかの何人かは，対話型コンピューティングの面白さにとりつかれる．そのなかの一人が，上記リックライダーだった．

　リックライダーは心理音響学者である．どちらかといえば文系の研究者だ．1950年にMITの音響研究所に入所し，リンカーン研究所にも関与する．そこでクラークが，リックライダーにコンピュータの対話的使い方を見せる．リックライダーは夢中になる［喜多，2003, p.59］．クラークは，MITの対話型コンピュータを設計・製作した当人だ（10章）．

小型コンピュータを求めてダウンサイジングの流れを形成

　未来の図書館を実現するには，対話的に使える小型コンピュータとネットワーク環境，この二つを開発する必要があった．この二つを実現しようとする流れは同じ水源から流れ出

す．現在は合流し，インターネット環境となっている．けれども歴史的には，二つが違う流れだった時代が長い．

　共通の水源は上に述べた対話型コンピュータである．MITの小型コンピュータを設計・製作したクラークは，小型・安価なコンピュータを実現する流れに身を投じる．クラークと一緒に小型コンピュータを製作したオールセンはDECを起こし，ミニコンを実用化した．この流れ，すなわちダウンサイジングは，1970年代にはUNIXと結び付き，コンピュータ研究者の共通文化を形成する．

全く別の水源からパソコンが登場し，やがてインターネットに大挙してつながる

　けれども，私たちが現在使っているパソコンは，上の流れから出てきたものではない．1970年代初頭に登場したマイクロプロセッサという半導体チップ，これに衝撃を受けた若者たちが，自分たちで手作りした小型コンピュータ，これが現在の商用パソコンの源流である．若者たちはコンピュータ研究者ではなかった．UNIXとも縁がない．

　マイクロプロセッサチップも，コンピュータのダウンサイジングの流れとは無縁である．日本の電卓メーカー（ビジコン）が，自社電卓のための半導体チップを求め，米国の半導体メーカー（インテル）と共同開発した（6章）．そこにコンピュータ研究者の関与はない．

　コンピュータ研究の本流とは無縁のパソコンが，現在インターネットにつながっているコンピュータの大多数である．産業としてのインターネットを考えるうえで，これは大事なポイントだと私は思う．インターネットがコンピュータ研究者のためのネットワークであり続けたら，インターネットのインパクトは，産業的には微々たるものだったろう．コンピュータ研究とは無縁の，いわば大衆が，大挙してパソコンをインターネットに接続する．だからこそ，インターネットの産業的インパクトは，ここまで巨大になった．その意味では，パソコン通信（後述）の役割は大きかった．

大型コンピュータを大勢で時分割して対話的に使う――TSS

　再度1950～1960年代に戻ろう．当時のコンピュータは大きくて高価だった．それを対話的に使うためのもう一つの流れ，それはコンピュータを大勢で共有し，分け合って使うことである．大型コンピュータに多数の端末を接続し，それぞれのユーザーは端末からコンピュータを使う．時間を細かく分割し，各ユーザーに使用時間を割り振る．けれども個々のユーザーは，自分がコンピュータを占有しているようなつもりで対話的にコンピュータを使うことができる．これがTSS（time sharing system）である．商業的にも一時は隆盛だった．

　TSSではコンピュータが通信と出会う．中央の大型コンピュータ（ホストコンピュータ）とユーザーの端末は，通信回線で結ばれるからである．その意味ではネットワークへの一歩となる．実際，同じホストコンピュータに結ばれたユーザーの間では，電子メールのやりと

りが早くから行われていたという．後年のパソコン通信は，実は見かけ上は TSS とよく似たシステムである．

リックライダーに対話型コンピューティングの面白さを教えたクラークは TSS に反対し，自らはコンピュータの小型化に向かう．しかしリックライダーは TSS に惹(ひ)かれる．

14.2　ARPA ネットの構築

国防総省 高等研究プロジェクト局 情報処理技術部（DOD ARPA IPTO）

1958 年 2 月，米国の国防総省（Departmet of Defence, DOD）内に，高等研究プロジェクト局（Advanced Research Projects Agency, ARPA）が設立される．1957 年 10 月のソ連による人工衛星打上げ成功が，ARPA 設立のきっかけである．だから ARPA は本来，宇宙開発のための研究機関となるはずだった．ところが軍内部の主導権争いなどの末，コンピュータ関連の先端研究支援が ARPA の役割の一つとなり，事務局として情報処理技術部（Information Processing Techniques Office, IPTO）が置かれた［喜多, 2003, pp.123-129］．

この役割での ARPA は研究機関ではなく，研究を資金的に支援する機関（funding agency）である．なお ARPA は後に時期によって DARPA と呼ばれることもある．本書では ARPA で通す．

ARPA ネットがインターネットの源流

1962 年，前記リックライダーは ARPA に着任，IPTO の部長として，コンピュータ研究への研究資金配分を担当する．リックライダーは，ほとんど独断で配分した［脇, 2003, p.65］．ごく限られた数の研究機関に重点的に配分したため，その助成額は，通常の研究助成額とは 1 桁違う規模だったという［喜多, 2003, p.151］．

この研究支援が ARPA ネット構築へと発展する．ARPA ネットは 1969 年に稼働を始めており，最初の大規模コンピュータネットワークといえる．

ARPA ネットは，パケット交換を採用，ルータの前身を導入，TCP/IP を標準プロトコル（通信規約）に選んだ．これらはすべて，現在のインターネットに引き継がれている．

リックライダーは研究支援予算を TSS に傾斜配分

先回りし過ぎた．1960 年代初頭に戻ろう．リックライダーは TSS に惹かれた，と既に述べた．TSS の研究機関に，リックライダーは ARPA の研究資金を重点配分する．

TSS の効用として，高価・大型なハードウェアを共有し，一人ひとりにとっては安く対話的にコンピュータを使えること，これが普通は前面に出る．しかし TSS には，プログラムやデータをホストコンピュータに蓄積しておき，ユーザーで共有するという効用もある．

リックライダーは，後者に関心が高く，それがTSS研究を支援した意図だったという［喜多, 2003, pp.100-101］．「未来の図書館」の著者らしい．TSS同士をつないだネットワークにも関心を示す［喜多, 2003, pp.142-150］．

ARPAが助成している研究機関にネットワークへの参加を強制

リックライダーの関心は後継者に受け継がれる．ARPAから助成を受けている研究グループの代表者を集めた会合が，1967年4月に開かれた．そこでARPAのロバーツ（Lawrence Roberts）は，TSSの大型汎用コンピュータをつないだネットワーク構想を発表する．

この構想は代表者たちの不興をかう．ネットワーク経由で他から利用が割り込んでくるなんて困る．ネットワーク接続のためにコンピュータの改造するのもいやだ．そんな思いだったらしい．ネットワークへの参加を，ロバーツは事実上，強制した［脇, 2003, pp.109-110］．

ロバーツは最初に四つの機関を選ぶ．カリフォルニア大学ロサンジェルス校（UCLA），スタンフォード研究所（SRI），カリフォルニア大学サンタバーバラ校，ユタ州立大学である．この四つの機関を結んだネットワークとして，ARPAネットが生まれることになる．

小型コンピュータ（ルーターの前身）を追加挿入してサブネットワークを形成

リックライダーに対話型コンピュータの面白さを教えたクラークは，リックライダーとは違い，TSSには反対だった．そのクラークが，TSSをつなぐためのアイデアを出す．コンピュータ本体には手を加えず，TSS端末の一つとして小型コンピュータを置き，この小型機同士をつないでサブネットワークを作る．そういうアイデアだ．

先に触れたように，各研究機関は，ネットワークにつなぐために自分のところのコンピュータに手を加えるのはいやだった．自分のコンピュータの中身が，よそから丸見えになるのもいやだ．そう思っていた研究機関の代表者たちをなだめるのに，クラークのアイデアは有効だっただろう．

クラークのアイデアは典型的なモジュール化設計である．それぞれのシステムにモジュールを一つ追加する．このモジュールの連結ルール（インタフェース）を標準化し，モジュール同士をつなぐ．システム本体が他のシステムから見える必要はない．「見える」情報と「隠された」情報を分けるというモジュール化設計の基本［ボールドウィンほか, 2004, pp.251-252］が，ここにある．

クラークからアイデアを得たロバーツは，小型コンピュータをIMP（interface message processor）と名付ける．IMPはルーターの前身である．ロバーツはIMPの製作会社を公募する．落札したのはBBNである．かつてリックライダーが在籍した会社だ．そのBBNがIMPを前記4研究機関に納入し，1969年12月5日に4機関相互のネットワークが完成する．ARPAネットが始まった．

14.3 パケット交換

インターネットの通信方式では交換機が不要

　ARPAネットはパケット交換と呼ぶ通信方式を採用した．この方式は現在のインターネットにも引き継がれている．電話交換機の基本は，発信者と受信者の電話機を線でつなぐことである．ところがパケット交換方式では，線で物理的につなぐ必要はない．つまり交換機はいらない．高価な交換機が不要になる分，パケット交換方式のほうが安くなる．これは産業的には重大である．

　図13.1に見たように，交換機の国内生産は1990年代の終わりごろから激減する．その時期はインターネットの普及期と同じころである．また固定電話加入数は減少を続け，携帯電話とインターネット電話の加入者は増えている（図13.3）．NTTは，東日本・西日本とも，固定電話網の基幹部分を，交換機方式からインターネット方式に，2025年までに切り替えると発表している［電電，2010］．

インターネットではディジタル信号をパケットに小分けして送受信する

　インターネットでは，例えば電話の音声信号をディジタル化し，そのビットの連なりを決まったビット数のパケット（小包）に小分けする．パケットには宛先（電話なら受信者の電話番号に相当）と，分けたときの順番を付けておく．これらのパケットは，空いている伝送路に順次，送り出される．

　各パケットは伝送路を通って中継地に着き，ここで行き先を確かめられ，空いている伝送路を探して次の中継地に送り出される．これを繰り返して宛先に着く．宛先（受信端）では，違う経路を通って次々に到着するパケットを，発信時と同じ順番に並べ直し，電話なら音声信号にして再生する．

　パケットの受け渡し作業は，すべてコンピュータが行う．通話中であっても，電話機同士が電気的に接続されることはない．したがって通話中に通信線を専有しない．どこかが故障しても，迂回して空いている伝送路を探せばいい．だから災害などでネットワークの一部が壊れても，全体は機能し続ける．この点，交換機網は，中央の交換機が破壊されると，全体が機能しなくなる．

　しかし一方，交換機網では，通話中の電気的接続が保証される．その意味で通話品質は高い．これに対してパケット通信では，同じ伝送路を複数のパケットが同時に使おうとして，パケットの衝突が起こることがある．そういうときは，しばらくしてから送り直す．空いている伝送路がなかなか見つからず，遅れてしまうパケットもある．「できるだけのことはするが，保証はしない」．このベストエフォートの考え方（後述）に，パケット交換は立脚し

ている．

　パケット交換による通信方式は，米国ランド研究所のバラン（Paul Baran）と英国・国立物理学研究所のデイビス（Donald Watts Davies）が，1960年代に独立に考案した．「パケット」という言葉を用いたのはデイビスである．その意味で，「パケット交換」の名付け親はデイビスだ．

バランは核攻撃に耐えられるネットワークを研究

　核攻撃によって一部が破壊されても，全体としては機能するような軍用通信ネットワーク，この研究を1960年ごろ，米空軍がランド研究所に委託する［脇，2003，p.124］．

　パケット交換を用いる分散型ディジタル通信ネットワーク，これが上記の委託研究に対するバランの回答である．階層構成の交換機ネットワークと違い，分散型のパケット交換ネットワークは，一部が破壊されても全体としては機能する．1965年，ランド研究所は米空軍にパケット交換ネットワークの構築を提案する．しかし採用されなかった．AT&Tが反対したという［脇，2003，p.130］．

デイビスはコンピュータネットワークを意識

　デイビスの研究のきっかけは，TSSと電話網のミスマッチについての話を聞いたことだという［脇，2003，p.113］．データ通信の品質改善がデイビスの研究目的だった．

　目的は違っていたが，全体としては，デイビスとバランは，ほとんど同じ考えに到達する．英国では，小規模ながらパケット交換ネットワークが構築される．AT&Tがバランに示した態度とは違い，ブリティッシュ・テレコムは，デイビスに実験資金を提供した［脇，2003，p.131］．

1967年秋の学会での情報交換からARPAネットへのパケット交換導入が決まる

　1967年10月，ACM（米国計算機学会）のシンポジウムで，ロバーツはARPAネット計画を発表する．このシンポジウムでは，デイビスのグループが，英国のパケット交換ネットワークについて発表した．ロバーツはこの発表でデイビスのパケット交換を知り，バランの先行研究も知ることになる．これが，パケット交換をARPAネットが採用するきっかけだった［脇，2003，pp.117-118］．

14.4　1970年前後という時代

ベトナム戦争の泥沼化と世界を覆う学生運動

　ARPAネットが開発され，成長しようとしていた時代，すなわち1960年代後半から1970年代前半，この時代は世界的な動乱期である．ベトナム戦争は泥沼化していた．反戦運動と

連帯しながら，世界各地で大学紛争が激化する．フランスの5月危機，日本の大学紛争，さらには中国の文化大革命やプラハの春なども，1960年代末に起こった．対抗文化やヒッピーの活動も，時期的に重なる．環境への意識が高まり，科学技術が環境破壊の元凶として，科学技術そのものも批判される．

そのなかで「軍産学連合」の批判は，米国学生運動の焦点の一つだった．ARPAから大学への研究助成は難しい局面となる．1969年には，国防総省の研究助成は国防目的の研究に限ることになり，基礎研究の支援は禁止される［脇，2003, p.177］．

ドル・ショックと石油危機

1970年代前半は世界経済の激動期でもある．1971年8月15日，ニクソン大統領はドルと金の交換を中止する．金本位制の終焉である．ドル・ショックまたはニクソン・ショックと呼ばれている．1971年12月には，1ドル360円体制が終わり，さらに1973年には，変動相場制に移る．

ドル安誘導政策は，米国にとっては輸出振興・輸入抑制のためである．第2次世界大戦後しばらくは，米国の経済力は圧倒的だった．しかし1970年ごろにはかげりが生じてくる．

1973年の10月6日に第4次中東戦争が勃発した．アラブの産油諸国はイスラエル支持国への石油輸出を禁止する．また原油価格を4倍近く値上げした．第1次石油危機の始まりである．

ARPAネットは軍用ネットワークだったのか

ARPAネットは，そして現在のインターネットも，パケット交換を採用している．パケット交換のルーツの一つは，核攻撃にも耐える軍用ネットワークを実現するための技術として，バランが提案した（前述）．この二つを直接結び付けて，ARPAネットは核攻撃にも耐える軍用ネットワークとして構築されたとする説がある．これは短絡的だ．バランの提案を，米空軍は採用しなかった［脇，2003, p.130］．ARPAネット関係者がパケット交換を知るのは，バラン提案の何年か後である．

英国のデイビスの研究と上記バランの研究を，ほぼ同時に知り，検討のうえ，パケット交換を採用している［脇，2003, pp.117-118］．「バラン提案の核攻撃に耐える軍用ネットワーク＝ARPAネット」という図式は，事実ではない．

けれども一方，ARPAネットの構築費用が国防予算から出ていたのは事実である．予算を決定し，執行していた国防総省やARPAの幹部が，ARPAネットの軍事的意味を考えなかったはずはない［脇，2003, pp.132-133］．パケット通信の国防上の価値も認識していただろう．

14.5　イーサネットとTCP/IP

TSSを小型コンピュータネットワークで置き換える

　ARPAネットはTSSをつなぐネットワークとして出発する．TSSはかつては，コンピュータを対話的に使うための数少ない方法の一つだった．しかし1970年代ともなると，小型コンピュータを占有して対話的に使うことが，現実に可能になりつつあった．この時期，小型機の複数導入と，大型機のTSSは，比較の対象である．

　小型コンピュータを複数導入し，それぞれをつないでネットワークを形成する．この小型コンピュータネットワークでTSSを置き換える．これにはTSSの発展的解消という意味があった［喜多，2005, pp.14-15］．小型コンピュータネットワークをARPAネットにつなげば，ネット間（inter-net）接続になる．こうして「ネットワークのネットワーク」というインターネットの本質に導かれる．

エーテルのようなイーサネットでアルトをつなぐ

　小型コンピュータのローカルネットワーク（local area network, LAN），これが「アルトシステム」である．開発したのは米ゼロックス（Xerox）社のパロアルト研究所（Palo Alto Research Center, PARC）だ．PARCは1970年に設立された．PARCには，ARPAネット構築に関係した研究者がかなり加わる．PARCはARPAネット人脈の影響のもとで活動を始めた．

　アルトの応用は，第一に分散コンピューティングだった［Lampson, 1972］．同軸ケーブルをエーテル（ether）のように使い，パケット交換ネットワークを簡単に作れるとしている．そのネットワーク規格がイーサネット（ethernet）であり，そこに出てきたエーテルが，イーサネットの名の由来である．

　真空中を光が伝わるのは，エーテルのような媒質が真空中を満たしているからだ．19世紀までは，そう考えられていた．そのエーテルのように研究所内に同軸ケーブルを張り，どこでもネットワークにつなげるようにする．ここからイーサネット（エーテルのようなネット）の名称が生まれた．

ハワイのアロハネットを研究してイーサネットにベストエフォートの考えを導入

　イーサネットの開発には，アロハネット（ALOHAnet）が参照されている．アロハネットは，ハワイ大学を中心とするTSSである．端末が離島に分散しているところから，無線によるパケット交換ネットワークが1970年に開発された．

　同じ周波数の電波に複数の端末がパケットを載せて送信しようとすると，パケットは衝突して破壊される．このときは「しばらく」経ってから再送する．この「しばらく」を決める

のに，アロハネットでは乱数を用いた．同時に再送したら，また衝突してしまうからである．

有線通信でも，複数のパケットが同じ伝送路を同時に使おうとすれば，やはり衝突が起こる．アルトシステムでは，同軸ケーブルを枝分かれさせて，各アルトをつないでいる．そのうえ搬送波は使わず，ベースバンドで通信した［Thacker, 1986］．だから伝送路は1本しかないようなものだ．

イーサネット開発を主導したメトカーフ（Robert Metcalfe）はアロハネットを調べ，「パケットの衝突をいかに回避して通信効率を上げるか」という課題に取り組む．そして博士論文のなかで，ベストエフォートという言葉を用い，「通信の失敗を前提として最大限の効率を引き出す」考えを提唱する［喜多, 2005, pp.176-185］．

イーサネットは1973〜1974年にかけ，PARC所内に張りめぐらされていく．多くの人がアルトを使うようになり，それぞれのアルトはイーサネットでつながれる．

プリントサーバの成功とクライアントサーバモデルの形成

次に必要になったのがサーバだ．最初のサーバはEARSと名付けられたプリントサーバである．各アルトはこのプリントサーバを共有し，自分のディスプレイに表示された文書を，そのイメージどおりに印刷できた．WYSIWYG（What You See Is What You Get）の実現である．アルトのディスプレイは縦型で，文書用紙を意識している．

サーバの重要性を，開発者たちは最初は過小評価していた［Thacker, 1986］．アルトを何台か用意すれば十分だろうと考える．ところがシステムとして，目的ごとにサーバを設計しなければならないことがわかる．こうして，クライアントサーバモデルが形成された．

リックライダーがTSSを重視した理由は，TSSの大型ホストコンピュータに大量の情報資産を蓄積することができ，それを共有して使えることだった．TSSを小型コンピュータのネットワークで置き換えたとき，情報資産の蓄積と共有に不安はないか．この懸念に対して，クライアントサーバモデルは有効な解答になる．例えばファイルサーバの外部記憶装置を拡大強化すれば，そこに蓄積される情報資産を，小型クライアントコンピュータで共有し利用できる．

ARPAネットはTCP/IPを標準プロトコルとして採用

アルトシステム，すなわちイーサネットによるLANは，ARPAネットへの接続を意識して設計されている．ローカルなネットワークを幹線的なネットワークにつなげば，ネットワークは階層構造になる．ARPAネットができた段階ですでに，IMPによるサブネットワークと，大型コンピュータ本体のネットワークという2層は認識されていた．コンピュータ上のアプリケーションの層（ユーザー層）を加えれば3層である．ネットワークは階層構造になり，層状になったプロトコル（通信規約）が必要になる．

ネットワークの階層構造は，モジュール化設計の表れといえる．各階層の界面（インタフェース）さえ整合性があれば，それぞれの層（モジュール）は，独立して作業できる．

ただし水平分業におけるインタフェース，ネットワークであればプロトコル（通信規約）の標準化争いは熾烈になる．途中をすべて省くと，ARPA ネットでは，そしてインターネットでも，TCP/IP が事実上の標準となる．TCP は transmission contorl protocol, IP は internet protocol の略である．

1983 年，国防総省は米軍関係の部分を，MILNET として，ARPA ネットから分離した．同じ 1983 年，TCP/IP が米軍のネットワーク標準と決まり，ARPA ネットも TCP/IP を全面的に採用する．同時に米軍は TCP/IP を産業界に公開し，それに準拠したネットワーク関連製品を民間から調達できるようにした．また TCP/IP を搭載するよう，コンピュータ関連企業に奨励する．TCP/IP 関連産業が，こうして米国では盛んになる［喜多, 2005, pp.238-239］．

また米軍は，TCP/IP を UNIX に載せるよう促す．この結果，TCP/IP に対応した UNIX が 1983 年 3 月に発表される．この UNIX が大学関係者に広まり，TCP/IP が普及していく［喜多, 2005, p.256］．これらは米国の，国家的な産業政策と標準化推進活動とみることができる．

14.6　ARPA ネットからインターネットへ

ARPA ネットの普及とユーズネットの勃興

ARPA ネットは急速に普及する．ただし ARPA ネットへの参加は，米国では ARPA と縁のあるところに限られる．ARPA から研究助成を受けていないと，ARPA ネットへの参加は難しかった．

その結果，ARPA ネットの普及のかたわら，自分たちでネットワークを作ってしまおうという気運が生じる．例えば 1979 年，米デューク大学の大学院生たちがユーズネット（USENET）を構築する．AT&T のダイヤルアップシステムを利用するネットワークである．UNIX に付加された UUCP（UNIX to UNIX Copy）という通信機能を利用していた．この UUCP によって電子メールやファイル転送などが可能になる．ユーズネットは電子掲示板システムを立ち上げ，幅広い情報交換の場を提供する．一時は 1 万台以上のホストコンピュータがユーズネットに参加していたという．

やがてユーズネットにカリフォルニア大学系の人々が参加する．カリフォルニア大学は ARPA ネットにも加わっていた．だからここで，ユーズネットと ARPA ネットの接点ができる．一部ではあるが，ユーズネットと ARPA ネットの間の情報交換が可能になった．やがて 1983 年には，前述のように UNIX にも TCP/IP が搭載される．

ARPA ネットとユーズネットで情報交換を行った若手研究者の間には，ネットワーク上の様々な習慣が育つ．これが今日のインターネットを支えるオープンで共有主義的な文化を作ったという［喜多，2005，p.259］．ユーズネットと ARPA ネットの出会いは，インターネットに UNIX 文化をもたらしたに違いない．

1986 年には日本の JUNET がユーズネットと接続する．JUNET（Japan University Network）は，日本におけるコンピュータネットワークの草分けである．東京大学，東京工業大学，慶應義塾大学の 3 大学を電話回線で結ぶところから始めている．JUNET を主導した村井純は，ユーズネットこそ，通信コミュニティとしてのインターネットのモデルだと主張する［村井，1995a，p.101］．なお日本におけるインターネット活動については，後でまとめて述べる．

NSF ネットの誕生と ARPA ネットの終焉

1981 年には CS ネット（Computer Science Network）が運用を始める．ARPA ネットに接続できない研究機関のコンピュータサイエンス部門に，ネットワーク環境を提供することが目的である．最初の 3 年間は NSF（National Science Foudation，全米科学財団）が資金的にサポートした．

ユーズネットをインターネットの真の原型と主張する村井は，ユーズネット→CS ネット→インターネットこそが，米国における実際のインターネット発展史だと言い切る［村井，1995a，p.101］．軍の豊富な予算の下で発展した ARPA ネットに対し，ユーズネット→CS ネットの系列は，ボランティア的でオープンな UNIX コミュニティのなかでネットワークが形成された．インターネットの「文化」を育むうえで，ユーズネットや CS ネットの果たした役割は大きいだろう．

NSF はまた，1986 年には CS ネットを再構成して他のネットワークも接続できるようにする．各地のスーパーコンピュータセンターも，このネットワークに接続した．これが NSF ネットである．

NSF も TCP/IP を採用，ARPA ネットとの互換性を確保した．こうして大小様々なネットワークが NSF ネットに合流する．1987 年になると，インターネットのバックボーンを NSF が受け持つことになり，1990 年 2 月，ARPA ネットは運用を停止する．

NSF は米国政府の科学研究支援機関（funding agency）である．ARPA と違い，軍との直接の関係はない．軍が支援して構築された ARPA ネットのうち，軍に直接関係する部分は軍の管理に移され，公共的な部分は NSF ネットが引き継ぐ形となった．

草の根ネットワークがインターネットの個人利用への道を開く

1980 年代には，ほかにも大小さまざまなネットワークがあった．例えば IBM の大型汎用

機を使っている大学を結んだネットワーク，BITネットが1981年から活動している．IBM-PCのネットワークもでき，Fidoネットの名で1983年から動いていた［喜多，2005, pp.268-270］．

　1980年代後半から1990年代前半には，日本でも「パソコン通信」という名称のネットワーク活動が盛んだった．電子メールと電子掲示板（bulletin board service, BBS）が主なサービスである．パソコン通信は，中央のホストコンピュータに，ダイヤルアップでパソコンをつないでいた．

　パソコン通信は，コンピュータ研究者ではない普通の人たちに，初めてネットワーク環境を提供した．その産業的意味は大きい．この時期のパソコンユーザーは，パソコンで初めてコンピュータに触った人が多い．UNIXにも，ほとんどのパソコンユーザーは無縁である．その人たちが初めて接したネットワーク，それがパソコン通信だった．

　一方のARPAネット，アルトシステム，CSネット，NSFネットなど，さらにはユーズネットや日本のJUNETでさえ，参加者の多くはコンピュータ研究者である．インターネットがその範囲に限定されていたら，社会のインフラストラクチャとはなり得なかったろう．

　パソコン通信は営利企業が運営する商用サービスだった．そのうちの大手事業者は，後にインターネット接続サービス提供業者ISP（internet service provider）となる．パソコン通信がインターネットに接続され，それぞれのパソコン通信内の閉じた接続が，インターネットのオープンな接続に変わっていく．こういう過程で普通の個人がインターネットを利用するようになる．

商用利用へ

　NSFは米国の政府機関である．NSFネットは学術研究を支援するためのネットワークだ．その商用利用は原則，禁止されていた．しかし1992年には「科学と先進技術法」が成立，「教育・研究活動のサポート能力を総体として増進しなければならない」という条件で，NSFネットの商用利用を解禁する［脇，2003, pp.274-285］．

　一方，大小さまざまの商用ネットワーク活動が1980年代には，前記のように盛んになる．これらのネットワークはNSFネットには接続できなかった．このため，商用ネットワーク独自のインターネットサービスが始まる．NSFネットというバックボーンを経由しないでも，TCP/IPでパケット交換をするネットワーク間通信が可能になっていく［喜多，2005, p.265］．

　やがて1995年には，NSFネットはバックボーン機能を停止する．バックボーンがなくてもインターネット活動は可能になったということだろう．無数のコンピュータやネットワークのつながった「ネットワークのネットワーク」としてのインターネットの時代が，いよい

よ本格的に始まる．

WWW，ブラウザ，検索エンジン，ブロードバンド接続

1990年代に入ると，WWW（world wide web）やブラウザが次々に開発され，インターネットを閲覧することが容易になる．おかげでインターネットは，一般人が仕事や楽しみのために使えるものになった．それはインターネットが，産業や暮らしのインフラストラクチャとなった，ということでもある．検索エンジンもまた，私たちのインターネットへの接し方を変えた．

インターネットが産業や暮らしに広がるためには，高速の接続環境を，相対的に安い価格で利用できることが決定的に重要である．1990年代には，多くの個人ユーザーはダイヤルアップ方式でパソコンをインターネットに接続していた．接続時間に応じて電話料金がかかるため，なるべく速やかに接続を断つべく努力する．これでは利用は広がらない．

それから10年も経たないうちに，ブロードバンド回線に常時接続したまま利用するという現在の環境になった．光ファイバ通信によるブロードバンド回線の性能・普及・料金において，日本は世界最高の水準にあるという［電電，2010］．

14.7　インターネット利用の現状

2010年に，世界全体では20億人，日本では9 500万人がインターネットを利用

2010年時点のインターネットユーザー数は，世界全体で約20億人と推定されている（国際電気通信連合，ITU，International Telecommunication Union 調べ）．総人口70億人中の20億人が，インターネットのユーザーである．2001年からの10年間にユーザー数は約4倍に増加した．

同じ2010年に，日本のインターネットユーザー数は約9 500万人である（総務省「平成23年通信利用動向調査」）．人口普及率は80％に近い．

インターネットを介する買いものが定着

インターネットの利用目的としては，「電子メールの受発信」（70.1％）と「ホームページの閲覧」（63.6％）が多い．3位は「商品・サービスの購入・取引」（60.1％）である．いずれも総務省「平成23年通信利用動向調査」による．インターネットを介しての買い物は，定着したと考えていいだろう．私自身，本や介護用品，さらに食事の出前などをインターネットで注文している．日本の電子商取引の市場規模は，2010年に7兆7 880億円に達した［石綿ほか，2012］．

インターネットサービス事業者の多くは，広告収入に依存している．例えばグーグルの

2012年の売上は500億ドルに達した．そのうちの約90％は広告収入である．

　広告媒体としてのインターネットビジネスは，メディアの一種とみなすことができ，テレビや新聞と競合する．このメディアとしてのインターネットについては18章であらためて議論したい．

第IV部 インターネットをインフラとする産業と社会

　21世紀の現在，インターネットは社会基盤（インフラストラクチャ）として定着した．インターネットは，私たちの仕事や暮らしをどう変えるか，これが第IV部のテーマである．

　インターネットは自前主義を不利にし，設計と製造，ソフトウェアとハードウェアの分業を促進する．不特定多数の人たちが情報を，音楽を，映像を発信し，それらを不特定多数の人たちが受信する．不特定多数に信を置くという点で，ウェブ2.0は民主主義や市場経済に通じている．

　インターネットはメディアのあり方を変える．企業の研究開発モデルを革新する．

15. 設計と製造の分業 ——EMSの発展

15.1 インターネットは水平分業を促進

インターネットは取引コストを下げる

インターネットにつながっていると誰でも，他の個人や組織と，情報や知識を共有したり交換したりできる．そのために必要な時間は短く，費用は安い．例えば電子メール．同じ会社で机を並べている同僚にメールを送る場合と，地球の裏側にいる取引先にメールを送る場合，この二つに時間にも費用にも差はない．

ある事業目的を達成するために，社内の同僚に仕事を頼めば「企業を使う」ことになり，社外の取引先に頼めば「市場を使う」ことになる［岩井，2000，pp.248-262］．企業を使うためには，社員を雇用しなければならない．市場を使うためには，他社との市場取引（売買）が必要になる．どちらが安くて速いか，これが社内か社外かの選択の決め手になる．

市場取引だけで目的を実現しようとすると，取引の数が膨大になり，取引コスト（transaction cost）が増える．社内の同僚に頼んだほうが取引コストが安くなる．そのために企業が存在する［Coase, 1937］．しかしこれは，インターネットがなかった時代の考えである．

取引コストの本質は，取引先との間の，情報や知識の共有や交換に要するコスト（時間と費用）である．インターネットが使える環境なら，情報や知識の共有・交換に必要なコストが，社内と社外とで，ほとんど差がなくなってしまう．

自前主義から連携・協力・分業へ

時間と費用が同じなら，無理に社内だけで仕事を完結させる必要はない．広く社外を見渡し，優秀な取引先を探そう．こうなるだろう．

すなわち，情報通信ネットワークの発展は，社内で処理するより，社外に発注する機会を増やす．自前主義を衰退させ，他組織との連携協力を促進する．内製を減らし，社外調達を増やす．垂直統合より水平分業を促進する．

15.2　なぜ電子情報通信産業で設計と製造の分業が進むのか

　1980年代後半以後，半導体産業で設計と製造の分業が進展した（8章）．電子情報通信分野全体でも，ほぼ時を同じくして，EMS（electornics manufacturing service）が発展を遂げる．EMSは，その名のとおり，電子製品の製造サービスである．ファブレスのメーカーが製造をEMSに委託する．設計と製造の分業が進んだのは，半導体産業も含めて，電子情報通信産業である．なぜ他産業ではなく電子情報通信産業なのか．

ムーアの法則がもたらす価格低下圧力

　価格を一定に保ったまま，集積回路上のトランジスタ数は3年で4倍，10年100倍のペースで増え続ける．逆にトランジスタ数が一定で済むのなら，集積回路のコストは3年で4分の1，10年で100分の1に低下する．本書の各所で繰り返し述べてきたムーアの法則である．

　増大するトランジスタ数を付加価値に転化する．値段が同じなのに，これまでとは違うすばらしい製品を実現する．そうしないと値下げ消耗戦が待っている．ムーアの法則は苛酷である．

　電子情報通信分野の製品の場合，上記のムーアの法則による価格低下圧力がハードウェア全体に働く．電子情報通信分野の製品のハードウェアの中核は集積回路だからだ．自動車には，ここまでの価格低下圧力はない．半導体（集積回路）への依存度が，それほどではないためである．

電子情報通信分野の製品やサービスの付加価値はソフトウェアに移っていく

　電子情報通信分野のすべての製品の中核に，プログラム内蔵方式のシステムが鎮座する．アナログをディジタルに置き換え，他の方式をプログラム内蔵方式に置き換える，1章で述べた「ディジタル化圧力」と「ソフトウェア圧力」が常に働いている．

　プログラム内蔵方式では，ハードウェアを汎用にし，集積回路のもたらす性能向上を安く手に入れる．この性能向上を，ソフトウェアによって製品やサービスの魅力や価値に転化する．

　このソフトウェア圧力も，自動車では電子製品ほどではない．たしかにマイクロプロセッサは，クルマにもたくさん搭載されている．クルマの魅力の一部をソフトウェアが担うようになっている．とはいえクルマをクルマたらしめている本質は今なお機械だろう．

インターネットが分業を促進

　1990年ごろから，インターネットの商用利用が可能になる．インターネットがもたらす取引コスト減少は，連携・協力・分業を促進する．垂直統合と自前主義が相対的に不利とな

り，モジュール化に基づく水平分業が有利になる（1章で定義したネット圧力）．

ネット圧力は，パソコン業界では国際的な水平分業，半導体業界ではファブレス設計会社とシリコンファウンドリの分業，そして電子製品におけるファブレスメーカーとEMSの分業をもたらした．

ネット圧力は電子情報通信分野だけのものではない．けれどもインターネット自体，電子情報通信分野の産物である．電子情報通信分野では，ネット圧力を身近に感ずるし，その効果も理解しやすい．水平分業や設計と製造の分業は，電子情報通信分野で，いちはやく進展した．

電子情報通信産業で製造業の再定義が進行

以上に挙げた価格圧力，ソフトウェア圧力，ディジタル化圧力，ネット圧力などが複合的に作用して，電子情報通信分野では，製造業の再定義とでも呼ぶべき状況となった．再定義されたメーカー，すなわち製造業者は自社工場を持たない．ハードウェア製造に直接は従事しない．アップル，クアルコム，ビジオ，今をときめくメーカーは，ハードウェア製造に従事していない．ハードウェア製造に従事するのは，ファウンドリでありEMSである．かれらはサービス業者だ．メーカーではない．

工場を持っていないメーカーと，工場を持ってハードウェア製造に従事するサービス業者，この両者の組合せが再定義された製造業である．

この製造業の再定義は，上に挙げた「圧力」への対応結果である．ネット圧力に応じて，設計と製造を分業する．ムーアの法則がもたらす低価格化圧力をファウンドリやEMSが受け止め，付加価値向上のためのソフトウェア圧力にはファブレスメーカーが応じる．ファブレスメーカーは，企画・設計などを含む広義のソフトウェアに注力する．

垂直統合が維持可能なのは例外的大企業

「圧力」に抗して垂直統合を続けるメーカーがないわけではない．半導体におけるインテル，電子機器におけるサムスン電子は，その代表だろう．いずれも業界トップだ．だから，あるべき姿は本来は垂直統合だという主張が絶えない．

しかし両社は，業界トップだからこそ垂直統合を維持できているともいえる．社内設計の機器を製造するだけで，設備投資を償却できるだけの生産規模があった．もっとも，サムスン電子はファウンドリ事業やEMS事業でも大きな存在だし，インテルさえファウンドリ事業に乗り出そうとしている．業界トップにして，垂直統合だけでの事業展開は，もはや困難になってきた．設計と製造の分業は，少なくとも電子情報通信分野では合理的であり，ときには必然である．

さらに近年のIT系ベンチャーは，最初から製造外注を前提に起業する．EMSがあるか

らこそ起業できる［稲垣，2001，pp.1-21］．アントルプルヌールによる経済の活性化を期待するとき，少なくとも電子情報通信分野に関するかぎり，EMS は大切なインフラストラクチャである．

空洞化の意味があいまいになる

空洞化とは，かつてはメーカーが自社工場を海外に移すことを指していた．しかしファブレスメーカーは，製造業者ではあるが，工場を持っていない．工場を海外に移すという営為は，そもそも存在しない．したがって空洞化もあり得ない．

ファウンドリや EMS など，ハードウェア製造サービス業者は，その本社がどこにあるにせよ，世界各地に工場を展開する．低賃金労働者のいるところ，これは工場建設地選定の動機の一つにはなる．けれども多様な顧客の要望に応えるためには，いろいろなところに工場を持っていることが必要だ（後述）．これを空洞化といえるのだろうか．

15.3　EMS の発展

EMS は原則として自社ブランド製品を持たない．他社ブランド製品の製造を受託するサービス業である．製品を製造する工場を持っているが，メーカーではない．EMS に製造を委託した企業のほうがメーカーだ．製品ユーザーに対してメーカーとして製造者責任があるのは，ブランドを持っている企業だからである．半導体におけるシリコンファウンドリと事情は同じだ．

製造の外部委託には長い歴史がある．それを受託する企業は，OEM（original equipment manufacturer）と呼ばれていたころには，「下請け」とみなされていた．発注元のメーカーから支給された部品を組み立てて送り返す．これがビジネスモデルだったという［稲垣，2001，p.49］．しかし 1990 年代になると，EMS への発展が始まる．

北米系 EMS は大手メーカーの工場を買収しながら発展

EMS はまず 1990 年代の北米で存在感を大きくする．IBM や HP などの大手 IT 企業がプリント基板組立ての外部委託を加速させる．それを EMS 企業が請け負う．ハードウェア生産を社内で行ってきた大手電子メーカーは，自社工場を EMS 企業に売却する．その大手電子メーカーの工場を，北米系 EMS 企業が買収した．買収した工場に他の顧客の仕事を引き入れ，工場稼働率を高める．このビジネスモデルによって EMS 企業は成長していく［稲垣，2001］［稲垣，2012a］．

こういう状況のなか，インターネットの普及発展が始まる．インターネット関連の新興ベンチャー企業は，最初から製造部門を持たずに，起業する．EMS への製造アウトソーシン

グが起業時の前提なのだ．こうして，シスコなどの製造部門を持たないベンチャー企業が急成長していく．対応して，製造を受注するEMSも発展する［稲垣，2001，pp.1-21］．

資産を圧縮して株主価値を上げる

メーカーはなぜ製造を外部委託（アウトソーシング）するのか．EMSは製造を請け負ってなぜ利益を出せるのか．ことの本質は，やはり資本コストにある．出版社と印刷会社，ファブレス半導体メーカーとシリコンファウンドリ，設計と製造の分業の本質は同じだ．

資本コストに関連して，7章，8章では，半導体設備投資の減価償却について議論した．北米でのメーカーの製造アウトソーシングとEMSの発展には，株主価値最大化の圧力が深く関係している［稲垣，2001，pp.4-6］．米国では，経営者や従業員の報酬にストックオプションが組み込まれていることが多い．株価を上げることは，投資家だけでなく，経営者や従業員にとっても重要だ．

メーカーが自社工場をEMSに売却する場合を考えよう．メーカーが自社工場で製造していた製品を，同じ工場でEMSが製造し，メーカーに納品する．メーカーは製造費をEMSに払う．自社工場で製造していたときの費用と，メーカーに払う製造費が同じなら，メーカーの利益は同じだ．同じ工場で同じ製品を作っているのに，こんなめんどうなことをして，何の得があるのか．

工場を売却したメーカーの資産は減少する．少ない資産で同じ利益を上げられたことになる．資産効率が上がったわけである．株主は歓迎するだろう．株価が上がる可能性も高い．EMSのほうは，同じ工場を，他の顧客の製品製造にも使える．

一般にEMS企業は顧客を分散させる．特定顧客の業績変動の自社への影響を少なくするためである．もちろん工場稼働率を上げるためでもある．こうして，工場を売却したメーカーも，工場を買収したEMSも，得をする．

世界各地に工場展開

大きなEMS企業は，その本社がどこにあるにせよ，世界各地に生産拠点を展開している．1990年代後半にはEMS企業の東欧進出ラッシュが起こった［稲垣，2001，pp.112-113］．東西冷戦の終焉によって東欧での工場建設が可能になったからである．もちろん中国にもEMSの工場は多い．台湾系EMSの主力工場は中国本土内にある．

EMS企業は，これら世界各地の工場を活用し，グローバルなサプライチェーンを顧客に提供している．1週間で製造拠点を他国に移転することも可能だという［稲垣，2001，pp.98-99］．これもEMSの重要な顧客サービスである．

EMSのほうが製造技術者の働きがいが大きくなる

　垂直統合メーカーでは，社内の設計部門に目が当たることが多い．新製品発売の際，メーカーが顧客に訴えるのは，「どんな製品か」である．それを「どう作ったか」は，顧客には関係がない．

　ところがEMSの場合は，「どう作るか」を訴えて，顧客を獲得する．EMSでは製造関係者が会社の主役だ［稲垣, 2001, p.82］．製造技術者にとってはEMSのほうが垂直統合メーカーより，働きがいが大きくなる可能性が高い．これはEMSに限らず，設計と製造の分業のメリットとして大きい．

アップル製品を受注してフォックスコンが存在感を高める

　EMS産業を牽引したのは，最初は北米系企業だった．ところが2005年ごろから台湾のフォックスコン（Foxconn，富士康科技集団）の存在感が大きくなる．フォックスコンの親会社が鴻海（ホンハイ）精密工業である．

　フォックスコンの存在感が格段に大きくなったのは，アップル製品の製造を受け持つようになってからである［中川, 2012］．アップルはかつては自社工場で生産していた．そのアップルが1990年代後半ごろから，ハードウェア生産の外部委託に切り替える．フォックスコンのアップル向け事業が大幅に伸びるきっかけとなったのは，携帯音楽プレーヤ「iPod」の製造受注からだ［稲垣, 2012b］．以後，「iPhone」，「iPad」もフォックスコンが受注する．

アップルとフォックスコンの時代に陰り

　「スマートフォンとタブレット端末のアップル」「EMSのフォックスコン」という組合せは，数年にわたって，それぞれの業界に君臨する．ファブレスメーカーとEMSの組合せ，その最高の成功事例でもあった．しかし2013年に至って，両社ともに陰りが見え隠れする．

　アップル製品の製造では，台湾のペガトロン（Pegatron，和碩）社がフォックスコンの独占を脅かしている［山田, 2013］．

　一方アップルの成長神話も揺らいでいる［岡田, 2013］．シャープは以前からアップル向けの液晶パネルを供給している．そのシャープが，鴻海（フォックスコンの親会社）との提携が難航するなか，サムスンとの提携に踏み切る［日本経済新聞, 2013b］．その背景にはアップルからの液晶パネル発注の激減があったという．

　アップルとフォックスコンの両社が「絶対王者」だった時代の終焉，シャープとサムスンの提携は，それを象徴するという観測がある［山田, 2013］．

16. ウェブ2.0——ご乱心の殿より衆愚がまし

16.1 ウェブ2.0という概念の登場

2005年ごろから「ウェブ2.0」という表現を目にするようになった．インターネット時代の第2段階という感じで登場した言葉である．米IT系出版社オライリーのCEOティム・オライリー（Tim O'Reilly）の造語だという．「ネット上の不特定多数の人々（や企業）を，受動的なサービス享受者ではなく能動的な表現者と認めて積極的に巻き込んでいくための技術やサービス開発姿勢」，これがウェブ2.0の本質である［梅田，2006，p.120］．

インターネット時代の第1段階では特定少数間の連携・協力・分業が進展

15章で，インターネットは企業間の連携・協力・分業を促進すると述べた．インターネットによって企業間取引コストが下がる．だから自前主義より連携協力，垂直統合より水平分業が有利になる．ただしこの段階で進んだのは，特定少数間の連携・協力・分業である．あえて遡及的に名付ければ，この段階が「ウェブ1.0」だった．1990年ごろから2000年代前半までの段階である．

この時代のインターネットの使い方の代表は，電子メールとホームページだった．それぞれ，特定少数間のコミュニケーションと，特定少数の大企業から不特定多数に向けての情報発信である．伝統的な通信と放送，それらと大きな違いはない．

第2段階（ウェブ2.0）になると不特定多数が情報を発信し始める

何か調べたいことがあると，とりあえずインターネットで検索してみる．これは今では普通の習慣となった．しかしそれは，昔からのことではない．日本で一般化したのは，やはり2005年前後からだろう．ブロードバンド回線（高速通信回線）の普及，その回線にパソコンなどをつなぎっ放しにできるほどに回線料金が安くなり，検索が高速になったこと，これらが「とりあえず検索」を可能にした．

ムーアの法則による情報処理コストの低下と，ブロードバンドネットワークの普及による情報伝送コストの低下，これらは止まることなく続く．多数の一般人がインターネットを使いこなす．

かれらは自ら情報を発信し始める．そのために必要な費用も時間も下がり続ける．こうし

てネット上の不特定多数の人々や組織が，能動的な表現者となっていく．ブログやソーシャルメディアで不特定多数の人々が情報を発信するのは，いまやありふれた光景である．

人々は誰に向けて情報を発信しているのか．そして受信してほしい人に届いているのか．ここで重要な役割を果たすのが検索エンジンやソーシャルメディアである．グーグル（Google）やフェイスブック（Facebook）が，ウェブ2.0を代表する企業となる．不特定多数の発信者と，同じく不特定多数の受信者を，検索エンジンやソーシャルメディアが媒介する．

16.2 ロングテール効果

80対20の法則

不特定多数からの情報発信者と，同じく不特定多数の情報受信者を，検索エンジンで結び付ける．これは広告にも当てはまる．例えばネットメディア向けに，安い料金で，たくさんの広告を集めておく．情報を求めてネットを検索してきた読者の検索結果ページに，その検索内容にふさわしい広告を掲載する．いわゆる検索連動広告である．

安い料金の広告をたくさん集めるのは，旧来メディアでは効率が悪い．大手広告主から高い料金の広告を獲得すべく努力する．料金が高いから広告量（例えばページ数）は少なくなる．けれども，そのほうがビジネスとしては効率が良い．これが常識だった．

「80対20の法則」と呼ばれている経験則がある．いろいろな表現が可能だが，典型的な一例はこうだ．「売上の80％は，20％の優良顧客が生み出す」．

ロングテールの法則

ネットビジネスは，この「80対20の法則」を覆す．それが先に紹介したネット広告の例である．安い広告をたくさん集めて，それぞれの広告にふさわしい受け手に届ける．そうすれば，高額の広告を大手広告主から集めるのに劣らないビジネスになり得る．

ネットビジネスにおける上記の広告のような状況を，ロングテール効果とかロングテールの法則と呼ぶようになった［菅谷, 2006］．ロングテールの法則は，**図16.1**のように表される．いろいろな商品を，売れた数の順番に左から右に並べる．それぞれの商品が売れた数を縦軸にとる．そうすると図16.1のような右下がりの曲線になる．この曲線の左上を恐竜の頭に，右下を恐竜の尾に見立てる．右下に長くのびる線が「ロングテール」だ．

例えば実空間の書店では売り場面積が限られる．だから本屋さんは，あまり売れない本，すなわちロングテールのところに相当する本は，売り場に置きたくないし，実際に置かれない．だから読者数の限られる専門的な本は，本屋さんに行っても見つからない．

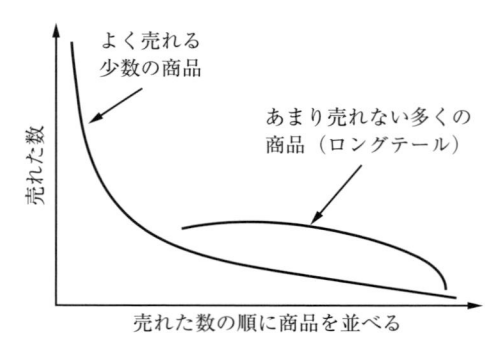

図16.1 ロングテールの法則
（出典：[菅谷，2006]）

ところがネット書店には，売り場面積という制限が事実上ない．売行きの悪い本まで品揃えしておいても，コストはほとんどかからない．だからネット書店なら，あまり売れていない本も検索すれば見つかる．少ししか売れない本でも，本の種類が多くなれば，合計の売上げは大きくなる．ちりもつもれば山となる．

クラウドファンディング

「100円寄付してください」と頼まれて，拒否する人は少ない．100万人から100円ずつ集めると1億円になり，かなりのことができる．しかし100万人から少額寄付を集めるための費用が膨大になり，このプロジェクトは実現しない．

ところがネットでは，これに近いことが可能になる．これがクラウドファンディング（crowd funding）だ．ロングテール効果の一種でもある．少額の資金提供を，インターネットを介して不特定多数に呼びかける．

クラウドファンディングは，ウェブ2.0が開いた新しい可能性である．営利，非営利を問わず，新しい事業への賛同と共感を不特定多数に呼びかけ，少額の資金提供を募る．

16.3　ビッグデータとデータセンター

不特定多数が主役のウェブ2.0では処理するデータ量が膨大になる

不特定多数の情報発信と，同じく不特定多数の情報受信を，ソフトウェアで結び付ける．これがウェブ2.0における情報処理の基本となる．発信と受信の双方が不特定多数だから，それを結び付ける情報処理は「不特定多数×不特定多数」となる．この情報処理が扱うデータ量は膨大なものとならざるを得ない．こうして「ビッグデータ」が，ウェブ2.0時代のキーワードとなる．

検索エンジンは，検索窓に入力された言葉について，世界中の無数のサイトをめぐって優

先順位の付いた結果を表示する．ネット書店は，個々の購読者の過去の購買行動を分析すると同時に，あらゆる本を調べ，一人ひとりにふさわしい本を薦める．これがネット書店の営業活動だ．いずれもビッグデータの処理が欠かせない．SNSにおけるゲームも，参加者の行動を絶え間なく分析し，改良を続けているという．

　情報を受発信するのは，人間とは限らない．いわゆるスマートグリッドでは，商用電源につながっているすべての機器が，電力消費に関するデータを常時発信する．これを分析し，発電・送電・蓄電などの状況と結び付け，余っているところから足りないところへ電気を送る．同時に全体として節電を図る．監視カメラや車載センサーなども情報発信源になる．

　ビッグデータを処理し，不特定多数の顧客のそれぞれが満足する結果を出すこと，また不特定多数の顧客の要望に応えるべく，システムを改変し続けること，こういったことがネットワーク時代の企業の成否を左右するようになってきた．

コンピュータにできない仕事は両極端に分かれる

　ビッグデータに象徴されるようなウェブ2.0時代の情報処理は，すでに得られている大量のデータを手がかりに，これから起こることを予測する作業とみることができる．これは，かなり知的な作業である．それがコンピュータによる大規模データ処理で可能になってきた．それは，コンピュータが人間の職を奪う段階に達したことを意味する．実際ネット上で，安い広告をたくさん集め，それぞれの広告にふさわしい受け手に届けているのは，ソフトウェアによる処理である．ネットメディアでは広告代理店を介さない例が増える．

　技術が旧来の仕事を奪うのは大昔から「いつものこと」である．減る仕事もあれば，増える仕事もある．今回は何か違うことがあるだろうか．

　一般に「そこそこ」の知的作業はコンピュータによって代替されていく．コンピュータにできない仕事は両極端に分かれる．一つは高度にクリエイティブな能力を要する仕事で，もう一つは教育を受けなくても誰でも自然にできるような仕事である［新井，2013］．

　後者の誰でもできる仕事の雇用は，人件費の安いところに流れる．あるいは安い人件費でも働く人のものとなる．こうして単純作業の人件費は，世界的に平準化されていくだろう．

近代教育の限界

　前者の，コンピュータにできない高度にクリエイティブな能力を持つ人材，こういう人材を教育する効果的な手法は見つかっていないという．高度人材は確率的にしか発生せず，教育で陶冶するのは難しいらしい［新井，2013］．近代教育の限界が，ここに露呈している．

　実際，碁や将棋でプロになるような人材は，子供のころに周囲の大人をみな負かしている．彼らは確率的に発生する．教育によって生み出されたのではない．その才能が見い出された後は，同様の才能の持ち主同士で切磋琢磨する．そこに近代教育の入る余地は，ほとん

どない．ソフトウェア開発などでも似たような話を聞く．

近代教育が生み出してきたのは「そこそこ」知的な人材である．プログラム化された教育による訓練を受ければ，多くの人が，「そこそこ」知的な能力を身に付けることができた．そして，その能力は労働市場で価値があった．

しかしその「そこそこ」知的な能力を，コンピュータが持つようになる．その能力でできる仕事には，これからはコンピュータが従事する．とびきり優秀ではないが，まじめで，やる気があり，そこそこ知的な人材，彼らには，どういう仕事が残るのか．

データセンターの消費電力削減が急務

ビッグデータの処理には高性能なコンピュータが必要になる．ウェブ2.0時代の情報処理を実行するところがデータセンターである．グーグル，アマゾン，フェイスブックなどの大規模なインターネットサービス事業者は，巨大なデータセンターを世界中にいくつも持っている．

インターネットサービス事業が拡大するにつれ，データセンターが消費するエネルギーが無視できないレベルになってきた．ネット事業者は，ハードウェア技術，特にデータセンターの低消費電力化に強い関心を示す．それどころかグーグルは，スマートグリッド事業そのものに参入しようとしている [小笠原, 2009]．

データセンターのハードウェアコストそのものは，ムーアの法則が成り立つ限り，低下が期待できる．そうなると最大のコスト要因は，運営中の電力コストになる [村上, 2011]．

データセンターの消費電力のうちで，削減余地が大きいのはIT機器以外の部分だという [竹居ほか, 2012]．例えばIT機器が発生する熱を外部に逃がすための空調設備，こういったものが消費する電力が大きい．データセンター全体の消費電力をIT機器だけの消費電力で割った比をPUE（power usage effectiveness）と呼ぶ．このPUEをいかに小さくするか，これがデータセンターの電力コスト削減の指標となる．1.0が理想値である．

空調の消費電力を削減するには，空調設定温度を上げることが有効である．しかし温度が上がると，肝心のIT機器の寿命が短くなる．がんがん冷やしてIT機器を長く使うか，温度を上げて空調消費電力を下げ，IT機器は早めに取り替えるか．ここにまたムーアの法則が登場する．ハードウェアの性能は3年で4倍になる．ハードウェアは，どうせ数年で替えなければならない．それを前提に空調設定温度を最適化する．こういう考え方が要請されているという [村上, 2011]．

電力を供給するところでも工夫が進む．無停電電源に代わる蓄電池や直流給電などが，消費電力削減のために導入されている．さらには太陽電池などの再生可能エネルギー源を，データセンター敷地内に設置することも始まった [竹居ほか, 2012]．消費電力に占める再生

可能エネルギー比率の向上を，グーグルは目標としているという［村上，2011］．

16.4　オープンソース活動——衆知を集めて良質の知に転化

　不特定多数が情報を発信する．その情報をめぐって不特定多数がコメントを返す．そこからさらに情報の応酬が続いて，議論として発展していく．こうなると，それならいっそ，不特定多数を巻き込んで衆知を集めよう．こういう考えが出てくるだろう．これがオープンソース活動の本質である．

　ウェブ上にはすでに膨大な知識が蓄積されている．それを自分なりに整理して，他者と共有できるようになってきた．不特定多数の人間の知的交流が可能になったということである．それはまた，衆知を集めて良質の知に転化することが，ウェブ上で可能になってきたことを意味する．

オープンソース活動によるソフトウェア開発

　ある人が自分の書いたソフトウェアのソースコードを，ネット上に公開する．そうすると世界中の不特定多数のソフトウェア開発者（それを職業としている人とは限らない）が，自由にそれを改良する．結果を，またネットに公開する．これを繰り返し，積み上げていくことで，大規模なソフトウェアが短期間に開発される．こうしてでき上がったソフトウェアがリナックスである．

　以上の活動は，すべて無償で行われる．またソフトウェア本体はウェブに無償で公開されている．だから，この販売はビジネスにならない．けれども，すぐれたソフトウェアができたとなれば，それを基にビジネスを立ち上げることが可能になる．

　例えばソフトウェア本体が出来上がっていても，それを自分のパソコンにインストールするには専門的知識が必要な場合がある．そのインストールをサービスとして請け負うことがビジネスになり得る．周辺機器を動かすためのソフトウェアを開発し，この販売をビジネスにすることも考えられる．

　こうしてリナックス周辺には，かなりのビジネスが立ち上がった．もちろん実際には，もっと複雑で様々であり，非営利のネットワークコミュニティと営利企業が，どう連携するか，という本質的な問題が存在する［國領ほか，2000］．

ウィキペディア——編集への参加者が多くなるほど内容が良くなる

　オープンソース活動の成果として，私たちはすでに，少なくともリナックス（ソフトウェア）とウィキペディア（百科事典）という成功事例を手にしている．けれども「ウェブ上の情報なんて，衆知ではなく衆愚だ．専門家の介入なしに良質の知への転化なんてあり得ない」

という批判も根強い．

ウィキペディアは，誰もがネット上で編集に参加できる百科事典である．誰でも加筆修正ができる．しかしこの特徴によって「編集合戦」が起こることがある．

ある人Aが書いた内容を気に入らない別人Bが，書き換えてしまう．それをAが元に戻す．それをまたBが書き換える．こうなると収拾が付かない．こういうときに介入するのが「管理者」である．一時的に，その項目だけ閉鎖して編集を禁止する．論争が決着せず，そのままになる項目もある．

「それでも全体としては百科事典的ないい記事が増えている．良い方向に働く力が微妙に勝っている」．3年以上管理者を続けたプログラマの今泉誠は，そう語る．さらに「参加する人が多ければ多いほど，よりよくなると感じる」と続ける［安田, 2006］．

この言は，ネットの未来にとって本質的である．技術の進歩は必ず，ネット上の参加者を多くする方向に働く．一時的に混乱はあっても，良い方向の力が微妙に勝つ．そして参加者が多くなるほど良くなる．それならネットの未来は信ずるに足りるだろう．

ただし上に触れた「一時的混乱」が，どの程度の時間でおさまるのか，この問題は深刻である．最終的には不特定多数の知恵によって良い方向の力が勝つとしても，過渡的とはいえ一時的混乱が長く続けば，そのなかで生きる人間は傷つく．

16.5 民主主義や市場経済との関連——ご乱心の殿より衆愚がまし

不特定多数の集団が「賢い集団」であるための四つの要件

不特定多数は時に愚かで暴力的な集団と化す．比較的狭い空間のなかに多数のヒト[†]を閉じ込める．この空間を薄暗くしておいて，光・音・言語などの刺激をリズミカルに繰り返す．そうすると，ヒトの集団はかなりの確率で一種の「発作」を起こす．「発作」を「感動」と自覚することが少なくないらしい［開高, 1966］．この集団発作は，バッタやネズミなどの異常集団行動と近いだろう．ヒトという生物が，集団で生き残ってくる過程で，形成され継承されてきた生理的な性質の一つではないだろうか．

政治家は，ことに独裁的な政治家は，必ず上記の性質を操ろうとする．宗教も，この性質に働きかける．音楽や演劇も，ヒトのこの性質と関係しているに違いない．ウェブ空間における刺激によって，この集団発作を起こすことは可能だろうか．ネット上の暴力的な集団行動を散見すると，可能なのかもしれないと思う．

不特定多数のヒトの集団が「賢い集団」であるためには，次の四つの要件が満たされなければならないという［スロウィッキー, 2006, pp.27-28］．

　† 生物の一種としての人間を表記するときには，カタカナで「ヒト」と書く．

(1) 多様性（各人が独自の私的情報を持っている）
(2) 独立性（他者の考えに左右されない）
(3) 分散性（特化した身近な情報を利用できる）
(4) 集約性（個々人の判断を集計し集団としての一つの判断に集約するシステムの存在）

集約システムの一つが選挙だろう．検索エンジンも集約システムの一種だ．集約システムが存在していても，民主主義が機能するためには，多様性や独立性が担保されていなければならない．ネットが機能するための条件も同じだ．ここでメディア/ジャーナリズムの果たす役割は大きい．

ウェブ2.0は民主主義や市場経済に通ずる

不特定多数に信を置くという意味で，ウェブ2.0は民主主義に通ずる．実際グーグルはそのホームページで「Democracy on the web works」と宣言している．資本主義市場経済もまた近いところに位置している．共産主義という名の，エリート官僚による計画経済は，ほぼ100年をかけた実験の末，不特定多数の欲望にゆだねる市場主義経済に敗れ去った．

私たち一人ひとりの知識や判断能力は限られている．どうするか．賢人の知恵に頼るか，集団の知恵に頼るか．現実の社会システムは，いつだって両方に頼る．けれども人類の歴史は，大筋としては，集団の知恵に頼る方向に動いてきた．すなわち君主制より民主制，計画経済より市場経済，そしてウェブ2.0．人類が，すなわち不特定多数の人間が，長い時間をかけて選んできた歴史の方向，これこそが逆に，集団の知恵の確かさを照射する．

ネット社会の安定性と創造性の源は古典

インターネットがインフラストラクチャとなった社会では，個人も組織もネットを介して激しく情報交換する．こういう社会が安定的で創造的であるためには，古典とウェブ間の情報交換が重要だという指摘がある［田中，1996］．

少し寄り道する．芸術や飲み食いに関する感覚的価値評価（良い，悪い，うまい，まずい，など）は，個々には主観的だ．その主観は人によってまったく違うかというと，事実はそうではない．

例えば，あまり絵を見たことのない人の間では，評価の違いが大きい．最初のうちは「好き嫌い」しかいえない．その好き嫌いは人によってずいぶん違う．けれども絵を見る経験が進むにつれて，こういう考えが生じる．「良い絵だとは思うよ．だけど好きになれないんだよね」．

最初のうちは「好き嫌い」だけで見ていたのに，だんだん「良い悪い」という価値が分離されてくるのである．そして，たくさんの絵を見た人の間では，「良い悪い」に関しては，意見が一致することが多くなる．「この個人的な任意な評価の動きは，一見混乱をもたらす

が如く思はれるが，事実はさうではなく，ゆっくりとした時間をかけて，ある秩序を形成していくのである」［小林，1966］．

なぜそうなるのか．「人間の感覚，感受性には，共通の性質があって，訓練の過程を通じ，その共通面が次第に表へ出てくるからであろう」［加藤，1979a］．この性質もまた，生物としてのヒトに組み込まれている．刺激に反応して発作を起こす性質と，経験を積み重ねることによって質（良い悪い）の評価が一致してくる性質は，いずれもヒトに生得的に備わっているらしい．

古典とは，ヒトに共通する「質を評価する能力」によって選ばれた作品群である．不特定多数の人間が，長い時間をかけ，評価を積み重ね，濾過して残した作品，それが古典だ．そして創造性の高い社会とは，古典を尊び訓練を重んじる社会である［加藤，1979b］．

集団のメンバーが古典を学び，古典的名品の価値を知っていて，光や音の刺激（絵画や音楽も含まれる）の「善しあし」を見分け聞き分ける能力を身に付けていれば，閉鎖的な集団が暴走するおそれも小さくなるだろう．古典的名品の価値は，集団を超えて人類に共通するからである．

ウェブと古典の接触を保ち，ウェブと古典の間の情報交換を盛んにすること，これがネット社会の安定性と創造性のためには重要である［田中，1996］．その古典までをディジタル化し検索しつくそうとするグーグルの意志，おそるべし．

ご乱心の殿より衆愚がまし

民主主義はもともと最良解を保証するシステムではない．堯や舜（中国の伝説的名君）が常にいるのなら，名君にまかせたほうがよいに決まっている．けれども生身の名君は必ず乱心する．「ご乱心の殿より衆愚がまし」．これが民主主義だと私は思う．

「一人の人間より多くの人間が集まったほうが知識も知恵もあり，選択の結果より選択した議員の数が英知の証だ」．この観念が米国民主主義の基礎にある［トクヴィル，2004, p.141］．それはアメリカの建国の父たちが，「アメリカが今よりよい国になる」ための制度整備より，「アメリカが今より悪いことにならない」ための制度整備に腐心したからだという．そしてそのためには「多数の愚者が支配するシステム」のほうが「少数の賢者が支配するシステム」より有効だろうと建国の父たちは判断した［内田，2005, pp.115-116］．

すでに触れたように人類は長期的には，「少数の賢者が支配するシステム」より「多数の愚者が支配するシステム」，すなわち民主主義を選んできた．ウェブ2.0段階に達したインターネットも，不特定多数に，すなわち「多数の愚者が支配するシステム」に信を置く．その意味でウェブ2.0は民主主義と相通じている．

17. メディアルネサンス

　本書第Ｉ部2章「電気通信とメディアの形成」は，メディア誕生の物語だった（メディアネサンス）．21世紀の現在，インターネットが社会のインフラストラクチャとして定着した．文字，音声，映像などなど，すべての情報をディジタル化し，インターネットを介して発信し，受信することが可能である．前章で述べたウェブ2.0は，メディアへの影響が最も大きい．20世紀に形成されたメディア秩序は，新聞や書籍などの印刷メディアを含め，インターネットによって解体され，再編される（メディアルネサンス）．しかし現状は，まだ混沌としている．メディアルネサンスは，これからだ．

17.1　メディアとしての電話

携帯電話とインターネット電話の増加

　メディアとしての電話の社会的位置は，なかなか定まらなかったと2章で述べた．用件を手短に伝えるための道具，ニュースや娯楽番組のための有線放送，農村コミュニティメディアとしての有線放送電話など，様々な目的に電話は使われてきた．

　日本では電話の普及は遅い．「誰の家にも電話がある」ようになったのは1980年代からである．昔は固定電話への加入を申し込んでも，なかなか設置してもらえなかった．その固定電話を，申し込みさえしない人が増えている．「携帯電話があれば固定電話はいらない」．そう考える人は増加の一途だ（図13.3）．

　携帯電話の普及は，発展途上国で著しい．有線電話のインフラストラクチャ整備の前に，無線携帯電話が普及し，不可欠のコミュニケーション手段となりつつある．

　インターネット電話の利用者も増えている（図13.3）．モバイル機器向けの無料インターネット電話サービスも人気を集める．

道具からメディアへ電話の性格が変わる

　電話が家庭に普及し始めた当初，電話機は玄関，それも下駄箱の上などに置かれた．家族共同体と外部とが接する境界，そこが電話の定位置だった．以後次第に，応接間，台所，居間など，家族共同体の中心部へ移動する．コードレス電話になると，寝室，子供部屋など，

個々人の生活空間に移る［吉見ほか，1992，pp.64-65］．その先に携帯電話があり，個人の肉体と密着する．この電話の置かれる位置の変化は，「用件を手短に伝えるための道具」から「おしゃべりを楽しむためのメディア」へ，電話が性格を変えていく過程に対応している［吉見ほか，1992，pp.42-49］．

しかし個人化が携帯電話で完成したとき，電話機は単に「おしゃべりを楽しむためのメディア」ではなくなった．スマートフォンなどを含めた携帯電話で，電子メールをやりとりし，インターネットにアクセスする．音声通話という電話の基本機能は，現在のモバイル電話機では，数ある機能のうちの一つにすぎない．インターネットをインフラとする社会で，電話がどんなメディアとなるのか，実験は，まだ始まったばかりだ．そしていま，産業的には伸び盛りである．

17.2 オーディオはメディアルネサンスの実験場

いつも音楽のある暮らしが団塊の世代に定着

「レコードで音楽を聞く」という習慣は，20世紀前半に，すでに定着している．20世紀後半には，様々なオーディオ機器が，「団塊の世代」という大市場を発見する．大人口集団である団塊の世代（1947〜1950年生まれ）が，10代後半に達したのは，1960年代後半である．団塊の世代をマーケットにしてオーディオ関連製品の生産が伸びる．「ステレオで音楽を聴く，いつも音楽を聴きながら過ごす」というライフスタイルが，団塊の世代に定着していく．

米国でもこの世代は，ベビーブーマ世代と呼ばれ，大人口集団を形成している．そこを市場に，日本のオーディオ機器の輸出が大いに伸びた．

このころになると，音楽産業の存在感が大きくなる．そしてレコード会社が音楽産業の中核となっていく．レコードを製造・販売するだけでなく，新人アーティストの発掘・育成から，小売店などへの営業まで，音楽産業のほとんどの過程を，レコード会社が仕切る［小柴，2010］．ライブ（実演）ビジネスにもレコード会社は大きな影響力を持っていた．アーティストの発掘・育成をレコード会社が担っていたからである．

ウォークマンによる音楽との新しい接し方

「いつも音楽を聴きながら過ごす」というライフスタイルは，1979年登場の「ウォークマン」によって一つの極点に達する．「ウォークマン」はカセットテーププレーヤだが，歩きながら聴き続けることのできるオーディオ機器である．これが世界の若者のライススタイルに大きな影響を与える．音楽との接触は時と場所とを選ばなくなる．また極めて個人的になる．

後年この分野に，iPodなどが加わり，爆発的に普及する．電車のなかで，あるいは歩い

たり走ったりしながら音楽を聴いている人々は，世界中でありふれた光景となった．

CD はレコードの後継者として普及

音楽用 CD の登場は 1982 年である．レーザ光を用い，ディスク面に機械的に触れることなくディジタル信号を読み出す．規格の音頭をとったのはコンパクトカセットテープのときと同じく，オランダ・フィリップス社である．

CD の普及は急速だった．CD は社会的に，LP レコードの正当な後継者として認知される．「レコードで音楽を聴く」という習慣を何ら変えることなく，「CD で音楽を聴く」ことができた．

CD 生産の減少と音楽産業構造転換の序章

CD を中心とする音楽ソフトの生産金額が，日本では 1998 年以後，減少を続けている（**図17.1**）［日本レコード協会，2013］．最初は CD の違法コピーが社会的に問題となる．CD から CD-R へのコピーから始まり，次に音楽 CD をパソコンにファイルとして保存するようになる．これらのファイルは，やがてインターネットに出回り，楽曲データを「交換・共有」する行為が誕生する［小柴，2010］．

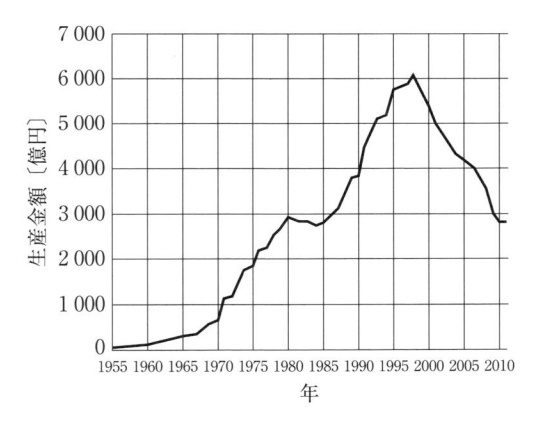

図 17.1　国内音楽ソフトの生産金額推移（資料：日本レコード協会「音楽ソフト種類別生産金額の推移」，2013 年 02 月）

問題の本質はネットへのアップロードにある．これはウェブ 2.0 的な行為である．自分が気に入った曲を，他の人にも聞いてほしくてネットにアップする．検索エンジンなどを介して，これがしかるべき受け手に届く．その連鎖は，楽曲評価における共感ネットワークを形成する．オーディエンスによる評価の発信は，やがてメディアの本質を変えていくことになる．

音楽配信サービスの確立

音楽ソフト生産が衰退し始めたことがきっかけで，日本では1999年，実験的に音楽配信が始まった．同年，携帯電話向けのインターネットサービス「iモード」も始まり，各携帯電話キャリヤが「着信メロディ（着メロ）」に力を入れる．

2001年に米アップルコンピュータは「iPod」を発売，続いて2003年には音楽配信サービス「iTunes Music Store（iTMS）」を立ち上げる．日本上陸は2005年である．iTMSは日本でも成功し，音楽配信サービスの主導権を握る．

音楽配信サービスと，レコードやCDなどでは，コスト構造が違う．CDなどは「規模の経済」に支配される．CDなどがヒットして売上枚数が大きくなるとレコード会社は大きな利益を得る．

これに対してインターネット配信の費用は小さい．中間業者を介する流通経路も必要としない．在庫コストもかからない．一方，個々の配信サービス代金は少額だ．多数の顧客による多数のダウンロードが音楽配信サービスを支える．音楽配信は「ロングテール効果」ビジネスの一種である．

音楽配信サービスの確立と，それに伴うビジネスモデルの変化は，日本の音楽産業の再編成や人員整理を招く．また著作権の処理において，「複製の防止」より，ビジネスを再構築して利益を得るための「制度設計」へ，業界の努力の方向がシフトする［小柴, 2010］.

誰もが自分の演奏をネットに発信できる

自らの演奏をインターネットにアップロードすることは，技術と費用の両面で，難しいことではなくなった．このネット上の音楽は，誰でも聞ける．こうして不特定多数の演奏家と，不特定多数の聞き手が，ネットを介して結び付く．

CDなどではレコード会社と評論家というプロが，演奏家を事前審査する．プロの審査をパスした演奏家だけが，レコード会社のプロモーションによって，CDを販売でき，ライブ演奏も可能になる．

ウェブ2.0の世界では，だれもがネットに演奏を発信できる．そこに事前審査はない．しかし不特定多数のオーディエンスによる事後評価は存在する．検索エンジンなどによって選ばれた演奏は，無数の聞き手によって評価され，自然にランキングなどもできていく．

評価の評価も行われる．ブログやSNSなどに発信される評価は，音楽愛好家による「評価の評価」を受け，「あの評価者は信頼できる」といった評判を形成する．こうして優れた評価者は，かつての音楽評論家の役割を果たすようになる．書評などでも同様である．

少数の専門家による事前審査から不特定多数による事後評価へ，これはインターネット時代のメディアに共通する．音楽メディアも例外ではない．というより，音楽メディアこそ，

その先駆けである．

　問題はビジネスモデルをどう構築するかだ．これについては模索が続く．ネット配信を有料化，ネット配信を宣伝と考えて実演で稼ぐ，テレビやラジオなどの旧来メディアに出演してギャラをもらう，ほかに仕事を持ち音楽は副業とする，などなど．しかしこの状況は，インターネット以前と変わっていないともいえる．音楽だけで「食える」アーティストは，古来，そうたくさんいたわけではない．

　そうはいっても，演奏者と聞き手を媒介していた組織，すなわちレコード会社を中核とする音楽関連企業，ここへの影響は大きいだろう．演奏者と聞き手を媒介するのは，検索エンジンやSNSなどを提供するインターネット関連企業になってしまうからである．

17.3　テレビの来し方行く末

「テープで動画を見る」習慣がVTRによって1980年代に確立

　「レコードで音楽を聞く」習慣は，ラジオ放送の普及と同じころに確立している．テレビには，このレコードに相当するパッケージメディアは存在しなかった．この状況を克服すべく，1960年ごろから，米国のRCA，ドイツのテレフンケン，オランダのフィリップスなどが，「絵の出るレコード」（ビデオディスク）の開発を始める［神尾, 1995, pp.12-13］．しかし「絵の出るレコード」の前に，磁気テープに録画するビデオテープレコーダ（VTR）が市場を席巻してしまう．

　VTRの開発は1950年代の米国で始まる．1950年代後半にはテレビ放送にVTRが使われ始める［菅谷, 1995年］．このVTRを日本の家電メーカーが家庭向けにする．欧米のメーカーがビデオディスクに血道を上げている間に，家庭用VTRを完成してしまう．1975年にベータマックス（ベータ）方式をソニーが発売，翌1976年には日本ビクターがVHS方式を発売する．

　VTRは最初，テレビ放送の録画再生に主に用いられた．殊に米国では時差を克服する「タイムシフトマシン」として歓迎される．しかしやがて，録画済みのテープをレンタルまたは購入して鑑賞する使い方のほうが主流になっていく．「レコードで音楽を聞く」のと同様の「テープで動画を見る」習慣が，1980年代にVTRで一般化する．

「レコードで映像を見る」習慣はDVDに至って実現

　ビデオディスクのほうはどうなったか．米RCA社は1981年には市販にこぎつける．しかし早くも3年後の1984年にはビデオディスク事業から撤退する．その2年後，1986年にはRCA社そのものがこの世から消える．この名門企業の消滅には，ビデオディスク事業の

失敗が影響している．

　光方式のビデオディスクは，しばらくレーザーディスクの名で販売されていた．しかしやがて DVD（digital versatile disc）が登場する．この DVD によって，「レコードで映像を見る」習慣は，ようやく一般化した．さらにその後，青色レーザを用いる高密度のブルーレイディスクが，動画用には主役になりつつある．

　2010 年以後の録画機は，ブルーレイディスクの再生・録画機能を持つと同時に，大容量のハードディスクを内蔵している．放送中のテレビ番組を，何日分か全チャネル録画してしまう，という使い方が可能になってきた．後で視聴する際には，検索機能によって好みの番組を選び出す．これはテレビ視聴者の行動を変える．特に広告（CM）への影響は大きいだろう．

iPad とパソコンがあるからテレビなんかいらない

　現在の 18 歳以下の世代が一人暮らしを始める際，「iPad とパソコンがあるからテレビなんかいらない」と決定するだろうという意見がある．テレビ放送（地上波放送，ケーブルテレビ，衛星放送）は，死滅に向かっている．この著者は，そう言い切る［ライヤン，2011］．

　実際，若年層はテレビ放送を，リアルタイムではあまり見ていない．様々な形でインターネットに配信された番組を，後で見ていることが多い．

　テレビ放送を，放送されているときに見る時間は減少している．インターネット配信された番組を別の時間に見るからである．もう一つ，DVD を見ている間はテレビ放送を見るわけにはいかない．ビデオゲームをテレビにつないで遊んでいるときにも，放送は見られない．

　こうして人々は定時放送の番組表に拘束されなくなる．実は無線技術は，定時放送によって送り手と受け手が「番組表」を共有したときに，ラジオ放送というメディアになった（2章）．そしてテレビはラジオの正当な後継者だった．VTR や DVD，テレビゲーム，さらにはインターネットは，人々の行動を「番組表」から解き放つ．

　この視聴スタイルの変化を最も直接的に受けるのは，広告である．広告収入が減って，テレビ放送局の経営が困難になること，ここにインターネットの最大の影響がある．ただし広告へのインターネットの影響は，テレビにとどまらない．新聞などへの影響も深刻である．既存メディアの広告へのインターネットの影響については，以下に別の形で考えることにしたい．

17.4　新聞やテレビの広告依存型ビジネスモデルが存続困難に

ネットが旧来メディアの広告収入を減らす

　メディア企業の最大の収入源は広告である．ことに米国では，テレビ局だけでなく新聞も広告収入に依存している．

　新聞や雑誌なら読者数，テレビなら視聴率に応じて広告費を設定する．読者の何人がその広告を見たか，視聴者の何パーセントがCMに反応したか，それがわからないまま広告主は広告費を出してきた．この「魔法」［オーレッタ，2010］を，インターネットは壊してしまった．

　ネットは広告料金をクリック数に比例させ，広告に反応した人たちの属性を，クッキー（ネットユーザーのネット上での活動の記録）などから分析し，広告主に提供する．真実を知ってしまった広告主は，旧メディアには戻らない．日本でも，広告収入は，ネットのほうが新聞より多くなっている．

　2012年の日本の広告費は，テレビ1兆7 757億円，新聞6 242億円，雑誌2 551億円，ラジオ1 246億円に対し，インターネットは8 680億円である（電通「2012年 日本の広告費」）．世界全体では，テレビ1 976億ドル，新聞932億ドル，雑誌432億ドル，インターネット886億ドルと推定されている（ZenithOptimedia社調べ）．

　クリック数比例の広告単価は高くない．分野を限った特定少数に向けた広告なら，安い広告費と高い広告効果が両立する．安い広告料金しか出せない広告主からの広告をたくさん集めることによって，ネット企業は広告収入を確保できる（ロングテール効果）．旧来の新聞や雑誌では，ページ当りの広告料金の高さがステータスだった．ネット広告は，この点で旧来メディアと違う．

　広告業界には仲介の仕事がある．広告代理店が代表的だ．メディアに対して広告代理店は，大きな影響力を持っていた．ところがネットは仲介業者の仕事を不要にしてしまう．

　ネット広告では，ソフトウェアが自動的に広告主とメディア（ホームページやブログなど）をつなぐ．グーグルはメディアであり，同時に広告代理店でもある．

広告依存型の旧来メディアは存続困難になりつつある

　米国では多くの新聞社が広告収入の減少で破綻に追い込まれている．破綻には至っていなくても，海外支局の閉鎖，地方支局の縮小などは，珍しくもない．多数のジャーナリストが職を失っている．もちろん，ネット配信の有料化，ネット版への広告誘導，一部記事のアウトソーシングと，それを受注する企業の設立など，様々な努力・試みが進行中だ．このあたりの米国の新聞事情については，［大治，2009～2011］が詳しい．

それでも米国では，紙の新聞が立ち行かなくなることは，共通認識になっている．広告収入だけに依存するテレビ放送にも，同じ運命が待ちかまえている．

17.5　プロによるジャーナリズム不在は民主主義の危機

ネットなら誰もがジャーナリストになれる

　ウェブ 2.0 の世界では，誰でも情報発信できる．ブログやツィッターなら，報道機関に所属しなくてもニュースを発信できる．不特定多数の素人の情報発信でも，それらを検索エンジンや SNS で集約し，不特定多数の事後評価を総合すれば，それなりの信頼性が出てくる．音楽メディアなどについて，すでに述べたとおりである．ここから，伝統メディア企業と，それらの企業が抱えるプロのジャーナリスト集団を，不要とする考えが出てくる．

　一般論として，ディジタル技術はプロの職を奪うことが少なくない．例えばネットでは広告仲介業が不要になる．ディジタルカメラによって，プロのカメラマンの仕事が減っている．新聞社では，記者にカメラを持たせ，写真どころか動画まで撮影させている．雑誌レイアウトも，パソコンとソフトウェアで，専門家でなくてもできるようになった．たしかに初期には「質」に問題がある．けれどもしばらくすると，技術の進歩が「質」の問題を解決することが多い．

公権力の監視と批判はプロでないと難しい

　ジャーナリズムの存在意義を煎じ詰めると，最後に残るのは，公権力の監視と批判である．それは民主主義に不可欠だ．常時監視されていることを，公権力に意識させなければならない．監視されていない権力は，必ず腐敗する．公権力を「常時」監視し続けるためには，その仕事を職業とする人がいる．その仕事は，他の職業の片手間では難しい．

　この公権力の監視と批判には調査報道が欠かせない．そこでは，ジャーナリストがチームを組んで仕事をする必要がある．そのためにはジャーナリストが，その本業で生活できなければならない．またチームを組んで調査するには費用もかかる．

　「公権力を監視・批判するプロのジャーナリスト集団を，どうしたら維持できるか」．これが，インターネットによるジャーナリズムの危機の本質，私はそう考えている．紙の新聞がなくなること，媒体が紙やテレビからネットに移ること，これらは危機の本質ではない．

米国では NPO が担う動き

　米国では寄付ベースの財団の支援を受け，非営利組織（NPO）がジャーナリズムを担う動きがある．民主主義維持に不可欠なジャーナリズムを支援するためには，寄付をいとわない．そう考える人たちが，米国には一定数存在するらしい．

その変種として，大学がジャーナリズム機能を持つ例もある．ジャーナリスト養成コースを持っている大学が，メディアを持ち，情報発信を行う．うまくいけば，卒業生の就職先にもなる．ここでも寄付が大きな役割を果たしている．もともと米国では大学の財源として，寄付の比重が高い．大学発ジャーナリズムも，その延長上にある．

出版などを含めて考えると，インターネット時代のジャーナリズム活動の資金には，多様な可能性がある．個々には少額の資金を，大勢の人から集める，いわゆるクラウドファンディングの可能性である．ロングテール効果の一種ともいえる．

私自身，福島第一原子力発電所の事故を調査・出版するプロジェクトに参加し，そのための費用を不特定多数からの寄付に頼るという経験をした［FUKUSHIMA プロジェクト委員会, 2012］．烏賀陽弘道は取材結果をネットに公開し，読んだうえで好きな金額を払ってもらうというやり方で，それなりの収入を得たという［西村×烏賀陽, 2011］．烏賀陽はこれを「投げ銭」方式と呼んでいる．

日本では米国ほど危機が顕在化していない

日本の新聞社や放送局も広告減少には苦しんでいる．しかし米国ほどには危機が顕在化していない．理由の一つは，日本の新聞社は購読料収入が米国の新聞より多いことだ．宅配制度のおかげである．しかし日本でも間もなく危機は顕在化するだろう．若年層は新聞をとっていない．

テレビも民間放送は，米国と同様の危機に至るおそれはある．ただ米国と違い，日本にはNHKが存在している．NHKは世界最大の有料テレビ放送局である．NHKは財政面では健全であり，制作費も潤沢だ．ただしNHKはジャーナリズムとして健全か，という問題はある．NHKは財政面でも内容面でも政府の影響を排除しにくい．これはヨーロッパの国営放送にも共通する問題である．

日本のジャーナリズムのあり方には，インターネットの影響とは別の批判が少なくない［ファクラー, 2012］．ここでは，いくつか例を挙げるにとどめる．いずれも公権力批判というジャーナリズム本来の機能発揮の妨げになっている．

- ▶ 記者クラブが公権力と大メディアの相互扶助機関となっている．
- ▶ ジャーナリストとしての行動より，所属会社の社員としての行動を優先する．
- ▶ 発表報道が多く，署名記事が少ない．

18. インターネット時代の研究開発モデル

18.1 営利企業における研究開発の意味

優秀企業における目的と手段の逆説

　営利企業は何のために研究開発をするのだろうか．その前に，営利企業（会社）の目的は利益をあげること，すなわち金儲け，そう言い切っていいか．

　安定的に利益を上げ続けている優秀企業は，利益を目的にしていない．そういう調査結果がある［新原, 2003］．「世のため人のため」という社会貢献を企業文化として持っていること，これが優秀企業であるための条件だという．金儲けそのものを目的にしている会社は，顧客の信を得られず，社員のモラルを維持できず，目的であるはずの金儲けができなくなる．

　しかし社会貢献（顧客への価値提供）を続けるためには，利益を出し続けなければならない．利益を出さないと会社はつぶれ，目的の社会貢献ができなくなる．この逆説は痛切だ．金儲けを目的とすれば金儲けができない．社会貢献を続けるためには，金儲けを続けなければならない．

　この優秀企業の目的と手段に，研究開発活動はどう関係するか．顧客に提供すべき新しい価値（企業目的としての社会貢献）を実現すること，これが研究開発の役割となる．それは新製品や新サービスとなって市場に投入され，顧客に評価される．

　営利企業の本業である以上，「世のため人のため」であっても，市場で顧客に評価され，結果として利益を上げなければならない．利益が上がらないと，その事業を続けることができず，結果として，その新しい価値を顧客に提供できなくなるからである．となるとやはり，営利企業における研究開発は，何らかの形でその企業の利益に貢献しなければならない．

未来の価値を先取りする行為が研究開発活動

　次に，利益について考えよう．どうすれば利益が得られるか．安く仕入れて高く売る．これが利益を生み出す行動の基本だ．別の表現をすると，資本主義における利潤は，価値体系と価値体系の間にある差異から生み出される［岩井, 1985, p.50］．

　遠隔地貿易では，地域的に離れた二つの共同体の間の価値体系の差異を媒介して利潤を生み出す．しかし貿易商の間に競争があると，仕入れ値は上がり，売値は下がって利潤が出な

くなる．二つの価値体系の間にあった差異がなくなり，利潤が生じなくなった状態，これが平衡状態である．すなわち平衡状態に達した経済システムは利潤を生まない．そうなったら，また新たな差異を探し求める．資本主義は「けっして静態的たりえないもの」である［シュムペーター，1995，p.129］．

　研究開発が利益に貢献するためには，何らかの差異を研究開発が創り出さなければならない．それはどんな差異か．新技術や新製品は，未来の価値体系の先取りと解釈することができる．「未来の価値体系」と「現在の市場で成立している価値体系」の間の差異，これが研究開発の創り出す差異，そう考えることができるという［岩井，1985，p.50］．

　研究開発がもたらす未来の価値体系とは，つまるところ知識である．他者より先に新知識を獲得し，その新知識に基づいて新製品や新サービスを市場に提供する．新知識が利潤の源泉だ．

企業家の遂行する新結合が利潤をもたらす

　利潤を生み出すためには，「未来価値を他者より先に知る」だけでは十分ではない．未来の価値体系を，現在価値で成立している市場に「媒介」しなければならない［岩井，1985，p.50］．例えば製品という形に未来の価値体系を具現化し，顧客が市場で買える状態にする必要がある．これを遂行する経済主体が企業家†である．

　利潤をもたらす上記の行為の本質，それは「われわれの利用し得るいろいろな物や力の結合の変更」にあるとシュムペーターは主張し，これを「新結合」と名付けた［シュムペーター，1977，（上），p.182］．このシュムペーターの新結合こそ，イノベーションの原型である．そして「新結合の遂行をみずからの機能とする経済主体が企業家である」［シュムペーター，1977，（上），p.213］．

イノベーションは技術革新ではない

　新結合遂行の例としてシュムペーターは五つの場合を挙げる［シュムペーター，1977，（上），p.183］．以下はその要約である．

（1）　新しい財貨（新製品など）の生産・販売

（2）　新製法の導入（科学的に新しい方法に基づく必要はない）

---

†　フランス語起源の entrepreneur の訳語として本書は「企業家」をあてる．近年，一番使われているのは「起業家」かもしれない．「それでは本来の『アントルプルヌア』の意味を限定しすぎてしまう．企業内にいようと科学者であろうと新たな組合せを企てるすべての人々がアントルプルヌアであり，その意味で「企業家」という翻訳が正しいと思う」［米倉，1999，p.8］という意見に従って，本書は「企業家」を用いる．清成忠男編訳『企業家とは何か』［清成，1998，pp.ⅱ-ⅲ］でも，Unternehmer および entrepreneur に「企業家」をあてている．

　フランス語 entrepreneur の entre の原義は，英語の between であり，preneur は英語の taker にあたる．直訳すれば，entrepreneur とは「間をとる人」であり，まさに「媒介」する人である．

(3) 新しい販路の開拓
(4) 原料あるいは半製品の新しい供給源の獲得
(5) 新しい組織の実現

日本ではイノベーションの訳語に「技術革新」が長くあてられてきた．しかしシュムペーター自身が挙げる上記の五つの新結合と，技術革新という日本語の持つ雰囲気はかなり違う．上記の (3)〜(5) などは，現代用語でいえば「ビジネスモデルの革新」だろう．

シュムペーターはこうも書いている．「経済的に最適の結合と技術的に最も完全な結合とは必ずしも一致せず，極めてしばしば相反するのであって，しかもその理由は無知や怠慢のためではなくて，正しく認識された条件に経済が適応するためである」[シュムペーター，1977，(上)，p.81]．

イノベーションは技術革新ではない．既存の物や力の組合せ方を革新し，経済的あるいは社会的価値を実現する行為である．新しい物や力（要素）を創造するだけではイノベーションとはいえない．要素の組合せを変え，経済的・社会的価値を創造すること，これがイノベーションである．それぞれの要素は既存のものでかまわない．蒸気機関車の発明はイノベーションではない．蒸気機関車の発明を知って鉄道という社会システムを実現すること，これがイノベーションである．

18.2 「中央研究所の時代」の興隆と衰退

企業家→大企業→企業家

電子情報通信分野では，19 世紀から 20 世紀に移るころに画期的な発明が相次いだ．これらの発明のほとんどは，個人発明家（例えばエジソン）や別に職業を持ったアマチュアが成し遂げている．当時の大企業は，ヨーロッパからの製品輸入や技術導入に頼っていた．加えて個人発明家から技術を買うこともあった．大企業自身はサービス業（鉄道運営や電信配信など）に専念する．これが第 1 次世界大戦以前には一般的である．

第 1 次世界大戦（1914〜1917 年）のころから米国で大企業体制が発展する [米倉，1999]．この資本主義の発展に対応して，イノベーションの担い手が企業家から大企業に移る．

大企業から再び企業家へ，この傾向が 1980 年ごろから顕著になる．イノベーションの担い手における上記の推移と，企業の研究開発体制の推移には対応関係がある．これを米国企業についてまとめてみたのが**表 18.1** である．研究開発の担い手は，個人発明家（第 1 期）から，大企業（第 2 期）へ，そして大学や企業家（第 3 期）へと移る．第 2 期が「中央研究所[†(次ページ参照)]の時代」である．

表 18.1　米国産業界における研究開発スタイルの変遷

年代	大企業の役割	イノベーションの担い手	特許などの知的資産の役割
〜1920	サービス業的	個人発明家	売る（licensing）
1920〜1980	製造業的	大企業の中央研究所	自社で作る（proprietary）
1980〜	サービス業的	企業家＋大学	交換し合う（licensing）

ナイロンがリニアモデル神話を生み出す

　第1次世界大戦の前後に，米国では研究所を持つ企業が増える．そしてデュポン（E.I. du Pont de Nemours & Co.）の中央研究所が大ヒット商品，ナイロンを生み出す．これが企業の研究のあり方を変える［ハウンシェル，1998, pp.63-66］．

　ナイロンの成功によって，企業における研究所の公式ができ上がる．「世界に通用する基礎的な科学研究を行え．そうすれば重要な新製品を見い出すことができ，商品化して大きな利益を上げられるだろう．なぜならその商品を完全に独占できるからである」．

　これが研究開発におけるリニアモデル（図18.1）の原型である．そのリニアモデルについて述べる前に，上記の公式の最後の部分「その商品を完全に独占できる」というところに注意したい．

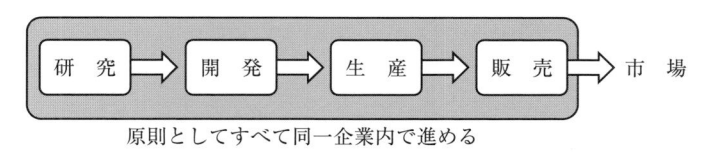

研　究 → 開　発 → 生　産 → 販　売 → 市　場
原則としてすべて同一企業内で進める

図 18.1　リニアモデル

　個人発明家は研究開発成果を特許などにしたうえで，それを売る（ライセンスする）ことによって経済的利益を上げようとした．ナイロンの成功は，自社開発の技術を，自社で独占的に商品化できたときの利益の大きさを，米国企業に教える．「特許を売って利益を得ようとする個人発明家の時代」から「企業内研究所で開発した技術をその企業が商品化する時代」へ，この転換がナイロンによって引き起こされた．1980年代には，また反転する（表18.1）．

リニアモデル神話と科学優位主義

　リニアモデルにおける「研究→開発→生産→販売」（図18.1）は，「科学→技術→産業」

---

†（前ページの脚注）　組織名称は企業によって様々だが，ここでは中央研究所で代表させる．特定の事業部などに属さず，全社レベルでの研究開発を行う組織を指す．Corporate Laboratory もほぼ同じ意味で使われる．現在の事業に直接関係する研究開発ではなく，将来の事業の種となるような研究を行うことが期待されていた．

と同型である．この関係は科学を技術の上位に置く．

ヨーロッパでは伝統的に科学と技術を区別し，科学を技術の上に置く．この科学優位主義は古代ギリシャに遡る．古代ギリシャ世界は，知識と技術を分離し，技術を知識の下位に置いた［村上，1986, pp.72-83］．この「知識」は後年の「科学」に相当する．

リニアモデルは科学研究を産業技術の源泉とし，技術を科学の応用と位置付ける．しかし科学の応用としての技術は，技術のうちの一部に過ぎない．そもそも科学の歴史より，技術の歴史のほうが，はるかに長い．「いかなる意味でも科学を持たない人間は十分考えられるが，いかなる意味においても技術を持たない人間を想像することは不可能といってよい」［村上，1986, p.22］．

しかし第2次世界大戦後の米国は，リニアモデルを信じた時代であり，科学優位主義の時代だった．ブッシュ（Vannevar Bush）は1945年7月に「科学——果てしなきフロンティア」［Bush, 1945］と題する報告書を大統領に提出した．「『純粋科学』のための制度を設立して支援すれば，新技術という尽きることのない恵みを収穫できるだろう．新技術はアメリカ人の重荷を軽くし，米国には富を，世界には安定をもたらす」．この露骨な科学優位主義は，米国に住んだ日本人研究者に，次のような感想をもたらす．

「私がアメリカに初めて行ったころ，気が付いたことは，サイエンスとエンジニアリングの間に一種の階層があり，サイエンスが上でエンジニアリングが下という発想が非常に強かった．企業の研究所に行くと，タイトルとして『サイエンティスト』と『エンジニア』があり，だいたいエンジニアのほうが下というところが多い」［金出，1998］．

中央研究所の成果を1社で独占することは難しい

1950～1960年代が米国産業界における中央研究所の黄金時代である．日本における最初の中央研究所ブーム（1960年代）は，この時代の米国の影響の下で起こる．実際，日本企業の研究所は，エレクトロニクス分野では，ベル研究所，IBMのワトソン研究所，RCAのプリンストン研究所など，米国の研究所をながくモデルにしてきた．一時期，これらの米国の企業研究所は非常に基礎的な研究にも手を出し，大きな業績を上げ，多数のノーベル賞受賞者を輩出した．

しかしRCAは会社そのものが既にない．IBMは基礎物理への研究投資を事実上やめる．AT&Tも分割の後に別の事業形態に変身し，ベル研究所の組織も内容も大きく変わる．基礎研究にいそしんだのは遠い昔の夢となる．日本企業があこがれた米国大企業の研究所は，日本の中央研究所より一足先に様変わりしてしまった．

先を急ぎすぎた．1970年代以後，世界市場での競争が米国企業にとって厳しくなる．経営者や株主は研究への投資を，経済効果の観点から見直し始める．中央研究所への投資は，

企業の利益にも，市場シェアにもつながっていないのではないか．こういう疑問が広がる．

　中央研究所の研究成果は，もともと社内に閉じ込めにくい．新知識が他社にあふれ出やすいこと，これは，社会全体の経済成長には良いことである．複数の企業や業界全体に広く普及する研究成果ほど，投資回収率は高い［ローゼンブルームほか，1998, p.11］．ただし，この投資回収率の高さは，社会全体にとってであって，投資した当該企業にとってではない．

　これは外部性の一種だ．企業の研究への投資を経済行為とすれば，経済行為の当事者の外部に，影響が及んでいる．外部性の大きい基礎研究は営利企業にはなじまない．投資した企業は成果を専有できず，出資者に利益を還元できないからである．けれども成果の公共的価値は大きい．そうであれば，この種の研究には公的資金を投入し，大学などの非営利組織で行うべきだ．こういう考えが出てくるだろう．基礎研究に公的資金を投入する根拠の一つである．

　ただし，その公共的価値を経済的価値として具現化するためには，研究コミュニティの外に研究成果を「媒介」しなければならない（前述）．それには企業家による営利活動が必要である．すなわち産学連携，あるいは大学発ベンチャー．これについては後でもう一度考える．

PARCの栄光と挫折

　社会への貢献は大きかったが，当該企業にとっての経済効果は乏しかった中央研究所，その典型が，米ゼロックス社のパロアルト研究所（Palo Alto Research Center, PARC）とされてきた．PARCの成果はすばらしい．小型コンピュータネットワークのアルトシステムは，インターネット形成に大きな影響を与えた．クライアントサーバモデル，グラフィカルユーザインタフェース（GUI），LANとイーサネット，レーザプリンタ，ビットマップ，ページ記述言語，オブジェクト指向プログラミングなど，これらはみな，PARCが生み出したものだ．いま私たちは，PARCの成果のなかで暮らしている．

　しかしこれらの研究成果から，当のゼロックス社自身は，あまり経済的利益を得ていない．そういわれ続けてきた．ただし，そこには誇張がある．例えばPARCが開発したプリントサーバEARSは，レーザプリンタシステム「ゼロックス9700」を生み出す．「9700」は1978年に発売され，大きな利益をゼロックスにもたらした．

　アルトシステムに基づくシステム「スター（Star）」を，ゼロックス社は1981年に発売した．しかし同社は水平分業型ビジネスを築くことに失敗，撤退する．すばらしい研究成果と，会社への経済的貢献の少なさ，この両面でPARCは繰り返し議論の対象となってきた［マイヤーズ，1998］［Pake, 1986］［Perry, et al., 1986］．しかしPARCの問題は，もっと広い文脈のなかで考えるべきだろう．

PARC の設立は 1970 年である．1970 年代は文化的にも経済的にも激動期だった．「中央研究所の時代」の全盛期は 1960 年代までである．「中央研究所の時代の終焉」が始まろうとしていたとき，まさにそのときに，PARC は設立される．

PARC は 1970 年代の西海岸でコンピュータサイエンスの中心地の一つとなる．しかしゼロックス本社は東海岸にあり，工業に基礎を置く大企業である．両者には，おそらく大きな文化ギャップがあっただろう．PARC が最も熱心に研究したのはネットワークである．それはリソース共有の仕組みであり，さらには外部のネットワークにも，組織を超えてつながろうとする．自前主義から連携・協力へ向かおうとする時代，そういう時代の先頭に PARC は立っていた．企業内の研究所ではあったけれど，PARC の実態は，おそらくオープンイノベーションの場だったに違いない．

マイクロプロセッサを生み出したのは中央研究所ではない

マイクロプロセッサという巨大なイノベーション，これを生み出したのは，大企業の中央研究所ではない．日本のビジコン（電卓メーカー）と米国西海岸のインテル（半導体メーカー）の共同作業から，マイクロプロセッサは生まれた（6 章）．

マイクロプロセッサは若者たちのアントルプルヌールシップを刺激する．半導体メーカーの集中する米国西海岸，いわゆるシリコンバレーが，若い企業家たちの活躍の場となっていく．

シリコンバレーでは，中央研究所とは異なる研究開発モデルが成長する．スタンフォード大学やカリフォルニア大学バークレー校に代表される大学，アントルプルヌールシップあふれる若者たち，彼らをサポートするエンジェル（個人投資家）やベンチャーキャピタリスト，これらが地域内に集積し，結び付く．

マイクロプロセッサ開発の舞台だったインテルは，創業以来，意識的に研究所を持たないと決めている．創業者であるノイス（Robert Noyce），ムーア（Gordon Moore）の両氏がフェアチャイルド時代に，研究所から製造部門への技術移転の難しさを痛感していたためである．ただし基礎的な研究開発については，大学との関係を大切にしている［ムーア，1998］．

集積回路では互いに他社技術を使わざるを得ない

半導体業界では，どのメーカーも自社の特許だけで LSI を生産することはできない．互いに他社の特許を使い合う．極めて多数の工程があり，そこに介在する要素技術の数は膨大だからである．このため各社はクロスライセンス契約を結ぶ．これは，自社の研究開発成果を他社も使うことを意味する．研究開発成果のナイロン型の「専有」は集積回路では難しい．

他社にも自社の成果を使わせながら，経済的収益を確保するにはどうしたらいいか．自前主義が無理になっていく理由の一つがこれである．同時にこれは，知的財産権に敏感になら

ざるを得ない背景の一つである．自社開発の技術を他社に使わせながら開発コストを回収しようとするなら，知的財産を収入にすることが，手っ取り早い．あるいはクロスライセンス契約を，優れた知的財産によって有利に運ぶ．

クロスライセンスの網の目のなかで仕事をするということは，そこに他者との連携が発生することを意味する．連携において主導権をとり，自社提案を事実上の標準に持ち込むことができれば，ネットワーク外部性が働き，自社製品の付加価値を連携先がつけてくれる（11章）．

特許を売る→特許でつくる→特許を売る

100年前には，すでに述べたように，大企業はサービス業的な事業に徹し，革新的な技術は個人発明家から買う，というのが普通だった．特許は個人発明家が取得し，その実施権を大企業に売った（ライセンスした）．

ナイロンの成功が「特許で作る」時代を開く．大企業が自社の研究所で特許を取得し，その特許技術を基に自社で製品を作る．他者に同じ製品を作らせないために特許を用いる．

この時代が終わって，再び特許をライセンスする時代が，少なくともエレクトロニクス分野では始まった．大企業の事業（ソリューションなど）はサービス業的な傾向を強めている．技術開発は，中小ベンチャー企業や大学の役割であることが少なくない．ベンチャー企業はその技術（知的財産）を，サービス業的な大企業に売る（ライセンスする）．

100年前の「サービス業的な大企業＋個人発明家」に代わり，最近は「サービス業的な大企業＋ベンチャー企業」が，同じ機能を果たすようになってきている．この間に「中央研究所の時代」が60～70年続いたという要約ができそうである（表18.1）．

18.3　大学の役割の変化と産学連携

米国では大学発の急成長ベンチャー企業が次々に登場

シリコンバレーの大学は，早くから半導体の技術開発に加わる．特に集積回路の設計技術への寄与は大きく，設計ツールのベンチャー企業を生み出すことにもつながった．

やがてここにインターネットが加わる．比較的小規模の組織が得意技を持ち寄り，ネットワークを介して分業する．このほうが大企業の自前主義よりうまくいく．これが地域の共通認識として定着する．この分業の一翼を大学も担う．というよりむしろ大学が，卒業生や教職員を通じて，連携・協力のプラットフォームになっていく．

この流れのなかで米国では，企業家の母体として大学の役割が大きくなる．今をときめくヤフー（Yahoo），グーグル（Google），フェイスブック（Facebook）などの急成長企業が，大学発ベンチャーとして次々に登場する．

大学革命

以上の時代変化を背景に，1980年前後の欧米で，大学の役割が変わる．伝統的な教育と研究に加え，新産業や雇用の創出を，社会は大学に期待するようになる．科学優位の伝統の根強い西欧社会にとっては歴史的転換であり，ほとんど革命（大学革命）だった．

1980年には米国でバイ・ドール法（Bayh-Dole Act）が成立する．この法律は，連邦政府資金による研究が生み出した知的財産を，その研究を実施した当の大学に帰属させることを可能にした．またその特許を，大学が他者に独占的に実施させることも，バイ・ドール法は認めた．この結果，ある特許が政府資金による研究成果であっても，その特許から得られる利益は，政府ではなく，研究者とその所属大学のものとなった．

英国ではサッチャー首相（当時）が，大学に競争原理を導入した．政府から大学への資金を「競争的資金」にし，資金に見合うだけの成果を大学に要求するようになる．伝統的大学人はこのサッチャー政策に猛反発する．しかし英国の大学はその後，産学連携やベンチャー支援を強化する．

利益の源泉として知識の役割が大きくなると先に述べた．その知識を創造するのは，価値観や経歴の異なる様々な人の交流である．「最悪の研究所とは，同じ考え方を持った優秀な人間の集まりです．（中略）．異質で多様なものが出会う環境こそが大切です」．MITメディア研究所の副所長だったアンドリュー・リップマンはそう語る［リップマン，1999］．

人が入ってきて，出会い，交流し，やがて出て行く——これを本来の機能としている組織は大学だけだ．交流から知が生まれれば，研究が成ったということだろう．生まれた知を付加価値として身に付けて出て行くのなら，教育を受けたことになる．

大学では最大の構成員（学生）が常に入れ替わる．こういう組織は学校以外では実現が難しい．学生たちは若く，未来の価値を自身に潜在させている．学生と教員をはじめとする大学構成員の交流は，未来価値を醸成する．大学は出会いと交流のプラットフォームであり，オープンイノベーションの場である．

いま高い利益を上げている優秀企業には，現製品に満足している顧客がいるし，現在の業績に満足している株主がいる．顧客や株主はその企業の破壊的イノベーションを歓迎しない．すなわち好業績の企業ほど，現在を基点とする改良に傾く．未来価値の導入には慎重にならざるを得ない．イノベーションのジレンマ［クリステンセン，2000］である．

これに対し，大学は「未来から現在を見る」ことができる［大見，2002］．未来を構想し，それを実現するために現在なすべきことを考える，こういった未来指向の行動は大学のほうが容易だろう．

日本は産学連携の最先進国

産と学の距離は実は欧米でこそ，かつては遠かった．20世紀の後半に至ってもなお，米国でしばらく暮らした日本人の科学技術関係者は，米国では科学者のほうが技術者より社会的に上位に置かれていることに気付く［黒川，1996］［金出，1998］．

だからこそ，上記に紹介した1980年ごろからの大学の役割の変化は，革命だった．その革命は，伝統的な大学人の強い抵抗と社会的な摩擦を伴いながら進行した［西村，2003］．

ところが日本の伝統には，科学優位主義に相当する価値観はない．1886年（明治19年）創設の帝国大学工科大学は，総合大学（university）のなかの工学部としては，世界初とされる．日本では19世紀末の時点で，産学官のいずれにおいても，学士号を持った技術者が仕事をしていた．この状況は当時の欧米では，およそ考えられず，日本だけのことだったという［村上，1994，p.56］．その意味では，日本は産学連携の最先進国である．

中央研究所ブームと理工科ブーム

第2次世界大戦後しばらくは，技術に関して日本企業の目は海外に向く．技術導入が最大の関心事である．1950年代半ばから1970年代初頭に，日本経済は高度成長する．この時期は米国における中央研究所の黄金時代である．日本の産業界もまた，産学連携より中央研究所を選ぶ．1960年代初頭の日本の産業界に中央研究所ブームが起こる．

中央研究所ブームは理工科ブームと時期が重なっている．大学が供給する理工系卒エンジニアを企業は争って求める．しかし大学の研究には関心が薄かった，これが第2次世界大戦後の日本の産学関係の基本である．政府は理工系学部の定員を拡充し，産業界の要望に応える．しかし大学の研究環境の改善には消極的だった．

大企業は主だった大学の有力教授に，「奨学寄付金」を広く薄くばらまく．「ときどきは優秀な学生さんをウチの会社にくださいよ」，大学教授にこう頼むための挨拶代わり，これが大企業から大学教授への奨学寄付金の実態だった．

バブル崩壊で基礎研究指向は泡と消える

日本には，やがてバブル経済の時代が来る．1980年代後半から1990年代の初頭にかけて，日本経済は空前の繁栄を経験する．産業界の研究開発投資も急拡大した．拡大の方向は基礎研究である（基礎シフト）．「日本は欧米の基礎研究にただ乗りしている」という批判が当時は激しく，基礎研究の強化は，それに応えてのことだった．

皮肉にも同じ時期に，米国ではリニアモデルへの批判が強まる．米国産業界は，基礎研究や中央研究所の経済効果を疑い，研究開発投資の方向を事業密着型に変える．基礎シフトという1980年代後半の日本の政策は，欧米とは逆方向を向いていた．

バブル経済は1992年ごろには，はじけて消え，以後日本経済は低迷を続ける．1990年代

半ばには産業界の基礎研究指向も雲散霧消する．中央研究所の縮小・改変も続いた．自前主義の放棄を，ほとんどの大企業経営者が口にする．

18.4　イノベーションシステムにおける「官」の役割

超 LSI 技術研究組合・共同研究所が成功モデルに

日本では 1990 年代まで前述のように産学連携は不活発だった．けれども産官連携には，1970 年代後半から 1980 年代初頭に，大きな動きがあった．通産省のリーダーシップのもと，「超 LSI 技術研究組合」が 1976 年にスタートする．総予算は 700 億円．うち 300 億円が国の出資である．

超 LSI 技術研究組合の場合，組合独自の「超 LSI 共同研究所」が組織される．ここに集まった研究者は，互いに市場で競争している企業からやってきた．彼らが一緒に研究する．まさにオープンイノベーションの場である．これは研究組合制度による共同研究のなかでも例外的だった．

この超 LSI 共同研究所では，製品作りの研究は行わなかった．製造技術などの共通基盤整備に努力を集中する．同研究所の所長・垂井康夫に「基礎的共通的技術に集中しよう」との方針があったためである［垂井，2000，pp.14-15］．その影響は大きい．「基礎的共通的」は「precompetitive」の原型である．この「precompetitive」こそ，後年，企業コンソーシアム共同研究のキーワードとなる．

超 LSI 共同研究所は，企業と政府が連携する研究プロジェクトの成功モデルとなる．米国の SEMATECH（SEmiconductor MAnufacturing TECHnology consortium）やヨーロッパの JESSI（Joint European Submicron Silicon Initiative）などの創設に，超 LSI 共同研究所が影響している．

トランジスタ開発のところ（3 章）で紹介した「モード 2」概念の形成にも影響は及ぶ．「特定の技術的課題の解決」を目的に複数組織が協力する，これが技術研究組合の考え方である．経済的・社会的問題の解決のために衆知を集める，これがモード 2 だ．「プリコンペティティブリサーチを共同で行うことは，モード 2 の知識生産の優れた例である」［ギボンズほか，1997，p.211］．

しかしその後，例えば半導体貿易摩擦のなかで，「官」主導の産業政策への海外からの批判が強まる．いわゆる「日本株式会社」批判である．そのうえ 1980 年代の産業的成功によって企業は「官」に依存しなくなっていく．これらがバブル期の「基礎シフト」につながったのである．通産省でさえ，傘下の研究所に，産業的成果より基礎研究成果を求めるに至る．

しかしこの「基礎シフト」政策は長くは続かなかった．バブルがはじけた日本経済は長期

低迷期に入る．通産省傘下の研究所には当然，産業経済的成果を要求する声が高まった．しかし短期間に正反対方向の政策を強制された結果，研究テーマはひずみ，スタッフは疲弊する．

批判への対処もあって，特に半導体分野では産官連携プロジェクトは，超 LSI 共同研究所以後は，しばらく控えられた．

ただしコンピュータ分野では 1980 年代に，「第 5 世代コンピュータ開発計画」(19 章) や「Σ プロジェクト」などが実施される．いずれも産業的には大きな成果を上げることはなかった．

科学技術への公的資金投入は日本経済の活性化につながっていない

産業振興のための国の役割が日本で再び重視されるようになるのは，バブル経済崩壊後である．経済低迷が続くなか，1995 年に科学技術基本法が制定された．この法律に基づき，科学技術基本計画が 1996 年にスタートする．科学技術基本計画は 5 年ごとに改定される．1996 年の発足以来，合計すれば数十兆円の公的資金が科学技術分野に投入された．その目的のすべてが経済に関しているわけではないが，経済への波及効果も期待されている．しかし 1996 年以来の十数年は一貫して，日本経済低迷の時期である．科学技術への公的資金投入が日本経済を活性化したという徴候は見い出しがたい．

1990 年代の後半以後には，半導体分野でも数え切れないほどの共同研究プロジェクトが実施された ［垂井, 2008］．そこには公的資金が投入されている．しかし，これらのプロジェクトが実施されていた時期に日本の半導体産業は，ひたすら衰退の道を歩む (7 章と 8 章)．共同研究プロジェクトの実施は，日本の半導体産業をまったく活性化しなかった．

経済活性化を求めての科学技術への公的資金投入は，反省すべき時期にきている．私はそう考える．これは私自身の反省でもある．上記の半導体共同研究プロジェクトの計画や，その評価に，私自身も参加してきたからである．

日本政府の科学技術政策には，リニアモデルの残滓が私にはかなり感じられる．産業経済的価値の実現を目的としつつ，リニアモデルに従って基礎研究強化を図る，これはいくらなんでも，そろそろ終わりにしよう．学問的関心事からの研究を，遠い将来に実現するかもしれない産業経済的価値を言い訳にして正当化する，これはもうやめたほうがいい．学問研究には，そして知の創造には，産業経済に寄与しなくても，価値があるはずだろう．それはそれとして堂々と主張すべきではないか．

国立研究所，国立大学，研究支援機関が法人化される

日本では長いこと，政府省庁の縦割り構造が政策にも反映してきた．大学における研究活動は文部省，産業経済活動支援は通産省，国策研究開発は科学技術庁，これが各省庁の縄張

りだった．しかし2001年の中央省庁再編により，科学技術庁は文部省と合併し，文部科学省となる．また通産省は経済産業省に改組された．さらに総合科学技術会議が内閣府に設置される．科学技術・イノベーション政策の推進のための司令塔と位置付けられた．

時をほぼ同じくして，国立研究所のほとんどは独立行政法人となる．なかで組織・体制を大きく変えたのは，旧通産省工業技術院傘下の研究所である．15あった研究所が，一つの産業技術総合研究所となった．さらに2004年には国立大学も法人化された．

省庁からの資金提供機関にも法人化の波が及ぶ．旧文部省所轄の特殊法人だった日本学術振興会（JSPS）は文部科学省所管の独立行政法人となり，科学研究費助成事業を担う．同じ文部科学省所管の独立行政法人 科学技術振興機構（JST）は，旧科学技術庁所轄だった．その前身は，新技術開発事業団と日本科学技術情報センターにまで遡ることができる．科学技術振興機構は現在，事業目的として「イノベーション創出の推進」を掲げる．また「エネルギー・地球環境問題の解決と産業技術の国際競争力の強化」をミッションとする新エネルギー・産業技術総合開発機構（NEDO）は，経済産業省所管の独立行政法人である．これら三つの独立行政法人はいずれも，研究支援機構（funding agency）として，研究機関に省庁からの研究資金を配分する．

18.5　研究開発としてのオープンソース活動

オープンソース活動（16章）は，研究開発の一つの形とも考えられる．そのオープンソース活動によって生まれたリナックスは，サーバ市場では3割を超えるシェアを持つという．しかしリナックスは営利企業が生み出したものではない．いまでもリナックス本体は無償で公開されている．そこには，非営利活動と営利事業の連携がある．

学問もオープンソース活動も報酬は仲間からの認知

1991年にトーバルズ（Linus Torvalds）がリナックスの最初のバージョンをインターネット上に公開する．以後しばらく，インターネット上でコミュニケーションをしながら，オープンソース方式で開発が進む．この時期はOSに興味を持つ人々が開発者であり，ユーザーでもある．まさに"just for fun"［トーバルズ，2001］で開発が進められた時期である［赤城，2004］．

「面白い」という理由で一学生が開発し公開したソフトウェアに対して，ほかのソフトウェア技術者がコメントをいい，自分自身の開発成果を積み重ねる．そこにまた別の技術者が自分の成果を公開して改良が進む．そこには金銭のやりとりはない．コミュニティのなかでの評価（「おぬし，やるな」といった感じの相互評価）が報酬である．

この時期の活動は科学研究に近い．科学研究でも，研究テーマは原則としては，研究者の興味によって選ばれる．その研究成果としての論文は，原則無償で公開される．その論文を読んだ別の研究者は，その論文を基に，自分の研究を進め，その成果を論文として公開する．こうして公開論文が積み重なり，研究が進んでいく．このプロセスは，オープンソース活動と似ている．

仲間に認められること，これを報酬とするところも，オープンソース活動と科学研究に共通点がある．「先生，良い論文を書かれましたね」と同じ分野の研究者に認められること，これこそが科学研究者の報酬である．

リナックスの産業化プロセスは産学連携に似ている

リナックス開発の次の時期になると，商用化が始まる．この時期には，市場からの資金が開発に投入される．やがては大手 IT 企業からの資金も入ってくる．もちろんコミュニティは営利企業ではない．しかし資金は営利企業からコミュニティに投入されている．

この構造は産学連携に似ている．非営利組織の大学に営利企業からの資金が投入され，営利企業は自社の営利活動に大学の研究成果を役立てる．これが産学連携の基本構造だからである．

結果として，リナックスの周辺に新しいビジネスが続々生まれ，企業活動向けの OS としてリナックスは大きな存在となる．非営利のオープンソース活動が市場経済側の企業家を刺激し，新しい産業が創造された例である．

ただし非営利活動と営利活動の関係は微妙らしい［國領ほか，2000］．営利活動は，非営利活動の成果に依存している．そして非営利活動の成果は無償で公開されている．しかし非営利活動にある種の「敬意」を払わないと，営利事業がスムーズでなくなるのだという．

18.6　インターネット時代にピアレビューはふさわしいか

オープンソース活動と科学研究を分けるピアレビュー

オープンソース活動と科学研究活動には，実は大きな違いがある．オープンソース活動には誰でも参加できる．それぞれの参加者の開発成果は，事前審査なしに公開され，誰でもその成果を見ることができる．だから成果は事後的に，不特定多数の参加者によって評価され，淘汰される．

科学研究の場合は違う．科学研究の成果は論文の形にされ，学術雑誌に投稿される．この段階では公開されない．この投稿論文を，その内容と研究領域が近い匿名の研究者数人が読んで，学術雑誌への掲載可否を審査する．この読み方を「査読」といい，この審査プロセスをピアレビュー（peer review）と呼ぶ．ピア（peer）は同僚という意味である．

このピアレビュー制度をオープンソース活動と比較すると，次のような違いがある．
(1) 科学者は，科学者だけに審査される．科学者ではない人は評価に参加できない．
(2) 科学研究成果を審査する人数は数人である．不特定多数ではない．
(3) 審査は公開の前である．この事前審査に通らないと，その研究成果は公開されない．
(4) 審査をパスした論文の数と質は，その研究者の昇進や研究費獲得に大きく影響する．

ピアレビューは同業者による同業者のための評価

ピアレビュー制度は19世紀に整備される．王侯貴族や宗教的権威の学問への影響を排除し，科学のことは科学者自身が決める．歴史的には，これがピアレビューである．しかし現在の時点でこの制度を見直すと，同業者による同業者のための評価制度になっている．

医師，法律家，技術者，作家，芸術家などの専門的職業人は，一般の生活者に仕事を評価される．ところが科学者だけは，科学者共同体内部の同業者だけに向けて成果を発表し，審査を求める．それは「ブレーキのない車」に等しいという批判がある［村上，1994, pp.104-105］．

「自分のチームの成功がピアレビューに左右されなくなった．これが転職して一番良かったことだ」．ハーバード大学教授の職を捨て，グーグルのソフトウェアチームリーダーへと転職したウェルシュ（Matt Welsh）は，彼のブログ［Welsh, 2013］にそう記している．「ピアレビューは気まぐれで破綻している」とウェルシュはいう．

ただし，いくつかの学術雑誌，例えば*Nature*には，ピアレビューの前に，編集者による査読（editorial review）がある．面白いか否かという編集的観点からの審査によって，かなりの数の論文がふるい落とされる．*Nature*は商業出版社が発行する．だから編集者が審査に加わる．*Nature*の権威は科学界において高い．その*Nature*で，科学者たちは編集者審査を受け入れている．ほかにも投稿された論文をすべてネットに公開し，その後でピアレビューにかける，といった試みもある．

「少数の権威者による事前審査」はウェブ2.0時代になじまない

特定少数の権威者による審査で情報発信を事前に制限する．この仕組みはウェブ2.0以前には，至る所にあった．新聞やテレビなどの伝統的メディアは，すべてこの仕組みで報道すべきか否かを判断している．かつてはレコード会社関係者の審査を通った演奏しか，CDにしてもらえなかった（17章）．

これらの仕組みはすべて，ウェブ2.0の挑戦を受けている．いまや誰でも情報をネットに発信できる．それが不特定多数の評価を事後的に受け，淘汰される．事前公開・事後評価のオープンソース活動で，私たちはすでに，リナックスやウィキペディアを手にしている．

論文発表の場が紙幅によって限られていた時代には，事前審査によって論文数を絞る必要

があったろう．インターネットがなかった時代には，不特定多数の事後評価を，研究者コミュニティに反映させることは難しかった．いずれの制限も，いまなら容易に克服できる．

ピアレビューを経た論文数が科学者の権益のすべてに影響する

　問題の本質は，ピアレビューが，科学者の昇進や研究費獲得と分かちがたく結び付いているところにある．ピアレビューを通った論文が何本あるかが，学位取得，就職，昇進，研究費獲得など，科学者が獲得できる権益のすべてに影響する．

　既得権益維持のために，規制の温存を図る．これは日本の社会システムでは，頻繁に見られる．「事前審査から事後評価へ」は，規制緩和全般の方向である．規制緩和は常に，既得権益との戦いになる．ピアレビューシステムも例外ではない．

第Ⅴ部 第2次世界大戦後の日本に固有の問題

　この第Ⅴ部では，電子情報通信産業における日本固有の問題を，いくつか扱う．日本の電子情報通信産業全体を対象とはしていない．また時間的には第2次世界大戦後に限る．

　20世紀前半までの日本の電子情報通信産業の特徴は，第Ⅰ部のなかで紹介したつもりである．また半導体や通信については，それぞれ第Ⅱ部と第Ⅲ部で，日本の動向にも触れている．

　この第Ⅴ部が対象とするのは，日本だけに固有で，世界の動きのなかの一例としては扱いにくい問題である．そのなかで最新にして最大の問題は，日本の電子情報通信産業の近年の衰退だろう．これを最後の22章で考察して，本書を締めくくる．

19. 日本のコンピュータ産業

19.1 国産コンピュータの誕生と発展

日本では一時，パラメトロンを用いたコンピュータが作られた

　日本で最も早く稼働したコンピュータは，富士写真フイルムが社内用に開発したFUJICである［電子工業20年史，1968，p.115］．稼働は1956年3月で，レンズ設計用に使用されたという［水島，1980，p.378］．FUJICは真空管を用いていた．

　同じ1956年の7月，通産省工業技術院電気試験所の「ETL-MARK Ⅲ」が完成する．これはプログラム内蔵方式としては，世界でも最初期のトランジスタ式コンピュータの一つである．ただし動作が不安定な点接触型トランジスタを用いていた．そこで接合型トランジスタを用いた改良型「ETL-MARK Ⅳ」を1957年秋に完成させた．これがメーカー各社のトランジスタ式コンピュータ商用化を加速する［電子工業20年史，1968，p.115］．

　日本では1950年代後半，パラメトロンを用いたコンピュータが開発され，商用化された．パラメトロンはフェライトの非線形磁気特性を利用したデバイスである．1954年に後藤英一（当時東京大学）が発明した．構造はトランジスタより簡単で，動作も当時のトランジスタより安定していた．ただ原理的に高速動作には不向きだった．トランジスタの進歩につれ劣勢となり，1960年代になる前に姿を消す．

日本政府がコンピュータ産業を育成・支援

　1957年制定・公布の電子工業振興臨時措置法と，同法に基づいて策定された電子工業振興5か年計画のなかで，国産電子計算機産業の育成・振興は特に重視された［電子工業30年史，1979，pp.64-66］．対応して日本電気，富士通，日立製作所など，各社が1958年ごろから，次々にトランジスタやパラメトロンを使う第2世代機を商品化する．

　1966年度に政府は，超高性能大型電子計算機の開発を，国家的な大型プロジェクトとして採り上げ，5年間に総額約120億円の開発計画をスタートさせる［電子工業30年史，1979，p.108］．

　電電公社も1969年に，データ通信サービス用超大型電子計算機とそのシステム「DIPS」（電電公社情報処理システム）の実用化計画を作る．両計画は，1971年度からの第2次大型

プロジェクト「パターン情報処理システム」と「DIPS-II」に，それぞれ引き継がれる．

こういった振興政策を背景に，日本のコンピュータ産業は活況を呈する．1967年にはコンピュータとその周辺機器の生産金額は1 000億円を超える．しかしIBMに代表される外国機との競争力という点では，厳しい評価もあった［電子工業30年史, 1979, p.111］．

1970年代に入ると，コンピュータの資本及び輸入の自由化がスケジュールに上る．政府にも業界にも危機意識は強く，様々な自由化対策が樹立された．自由化への危機意識のなかで，電子計算機業界の再編成が進む．1971年10月に日立製作所と富士通が電子計算機部門の全面提携を決める．これが引き金となり，同年11月には日本電気と東芝，沖電気工業と三菱電機が提携し，国産電子計算機メーカー6社は3グループに集約された．

しかし1970年代以後のコンピュータ産業は，当時の日本の危機意識とは異なった方向に発展する．汎用大型コンピュータの時代は長くは続かず，小型機へのシフトが進んだ．

IBM産業スパイ事件

1982年，米IBM社の機密情報に関する産業スパイ行為を行ったとして，日立製作所や三菱電機の社員が米国で逮捕された．刑事事件としては1983年に司法取引により決着する．しかしIBMは日立製作所に対して民事訴訟を起こす．この民事訴訟も1983年には和解に達する．また刑事事件の対象ではなかった富士通ともIBMは交渉を進め，1983年に日立と同様の協定を結んだという．このIBM産業スパイ事件は，日本のコンピュータ産業に長く暗い影を落とした．

1960〜1970年代，汎用コンピュータにおいてはIBM製品の地位は圧倒的に高かった．同時にシステム/360以後，IBM社はモジュール化設計を採用する．これが結果的に，ハードウェアでもソフトウェアでも，互換製品ビジネスの成長を招く（9章）．IBM社が意図したことではなかったが，IBM製品は事実上の標準の地位にあった．その結果，IBMのインタフェースに準拠したIBM互換製品を開発することが，多くのコンピュータ関連企業のビジネスモデルとなっていた．

日本の汎用機メーカーも，基本アーキテクチャは実質的にIBM互換とする．そのうえで先進技術を積極的に採用し，ハードウェア性能や周辺機器の使いやすさで市場競争力を確保しようとしていた．この戦略の下では，IBMの新製品情報，特に基本的なOS情報をいち早く入手することは，製品計画上，大きな意味を持つ．

この事件は1980年代前半に起こった．この時期，汎用機がコンピュータの象徴である時代は終わろうとしていた．IBM自身，1981年にIBM-PCを発売し，パソコン時代の幕を開ける．このIBM-PCでは，OSを外部から調達し，仕様をすべて公開する．この結果，パソコンの業界構造は汎用機とは様変わりする（10章）．

汎用機の時代からパソコンの時代への転換期，いわばその混乱のなかで起こったのがIBM産業スパイ事件，そんな歴史的位置付けも可能かもしれない．

第5世代コンピュータ開発計画

コンピュータの「世代」がわかりやすかったのは，第3世代までである．しかし日本では通称「第5世代コンピュータ」が，1982年から10年間をかけて国家プロジェクトとして研究された．新世代コンピュータ技術開発機構（ICOT）に十数社が加わり，並列推論処理コンピュータの開発を目指した．

「第5世代」計画への海外からの反響は大きかった［ファイゲンバウムほか，1983］．「追いつき追い越せ」型のプロジェクトでなく，目標を自ら設定して世界に発信するプロジェクトだったからである．しかし，パソコンやインターネットなどによって，世界のコンピュータ産業は大きく構造転換する．そういった産業の動きと切り結ぶことなく，「第5世代」プロジェクトは終了した．

19.2　日本独特の専用機：オフィスコンピュータと日本語ワードプロセッサ

オフィスコンピュータ——日本独自の中小企業向け会計処理専用機

ダウンサイジングは海外ではミニコンから始まる．しかし日本ではオフィスコンピュータ（オフコン）が，ミニコンに先がけて発展する．オフコンは会計処理のための小型コンピュータで，主に中小企業が導入した．

ほとんどのオフコンは，専用のOSを持ち，専用の業務処理プログラムを動かすことを目的としていた．その意味で専用機の性格が強い．現在はパソコンで代替されている．

日本語ワードプロセッサが1978年に登場

1978年，東芝が初の日本語ワードプロセッサ「JW-10」を発表する．価格は630万円．かな文字をキーボードから入力し，漢字かな交じりの文章に変換する．すなわち「かな漢字変換」機能を持ったシステムだった．キーボードは欧文タイプライタに似たもので，和文タイプライタの盤面とは違う．

この「日本語ワードプロセッサ」のインパクトは大きい．「日本語の文章を作成する」という行為が，「紙に手書きで文字を書く」という行為から離れるきっかけとなる．

もちろん和文タイプライターは早くから存在している．しかしこれは，1,000以上の文字が並んだ盤面から，文字を一つずつ選ぶ仕組みである．熟練オペレータによる操作が必要な，複雑な機械だった．また文章作成機というより，完成した原稿を入力し，印刷する装置という性格のものである．

ただし日本語ワードプロセッサを，文章作成装置としてではなく，完成原稿の清書装置として用いる使い方は，かなり後まで残る．キーボードから，いかに速く正確に日本語を入力するか，そのためのキーボードはどうあるべきか，こういった問題が長く議論の対象となり，様々な文字配列のキーボードが市場で競い合った．

けれども次第に，次のような認識が結果として広まる．「手書き原稿を清書するより，初めからワープロで文章を作成したほうが，結局は速い．文章作成の速さを決めるのは，キーボードからの入力速度ではなく，文章を創造する頭脳だ」．キーボードは普通の欧文配列が主流となる．多くの日本人がローマ字で日本語を入力している．それで困るという話は，今ではほとんど聞かれない．

ワープロ専用機が日本では一時期大きな市場を形成

最初の「日本語ワードプロセッサ」は，コンピュータではなく専用機として世に出た．もちろん中身はプログラム内蔵方式のコンピュータである．しかしユーザーは「コンピュータ」を意識することなく，日本語の文章を作成するための専用機として購入した．日本では「ワープロ」が，パソコンとは別の市場を形成する（図 19.1）．

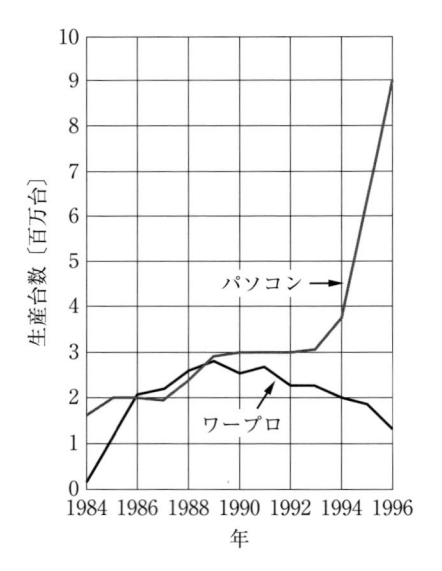

図 19.1 日本語ワードプロセッサとパーソナルコンピュータの生産台数推移
（資料：経済産業省 機械統計）

第 1 号機は 630 万円もしたが，すぐに参入メーカーが増え，価格も急速に低下する．1980 年代後半には，工場出荷額では 10 万円を下回る．生産台数も汎用のパソコンに拮抗する．

しかし1990年代に入ると，パソコンの躍進が始まる．同時にワープロの衰退が始まる（図19.1）．日本語の文章作成も，パソコンにゆだねられていく．

19.3 もう一つの計算の道具——電卓

初期のコンピュータのほとんどは，科学技術計算のための道具として開発された．しかしその後，大規模な事務処理が，汎用コンピュータの最大の用途となる．発展の方向は大型化が基調だった．

しかし計算のための道具には，もう一つの流れがあった．電子式卓上計算機（電卓）である．日本が主役を演じたこと，半導体との相互交流が大きかったこと，後にマイクロプロセッサを生み出したこと，液晶ディスプレイや太陽電池を育てる「ゆりかご」の役割を果たしたこと——などの点で，日本の電子産業に大きなインパクトを与えた．

半導体による価格低下と市場拡大の典型例

機械式計算機を電子化する試みが1960年ごろから活発になる．1964年にトランジスタ式の電卓が，日本の早川電機（後のシャープ），キヤノン，大井電機から発売される．市場の反響は大きく，ことに海外で高く評価された［電子工業20年史，1968，p.47］．以後，新規参入企業が相次ぐ．

1968年には個別トランジスタから集積回路への切替えが終わる．半導体の進歩を直ちに

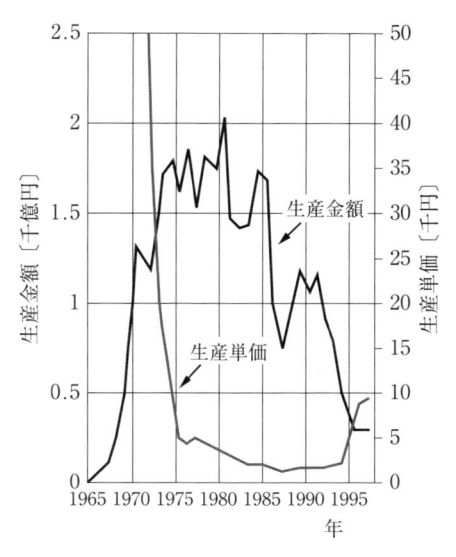

図19.2　電子式卓上計算機の生産金額と生産単価の推移（資料：経済産業省 機械統計）

取り込むのが，電卓技術の流れとなった．これが，生まれたばかりの日本の集積回路産業に大きな市場を提供する．両者の相互刺激の効果は大きく，その一つが電卓の価格低下だった．

1965年に工場出荷の平均生産単価で42万円していた電卓が，10年後の1975年には4 900円と，100分の1近くにまで下がる．しかもこの間に生産金額は100倍近く成長している（図19.2）．価格低下が市場を刺激し，大量生産による成長が実現した．

しかし1980年以後，電卓の国内生産金額は減少していく．これが半導体に依存する製品のおそろしさだ．電卓は1個（ワンチップ）のLSIで作れるようになった．1個より少ないチップ数はあり得ない．電卓に必要な半導体の個数は，そしてその値段は，下がるところまで下がりきってしまった．そうなると，通常の電卓である限り，電卓の価格を下げる余地はない．価格は下げ止まり，需要は飽和する．こうして電卓産業は日本国内では衰退していった．

マイクロプロセッサ，液晶ディスプレイ，太陽電池の「ゆりかご」となる

1960年代の終わりごろから，LSIの電卓への採用が始まる．LSIチップ1個で電卓が実現できる時代が始まろうとしていた．しかしそれは，電卓メーカーにとっても半導体メーカーにとっても，ある種の矛盾をもたらす．この矛盾からマイクロプロセッサという革命児が生まれる．その過程は，すでに第Ⅱ部6章「マイクロプロセッサの誕生」で詳述した．しかしここで，もう一度強調しておきたい．マイクロプロセッサという電子情報通信分野における最大級のイノベーションは，日本の電卓向けLSI開発の過程で生まれた．

電卓はまた，液晶ディスプレイや太陽電池の「ゆりかご」の役割も果たした．電卓はポータブルにして使いたい．電源は乾電池にしたい．そのときの最大の障害が数字表示装置の消費電力だった．初期には一種の電子管（真空管）で数字を表示していた．真空管だから消費電力は大きい．消費電力の少ないディスプレイを探して，シャープは液晶にたどり着く．1行10桁程度の数字だけを表示するディスプレイである．電卓の消費電力は格段に下がり，持ち歩ける道具になった．

液晶ディスプレイは，やがて上に述べた日本語ワープロの文字表示に用いられる．最初は1行20字程度の白黒のディスプレイである．それでも日本語を漢字かな交じりで表示できた．さらにここから，薄型カラーテレビへの長い道のりが始まる．その出発点は電卓だった．

太陽電池も初期の需要を電卓に見い出す．電卓なら，小さな太陽電池で，それも室内照明の光で，動作できた．電卓には乾電池さえいらなくなる．こうして太陽電池の実用化は電卓から始まり，やがていま，再生可能エネルギーへの主役へと登りつめる．

19.4 日本のパソコン——NECの「98」が一時代を築く

　日本電気がいわゆる「98」（PC-9800シリーズ）を発売したのは1982年である．以後日本ではこの「98」がよく売れ，パソコン市場の過半のシェアを獲得する．他の国産パソコンメーカーも，独自性にこだわり，世界市場とは異なるパソコン市場が国内に形成された．

早くからソフトと周辺機器へ働きかけた

　1976年のマイコントレーニングキット「TK-80」の発売以来，日本電気はソフトウェアや周辺機器のベンダーへの働きかけを怠らなかった．また早くから開発支援プログラムを持っている．「98」の場合も，最初に生産されたロットの約半数を外部ベンダーに貸し出し，ハードの理解を得たり，問題のある箇所への助言を求めたりした［山田, 1993, pp.140-142］．

　こうして「98」の周りには，常に豊富なソフトウェアと周辺機器が存在するようになる．パソコンを買うなら「98」が安心，という状態になり，「98」がよく売れる．そうなるとソフトウェアの側はますます「98」向けを優先して開発する．ネットワーク外部性による正帰還が始まる．

　PC-9801が採用したマイクロプロセッサはインテル製の8086であり，OSはマイクロソフトのMS-DOSである．いずれもIBM-PCと同じだ．OSが同じなのだから，本来は同じアプリケーションが走るはずである．しかしそうはならなかった．

日本語処理が海外からの参入障壁に

　その最大の理由は日本語処理にあった．アルファベット主体なら文字を表すのに1バイト（8ビット＝256）で済む．日本語は文字数が多く，文字コードに2バイト（16ビット＝65 536）を必要とする．このため「98」は漢字フォントをハードウェアとして持っていた．これが海外のパソコンメーカーにとっては参入障壁となり，「98」のシェアが圧倒的に高いという，特殊な市場が日本に形成される．日本以外ではIBM-PCが既にデファクトスタンダードとなっていた．

　しかし1990年のDOS/V規格の登場によって，事態が変わる．DOS/Vはアジア系言語向けの規格である．もちろん日本語も対象だ．文字を表すのに2バイトを用いる．漢字フォントをソフトウェア的に持つことにしたため，IBM-PC/AT互換機のうえでも日本語処理が容易になる．このDOS/Vの規格を日本IBMは，望む企業に公開した．

　しかし日本メーカーは独自規格への執着が強かった．また日本には，日本語ワードプロセッサという専用機が存在する．ワープロはプリンタも内蔵して価格性能比が高い．国内パソコンメーカー各社は，パソコンの売上げとワープロの売上げを勘案しながらビジネスを展開した（図19.1）．

1990 年代後半に至って潮流が変わる

しかし 1990 年代の半ばからは，状況が変わる．きっかけは，OS に Windows が登場したこと，安い DOS/V 機が海外から入り始めたこと，インターネットがブームになったこと――などである．

Windows の登場で「98」と DOS/V には，エンドユーザーから見たときの違いは，日本語処理についてもほとんどなくなる．海外からの DOS/V 機流入は，日本のパソコン価格の高さをあらためて実感させた．国内メーカーも低価格の DOS/V 機をようやく本腰を入れて日本市場に投入する．インターネットブームのもと，新規ユーザーには過去の「98」の栄光は通じない．

1997 年の 8 月に日本電気も，DOS/V 機の国内併売を発表する．日本のパソコンが「98」で象徴される時代は，こうして終わる．ほぼ同時に，日本語ワープロの時代も終わる．日本語文章を作成する作業も，表計算や図面作成などと共に，汎用パソコンで行うように変わっていく．

19.5　ビデオゲーム産業におけるハードとソフトの攻防

ビデオゲーム前史

ビデオゲーム機もまた，本書で私が何度も述べてきた道筋に従って発展した．すなわち機械仕掛けから始まり，配線論理（ワイヤードロジック）によって電子化され，やがてプログラム内蔵方式に至る．プログラム内蔵方式になれば，ハードウェアとソフトウェアがモジュールとして独立する．それらを誰がどういう形で提供するか．こうして他の様々なプログラム内蔵方式のシステムと同じく，分業の問題が構造的に発生する．

ファミコン以前に米国は，ビデオゲーム市場の成長と崩壊を経験している（11 章）．1983 年に任天堂がファミコンを発売して人気を獲得し始めたころ，私の友人の米国人ジャーナリストは，「米国ではもう終わった市場なのに，日本も同じ轍を踏むつもりかい」と肩をすくめていた．

日本は同じ轍を踏まなかった．当時の任天堂社長・山内溥が，米国で何が起こったかを十分に研究していたからである．しかしその前に，日本には専用機と汎用機の問題があった．

ゲーム専用機ファミコンが汎用 MSX パソコンを葬り去る

米マイクロソフト社は 8 ビットパソコンの統一規格として「MSX」を提案する．日本では MSX はゲーム主体の家庭向けパソコンという位置付けとなり，多数の企業が商品化した．

ファミコンは独自規格のゲーム専用 8 ビットコンピュータである．市場は MSX とファミ

コンを，互いに競合するゲーム機とみなした．しかし子供たちは圧倒的にファミコンを支持した．

　理由はいくつかある．第1は価格である．任天堂はビジネスの基礎をソフトウェアに置き，ハードウェアの値段を思い切って下げた．定価1万4800円．この価格政策がファミコンを普及させた．

　第2は性能である．画質とキャラクタの動きにおいて，子供たちは断然ファミコンを高く評価した．ゲーム専用機に徹することで，これが可能になった．

　第3は時期である．言い換えれば当時の技術レベルである．OSを介して面白いゲームができるほどには，当時の半導体やソフトウェアは進化していなかった．

　1980年代の日本では，日本語ワープロとファミコンという専用機がヒットし，汎用パソコンより存在感が大きかった．いずれも本質はプログラム内蔵方式のコンピュータである．プログラム内蔵方式とはハードウェアを汎用化する仕組みである．それをあえて特定目的のための専用機に用いる．その存在感が特に大きかったのが1980年代の日本だった．

閉鎖的なファミリーを作ってソフトの生産数量と品質を任天堂が管理

　「つまらないソフトを野放しにしていたから，消費者にそっぽを向かれた」．任天堂社長（当時）の山内は，アタリ社の失敗の原因を，こうみた[真木ほか，2011]．アタリ社はソフト開発仕様を誰にでも公開した．アタリのゲーム機向けソフトの品質に，アタリ社は関与しなかった．

　これに対して任天堂は自らソフトを開発する．初期の人気ソフトは任天堂製である．そのソフトの人気がハードの売上げを押し上げる．やがて任天堂もソフト開発環境をソフトハウスに公開する．しかし特定の条件を受け入れるソフトハウスに限定した．品質や本数も任天堂が管理する．オープン化ではなく，閉鎖的なファミリーづくりである．

　他社ソフトの生産や流通も任天堂が支配する[真木ほか，2011]．またファミコン向けソフトを，玩具卸業者経由で販売した．長年の玩具事業で，玩具卸業者と深い関係を築いてあったからである．

　この閉鎖的な任天堂ファミリーがファミコン全盛時代を築く．ソフトハウスも少なくともファミコン時代には，ファミリーに入れてもらってファミコン向けソフトを生産・販売できることが，利権でもあった．

オープン化を採ったプレイステーションがファミコンに圧勝

　ファミコンファミリーの成功は永遠ではなかった．途中の曲折は省く．1994年にソニー・コンピュータエンタテインメント（以下ソニーと略称）がプレイステーションを発売する．

ソニーはソフト開発環境をオープンにし，プレイステーション向けに多様なソフトが提供されるようにした．またソフトを載せる媒体として，CD-ROM を採用する．ファミコンの半導体 ROM カートリッジより追加生産が容易だ．流通には大手家電量販店を利用した．ソニーは音楽ソフトを扱っていたから，家電量販店を流通網として活用できる立場にあった．これがソフトの低価格販売を可能にする．

プレイステーションの開放路線とファミコンの閉鎖路線の競争は，プレイステーションの圧勝となる．日本のゲーム産業はさらに伸び，1997 年にピークを迎える．ハードとソフトを合わせると国内市場規模は約 7 600 億円に達した（電通総研調べ）．

豪華でリアルな表現のゲームを追求して初心者のゲーム離れを招く

しかし 1997 年を頂点に 2004 年まで，日本のゲーム市場は衰退を続ける．当時のゲーム機はハードウェアの性能を高め，より豪華でリアルな表現を実現する．開発者もゲーム熟練者も興奮した．しかしそのかげで，初心者のゲーム離れが進む．優良顧客（ゲーム熟練者）のいうことを聞けば聞くほど，潜在顧客（ゲーム初心者）を失う．これが任天堂社長・岩田聡の当時の認識である［西村，2007］．まさに「イノベーションのジレンマ」［クリステンセン，2000］の構図である．

その後もソニーは基本的にはハードウェアの高性能化を推し進める．2006 年発売の「プレイステーション 3」が，その象徴である．独自設計の高性能プロセッサ「Cell」やブルーレイディスクを搭載，豪華でリアルな表現を，いっそう追求した．

しかしこの高性能化はソフト開発会社にとって重荷となる．「豪華でリアルな表現」のソフト開発には大きな費用がかかる．ソニーのオープン化路線は変わらなかったが，ついてこられるソフト開発会社は限られてしまった[†]．

「家族みんなで楽しむことのできる」ゲームで市場回復

任天堂は別の道を採る．社長の岩田は「ゲーム人口の拡大」を基本戦略とする．誰もが同じスタートラインに立てるようなゲームを目指す．「お母さんに嫌われない」ことも重視した．

こうして 2004 年に「ニンテンドー DS」を投入する．携帯型である．「脳を鍛える大人の DS トレーニング」（略称「脳トレ」）などが爆発的にヒットし，ゲーム市場を変えていく．

[†] 2013 年 1 月にソニー・コンピュータエンタテインメントはプレイステーション 4 を発表する．その CPU には「Cell」を採用しなかった．x86 系の汎用プロセッサを採用，パソコンに近いアーキテクチャにしている［麻倉，2013］．Cell は，ソニーが米 IBM 社，東芝と共同開発した独自設計の高性能プロセッサである．プレイステーション 3 の最大の「売り」だった．しかし後継機のプレイステーション 4 は，その Cell を採用しない．ここには 5 章で述べた「集積回路技術のおそろしさ」が表れている．極めて高度なカスタムチップの性能を，3 年もすれば，普通の市販チップが実現してしまう．ムーアの法則によって，3 年で 4 倍の割で性能が上がるからである．

さらに 2006 年，任天堂は据置き型の「Wii」を発売する．「家族みんなが楽しむことのできる」ゲームを意図した設計である．ただしこの方向を技術的に低いものと捉えるべきではない．技術の進歩を従来路線とは違う方向に生かすのだと岩田は強調する［西村，2007］．DS や Wii の効果でゲーム市場は急回復する．

オンラインソーシャルゲームの興隆

しかし 2007 年以後，ゲーム市場は再び縮小が続く．2011 年の国内市場規模はハードとソフトを合わせて 5 019 億円と推計されている．2010 年の 5 321 億円から，やや縮小した［コンピュータエンターテインメント協会，2012］．

ゲーム市場は転換期にある．最大の変化要因は，モバイル機器を用いるオンラインゲーム市場の興隆である．ソーシャルネットワーキングサービス（SNS）上に提供され，SNS の会員相互がゲームを介してコミュニケーションする．ビジネスモデルが従来のゲーム市場とは違っていて，それもまだ安定していない．それでも国内ソーシャルゲーム市場は拡大基調である．矢野経済研究所の推計と予測では，2011 年度 2 824 億円，2012 年度 3 870 億円，2013 年度 4 256 億円となっている［矢野経済研究所，2013］．

19.6　日本のインターネット活動

3 大学を結んだ JUNET から日本のインターネット活動が始まる

1980 年ごろ，慶應義塾大学の大学院生だった村井純は，マンホールの中に潜り込み，下水道に沿って通信回線を引き，二つの研究室のコンピュータをつなぐ［村井，1995a，p.83］．博士課程を修了して東京工業大学に勤務した村井は，今度は東京大学，東京工業大学，慶應義塾大学の 3 大学を電話回線で結ぶ．JUNET（Japan University Network）の誕生だ．ときは 1984 年の後半である．通信自由化（1985 年 4 月）の少し前だ．かなり危ない橋を渡る作業だったらしい．

つながると，みな使い始める．つなげたいという希望が続々と出てくる．たくさんのコンピュータが次々に接続され，ネットワークの輪が広がっていく［村井，1995a，pp.91-97］．参加者が増えると効用が増す，というネットワーク外部性が働き始めたのだろう．

この間，1981 年には東北大学が，ハワイのアロハネット経由で，ARPA ネットに接続した．JUNET も 1986 年に米国のユーズネットとつながる．翌 1987 年には CS ネットにも接続された．

1988 年には WIDE プロジェクトが始まる．WIDE とは Widely Integrated Distributed Environment の略である．接続に専用回線を導入するための資金を集めること，これを最大の目的とするプロジェクトだった．やがて国内的にも国際的にも，専用回線による接続

が，次々に実現する．

パソコン通信が普及

1980年代には，日本でも個人にパソコンが普及し始める．1985年に通信が自由化され，個人が電話回線を介してネットワークに接続することが容易になる．やがてニフティサーブ（現ニフティ）やPC-VAN（現Biglobe）などが，商用パソコン通信サービスを始める．電子メールと電子掲示板が主なサービスである．

パソコンの個人ユーザーは，パソコンで初めてコンピュータに接している．パソコン通信が初めてのネットワーク体験だ．UNIXとも無縁である．この点，JUNETやWIDEとは，だいぶ違う．

パソコン通信は中央のホストコンピュータに，パソコンが放射状につながる中央集権的なネットワークである．他のパソコン通信への接続は原則として不可．電子メールのやりとりも，同じホストを共有するパソコン同士に限定される．

これを克服するべく，前記WIDEのネットワークとニフティやPC-VANとの接続が実現，それぞれのパソコン通信の垣根を超えて，電子メールのやりとりが可能になった［村井，1995a，p.123］．

世界のインターネットコミュニティを巻き込んで日本語環境を実現

日本固有の問題に，日本語の扱いがある．パソコン通信の普及期は，日本語ワープロの全盛期でもある．かな漢字変換ソフト，漢字フォント，日本語の表示や印刷などが，日本語ワープロの普及と共に整えられていった．そしてこれらが，パソコン通信環境にも持ち込まれる．実際，この時期の日本では，パソコンではなくワープロで，パソコン通信に興じる人が少なくなかった．

逆に，UNIX環境のコンピュータ研究者たちは，日本語に苦労する．コンピュータ研究者なら英語で論文を書いている．日本人同士の電子メールだって英語でいいじゃないか．最初はそう思っていたという．ところが，これがうまくいかない．「自由なコミュニケーションのためには研究者の間でも，日本語のほうが断然よい」ことがわかる［村井，1995b，p.126］．結局，村井を中心とする研究者・学生のグループが，UNIX上の日本語環境を作り上げてしまう．

けれども研究者たちのコンピュータネットワークは，世界とつながっている．国際的なネットワーク環境のなかで日本語をどう扱うか．日本語や中国語などの文字種の多い言語は，2バイト（16ビット）はないと文字を表せない．ところが当時のUNIXでは，文字は1バイトと決まっていた．

村井たちは，強烈な使命感の下，しかし辛抱強く長い時間をかけて，国際的コンピュータ

コミュニティに，マルチバイト文字の必要性を認めさせる［村井，1995b，pp.140-145］．こうしてインターネットのなかで，様々な言語が，それぞれの言語表示で使えるようになっていった．

こうした経験を踏まえて村井は，インターネットは多様な文化と言語への可能性を持っているとし，こう述べる．「基本的にはそれぞれの人間が必要な言語を使えばよいと感じています（中略）．これまで以上に英語ばかりが幅をきかすようになるという見方もあるようですが，技術的には逆の可能性を持っているのです」［村井，1995b，pp.131-133］．

ブロードバンド接続とモバイル機器からのインターネット利用が拡大

1994年ごろになると，インターネットへの個人からの接続環境が整備される．パソコンそのものも，インターネット利用が可能な仕様となる．パソコン通信事業者は，続々とインターネットへの接続を始める．やがてパソコン通信事業者大手は，ISP（internet service provider）事業に軸足を移していく．こうして日本でも，インターネットの時代が始まった．

ただし1990年代には，個人のインターネット接続はダイヤルアップがほとんどだった．ユーザーは次第に速度に不満を募らせる．この時期，米国や韓国では，ADSL（asymmetric digital subscriber line）方式による，ブロードバンド接続が普及し始めていた．

NTTは当初，ADSLサービスに消極的だった．ISDN（統合ディジタルネットワーク）が1988年から商用サービスに入っていたからである．しかしISDNでは速くなったという実感が得られず，ADSLを要望する声が高まる．1999年から一部のISPはNTTの電話網を利用したADSLサービスを始める．2001年にはNTTを含む多くの事業者がADSLサービスを提供するようになり，2001年は日本のブロードバンド元年といわれた．ADSLサービスは月額定額料金で提供される場合がほとんどで，常時接続が普及し，インターネット利用形態を変えた．

さらに2003年ごろから，NTTをはじめ数社が，光ファイバによるFTTH（fiber to the home）サービスに力を入れ始める．日本では現在，光ファイバ通信方式がブロードバンド接続の主流である．集合住宅では，配電盤までを光ファイバで接続し，集合住宅内は既設の金属電話線を用いるVDSL方式などが，普及している．

また日本では携帯電話などのモバイル機器からのインターネット利用が多い．2011年末の時点で，自宅のパソコンからの利用が62.6％なのに対し，モバイル機器（携帯電話，スマートフォン，タブレット型端末）からの利用は82.5％に達している（総務省「平成23年通信利用動向調査」）．「メール」といえば「携帯メール」と考える人のほうが，現在では多い．

20. 民生用電子機器の興亡

20.1 米国の対日政策の変遷

日本の再工業化の抑制から支援へ 1950 年ごろに転換

第 2 次世界大戦後の日本は，連合国（実質は米国）によって占領される．その連合国軍総司令部（GHQ）は，通信と交通の確保と安全を日本政府に命じた．さらに CCS（Civil Communication Section，民間通信局）を設けて，通信事業と通信工業を統轄，電信電話とラジオ放送の復興に力を入れる．GHQ は「ほかのことはともかくとして『ラジオを作れ』とやかましくいってきた」[日和佐, 1968]．終戦直後の 1945 年 10 月に，早くも 400 万台のラジオ生産を指示している．この GHQ の政策によって，戦後日本の電子工業の立ち直りが早まった．

ただし通信や放送の復興という占領軍の政策は，日本の工業を立ち直らせるためのものではない．それどころか工業国として日本が復興することを，連合国は嫌った．二度と戦争を起こしたりすることができないよう，軍事産業復活につながるような再工業化を占領当初は徹底的に抑制した．

ところが，すぐに東西冷戦が激化する．特に朝鮮戦争（1950〜1953 年）によって，米国の対日政策が大きく変わる．日本の産業力強化や再軍備を支持し，促す方向に政策が転換する．米国側同盟国（反共の防波堤）として日本を再興，資本主義優位を示すショーウィンドウにしようとする．同時に，朝鮮戦争の後方支援（アジアの工場）の役割も，日本に期待した．米国は，安くて質の良い工業製品の供給基地として，日本を米国の軍事目的に役立てようとする（7 章）．

米国産業は冷戦に備えて軍事中心に

1955 年になるとラジオの輸出が急激に伸び始める．最大の輸出市場は米国だった．そこには冷戦の影響がある．1950 年（朝鮮動乱勃発の年）の米国の電子産業生産金額は，民生用電子機器が 15 億ドル，政府向けが 6.5 億ドルだった．ところが 1957 年には，民生用 17 億ドルに対し，政府向けが 41 億ドルと逆転している．米ソのミサイル開発競争や，ソ連の人工衛星スプートニク 1 号の影響で，米国電子工業の重心が，民生用から政府向け（軍事用

が大半）に移る．そして米国メーカーは軍事用に力を入れ，民生用は手薄となっていく．そこへ日本製の民生用機器が進出していった［電子工業20年史，1968, p.19］．

　トランジスタ時代になると日本電子産業の輸出指向はいっそう強まる．トランジスタラジオは9割が米国，カナダへの輸出に向けられた．1959年には日本製トランジスタラジオの輸入阻止運動が米国で台頭，貿易摩擦のはしりとなる［電子工業30年史，1979, pp.54-55］．

　トランジスタテレビがラジオのあとを追う．各メーカーがトランジスタテレビを生産し始めるのは1961年である．そしてたちまち輸出が始まる．1960年代の前半は白黒テレビだが，後半にはカラーテレビの輸出も目立つようになる．輸出市場は相変わらず米国が中心だった．

冷戦優先から対日経済競争力確保へ——1985年が転換点

　ラジオ，テレビのほか，カセットテープレコーダなどのオーディオ機器も輸出で成長した．やがてビデオテープレコーダ（VTR）が輸出の花形となる．

　1968年に米国電子工業会は，日本からの米国向けカラーテレビ輸出価格をダンピングとして提訴する．このあたりからカラーテレビをめぐる日米貿易摩擦が長く続く．1970年代に入ると円高が始まる．東西冷戦対応を最優先する米国の政策が，このころから変わってくる．

　1985年が転換点として重要である．1985年9月には「円高ドル安」政策が先進国間で合意に至る（「プラザ合意」）．その後の3年間で，1ドル240円から120円にまで，円高が進んだ．後に詳しく見るように，カラーテレビやVTRなどの民生用電子機器も，1985年以後は急減する．1984年までと1985年以後とでは，日本の電子産業は大きく構造を変えた．その転換点が1985年であり，それは米国の冷戦政策が転換した年でもある．どう転換したか，その内容については，半導体との関連で7章で触れた．また次の21章「1985年以後」でも再論する．

20.2　秋葉原の始まりと変容

ラジオ自作のための部品露天商が秋葉原の始まり

　第2次世界大戦が終わって間もなくのころの日本では，ラジオ受信機の自作には趣味を超えた需要があった．その需要を満たすべく，旧日本軍や米軍から放出のラジオ部品を売る露店が神田かいわいに並ぶようになる．東京・秋葉原の電気街の始まりである．

　秋葉原に来れば，ラジオを自作する人のための部品は何でもそろった．秋葉原はラジオ少年のふるさとである［高橋，2011, pp.207-208］．研究用の試作に必要な部品がすぐ手に入るので，大学などの研究機関にとっても重宝な存在だ．

　その後徐々に，秋葉原は家庭電気製品の街に変わる．テレビ，冷蔵庫，洗濯機など，当時あこがれの電気製品を買いに行く街，これが秋葉原となってゆく．この時期は1980年代ま

で続く．またこのころには，海外からの観光客が秋葉原に増える．日本製電気製品をおみやげとして買うためである．「値段の割に質の良い」日本製品は人気が高かった．

1990年ごろから秋葉原はパソコンの街に変わり始める．すぐにインターネットの普及が始まり，いわゆるIT（情報技術）が秋葉原の主役となる．ビルまるごとパソコン関連，といった店が増えていく．

趣味が都市を変える——アキハバラ

しかし1990年代の後半，バブル経済がはじけた後になると，秋葉原の変貌が始まる．秋葉原は「漫画同人誌やフィギュアをはじめとするオタク趣味の中心地に変貌し，都市風景まで塗り替えられつつある」［森川, 2003, p.16］．いわゆる「メイド喫茶」も秋葉原に集まっている．「クールジャパンの聖都」，これが21世紀のアキハバラだ．そこでは，オタク趣味の建築化，実空間がインターネット空間を模倣，個室の都市空間への延長，都市空間を主導する主体が官→民→個と移る，といった事態が進行しているらしい［森川, 2003］．

アニメやゲームなどは，貿易的にも文化的にも，いまや日本の輸出産業である．経済産業省には「クールジャパン室」が設置されている．クールジャパンへの産業的期待は大きい．そのクールジャパンが都市空間として現出しているところ，これが21世紀のアキハバラなのかもしれない．

20.3　自主独立路線の電子部品業界

部品業界の自主独立への歴史的背景

電子部品メーカーは自動車部品メーカーに比べると，自主独立の傾向がある．自動車部品メーカーは完成車メーカーと，いわゆる系列関係にあることが多い．人事・資金の両面でつながりが深い．これに対して電子産業では，部品メーカーと完成品メーカー（電子業界では完成品を「セット」と呼び習わしている）の関係は，一般には深くない．

先の秋葉原電気街の成立のところで触れたように，第2次世界大戦後しばらく，アマチュアによるラジオの自作に大きな意味があり，そこに部品の需要があった．「そのため全国の部品問屋に部品を売りに歩き回りました．これを市販ルートと呼んでおり，こちらからは現金が入ります．1953年（昭和28年）ごろですと，セットメーカー2に対して市販8といった比率で市販ルートの売上げのほうが大きかった．このことが，部品メーカーの独立性を高めたのかもしれません」［片岡, 1997a］．セットメーカーは現金で払ってくれず，セットメーカーへの納入だけでは部品メーカーの経営が成り立たなかったという．

GHQのCCS（民間通信局）が，電子部品企業の育成に力を注いだという事情もある．すでに触れたようにGHQはラジオの生産・普及に熱心で，ラジオに必要な資材を優先的に割

り当てていた［日和佐，1968］．しかしこの資材割当ては，当初はセットメーカーだけが対象である．部品メーカーは，セットメーカーから資材を回してもらう形だった［片岡，1968］［同，1997a］．この形の不合理に抗議し，部品の資材は部品メーカーみずからが申請し，直接配給を受けるべきだという意見が強くなる．これを受け CCS は，資材の配給を部品メーカーに直接行うよう指示する．部品メーカーをセットメーカーと対等の地位まで引き上げる，という見地からである．

このことが一つの要因となり，電子工業は，セット，部品のそれぞれが独立し，対等の形で発展して，今日のような産業構造となった［電子工業30年史，1979，p.35］．

米国視察で自主独立路線に自信を得る

1957年（昭和32年）に部品チームの12名が6週間にわたって米国を視察する．この米国視察で，部品業界は将来に大きな自信を得る．理由は二つある．一つは，部品メーカーの自主独立が米国では実現しているのを目の当たりにしたことである．「おれたちだってできるんだ」と思った［片岡，1997a］．もう一つは，米国への部品輸出が可能だという自信を得たことである．実際その後，部品単体の輸出が伸びる．これがまた部品メーカーの自主独立を促した．

「部品メーカーの自主独立のためにも標準化は大切です．（中略）．標準化が技術進歩を止めるという考えはおかしいと思います．もちろん，技術進歩や軽・薄・短・小の進展などで標準規格はだんだん変わってきますが，だからといって不必要なバラエティをつくるべきではありませんし，代替品のない製品は事故の際に対応できません．決められた規格のなかで性能を引き出し，競争すればいいのです．これがオープン化でしょう」［片岡，1997b］．

20.4　民生用電子機器とテレビ関連産業の盛衰

第2次世界大戦後の日本の電子産業の復興はラジオから始まったと述べてきた．ラジオやテレビのような消費者向け電子製品を，経済産業省の統計では「民生用電子機器」と呼んでいる．統計上の大分類項目はほかに「産業用電子機器」と「電子部品・デバイス」とがある．ただし品目の分け方や用語には歴史的な変遷がある．

民生用電子機器の輸出は1985年を境に急増から急減へ

復興をラジオから始めた日本の電子産業は，まず民生用電子機器の生産と輸出によって成長していく．この様子を示しているのが図20.1である．1985年までは生産した民生用電子機器の多くを輸出している．しかし1985年をピークにして，以後は輸出が急減し，輸入が徐々に増え始める．

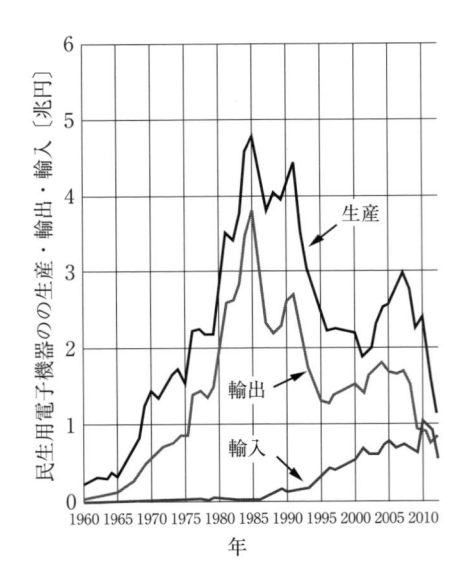

図 20.1 民生用電子機器の生産，輸出，輸入の年次推移（資料：経済産業省 生産動態統計，財務省 貿易統計）

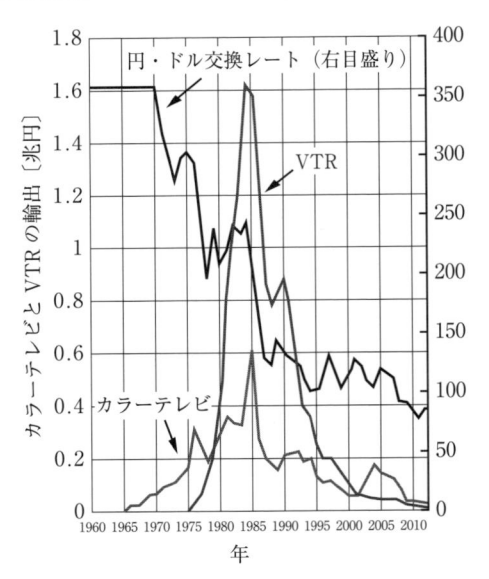

図 20.2 カラーテレビと VTR（ビデオテープレコーダ）の輸出推移．円とドルの交換レートも併せて示した（資料：財務省 貿易統計など）

1985 年から激しい円高になる（**図 20.2**）．民生用電子機器の輸出金額は，以後，減少を続ける．1985 年を境に日本の民生用電子機器産業は構造転換したと考えるべきだろう．

2000 年代に入るころから生産も輸出も，やや回復する．これには薄型テレビが貢献していると考えられる（後述）．とはいえその金額は 1985 年に比べると，はるかに低い（図 20.1）．2010 年には民生用電子機器において日本は貿易赤字国となる（2012 年には，わずかながら黒字を回復）．

日本のテレビ放送は米国の NTSC 規格を採用

テレビへの関心は日本でも早い．高柳健次郎（当時は浜松高等工業学校助教授）は 1926 年に，テレビ技術によって文字「イ」を映すのに成功している．しかしテレビ本放送は 1953 年と遅れる．

1950 年に NHK 技術研究所がテレビ実験放送を始めた．翌 1951 年 8 月，正力松太郎（読売新聞社主）は傘下の日本テレビ放送網によるテレビ放送計画を発表する．米国の NTSC 規格を採用する計画だった．ここから日本テレビと NHK の角逐が始まる．テレビを公共放送とすべきか民間放送とすべきかの議論も，これに関係し，政治問題化する［高橋，2011］．

1952 年 1 月に「白黒式テレビジョン放送に関する送信の標準化方式」に関する聴聞会を，電波監理委員会[†（次ページ参照）]が開催した．電波監理委員会の原案は，周波数帯域幅 6 メガヘル

ツ，走査線数 525 本，毎秒画像数 30 枚と，米国の NTSC 方式そのものだった．これに対して NHK や電子機械工業会などは，周波数帯域幅 7 メガヘルツの国産方式を主張した．

電波監理委員会は 6 メガ方式を採用，1952 年 6 月には 6 メガ方式（NTSC 方式）に正式に決まる．米国と同じ方式になったため，生産・輸出面で有利になった．本放送開始は NHK が 1953 年 2 月 1 日，日本テレビが同年 8 月 28 日である．

1960 年にはカラーテレビの本放送が始まる．1964 年の東京オリンピックの効果もあって，1960 年代にはカラーテレビの普及が進む．カラーテレビは対米輸出の主役となり（図 20.2），やがて貿易摩擦を引き起こす．

VTR は過去最大の民生用電子機器

しかし図 20.2 は，輸出金額はカラーテレビより VTR のほうが，はるかに大きかったことをも示してもいる．日本の電子産業にとって，VTR は過去最大の民生用電子機器である．その生産金額は全盛期には 2 兆円を超え，輸出金額は 1.6 兆円に達する．半導体貿易摩擦のさなかにあった 1984 年の集積回路輸出金額は約 0.78 兆円に過ぎない．しかしその VTR 輸出も 1985 年を過ぎると急減する．更に今は，単独の VTR は生産も輸出もほとんどなく，DVD との一体型がわずかに残る．

VTR の次は何か．1980 年代の後半から，日本の電子業界はポスト VTR を求めて努力を続けた．合い言葉としては，ポスト VTR はマルチメディアであり，情報家電だった．しかしそれはいまだに見果てぬ夢である．VTR に匹敵するほどの生産や輸出を実現した民生用電子機器，それは現れていない．その現実を図 20.1 と図 20.2 は雄弁にものがたる．

ベータ対 VHS——ネットワーク外部性の例

VTR は生産金額・輸出金額が大きかっただけでなく，日本の電子産業が自ら開発し，国内メーカー同士で標準化争いをし，世界市場を圧倒的に支配した記念碑的製品でもある．

VTR は米国で開発され，1950 年代後半にはテレビ放送に使われ始める［菅谷，1995 年］．1960 年代になると，日本の家電メーカーが家庭用 VTR の開発を始める［澤崎，1996］．同じころ欧米のメーカーは，ビデオディスクに努力を傾けていた．後年家庭用 VTR は日本の独壇場となる．やがてベータと VHS という世界を 2 分した規格争いが始まる．

ソニーがベータマックス（以下ベータ）を発売したのは 1975 年，日本ビクターの VHS の発売は 1976 年である．以後の両者の競争とその結果は，規格の重要性を一般人にも，強く印象付けた．またデファクトスタンダード時代の幕開けを象徴する規格争いでもあった．

---

† （前ページの脚注）　電波監理委員会は公正取引委員会とともに，占領軍の指示によって 1950 年 6 月に生まれた組織．政府から独立した行政委員会で，放送事業免許の認可権を持っていた．1952 年 7 月には廃止され，電波行政は郵政省所管となる．

両規格の帰趨を決めたのはレンタルビデオである［菅谷，1995］［山田，1993］．放送テレビの録画が主な用途であれば，ベータだろうと VHS だろうと，買ってしまえばユーザーには特に不自由はない．初期には VTR の使い方はテレビの録画が主体だった．

1983 年にレンタルビデオが正式に解禁となる．この当時すでに VHS のほうが市場でわずかに優位だった．ビデオソフト業界は当然 VHS を優先する．レンタルビデオ店での VHS ソフトの優勢が，VHS 方式の VTR のシェアを上げ，それがまたビデオソフト業界の VHS 優先に拍車をかける，という正帰還が形成された．11 章で紹介したネットワーク外部性の典型的な例といえよう．

VHS とベータの場合，1977 年にはシェアはほとんど互角だった．それが 1986 年にはベータは 10％を割る．この間，最初はベータ陣営についていた企業も次々に VHS 製品を発売し，規格を開発した日本ビクターの技術料収入は，経常利益の半分に達したという［山田，1993，p.40］．1988 年にはベータの開発元ソニーも VHS を併売する．

規格争いは先進国の宿命か

二つの方式が市場で争うのはユーザーにとって迷惑，こういう考えが当然ある．しかし一方，次のような意見もある．

「もとより消費者に迷惑をかけることは本意ではないが，世界に通用する商品の規格化となると，最後に残ったものは甲乙つけがたい．（中略）．結局，量産して消費者に使っていただく以外によい方法がないのではなかろうか．このように規格化は痛みを伴うものであり，これが先進国の宿命であり使命のような気がする」［菅谷，1995］．

たしかに家庭用 VTR 以前の日本のエレクトロニクス業界が，自ら規格の提案者になったことは，ほとんどない．欧米から提案された規格に準拠した製品を，欧米メーカーより上手に作って儲ける，というのが日本メーカーの基本戦略だった．

ところが家庭用 VTR では，日本メーカーが製品規格を開発，提案し，世界の家電メーカーを巻き込んだ多数派工作を展開した．その後，日本企業が中心となって DVD や，その後継のブルーレイディスクなどの規格を決めた．多数派工作，合従連衡，少なからず．ハリウッドなど，コンテンツ業界への働きかけも活発に展開した．

20.5 テレビ放送のディジタル化と薄型テレビ

ポスト VTR は，いまだに現れていない．VTR 以後，それなりに大きな生産を実現した民生用電子機器は，再びテレビである．2010 年には日本製テレビの生産金額は 1 兆円を超える（図 20.3）．このテレビは，液晶を主体とする薄型（フラットパネル）テレビだ．その生産金額は 2010 年をピークに，2011 年，2012 年には失速ぎみに急減する．この軌跡は，地

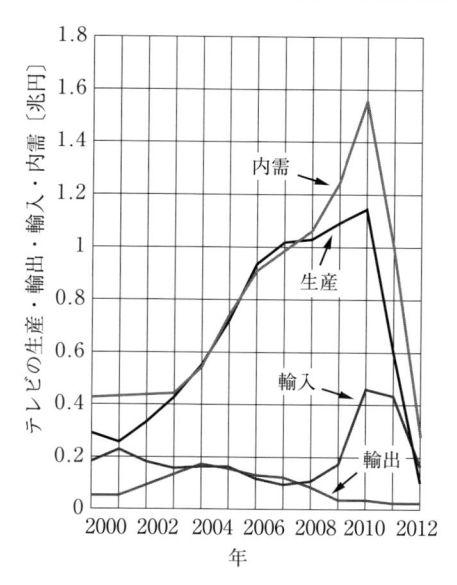

図20.3　2000年以後のテレビの生産・輸出・輸入・内需（資料：経済産業省 機械統計，財務省 貿易統計）

上波ディジタルテレビ放送[†]に伴うテレビ買替え需要に対応している．これに関連した動きを，歴史を遡って見てみよう．高画質化（ハイビジョン），衛星放送，ディジタル化，薄型化などが絡み合っている．

ハイビジョンをめぐるアナログ／ディジタル論争

　テレビの進歩の一つの方向は，画質の向上である．日本が採用したNTSC規格は，画面の縦横比4対3，走査線数525本である．縦横比は，当時の映画スタンダードサイズに合わせたという．

　カラーテレビの次のテレビとして，日本では1964年に，「高品位テレビ」の技術開発がスタートした．これが後にハイビジョンと呼ばれる．縦横比16対9，走査線数1 192本の高精細テレビである．ディジタルハイビジョン放送では，画素数1 920×1 080が基本となる．開発の主体はNHKである．

　テレビ放送というメディアを前提に，映像品質の優れたテレビを開発しようというプロジェクトだった．1991年から試験放送が始まり，1994年には実用化試験放送となる．家庭向けハイビジョンテレビの販売も始まる．これらの実績を基に，日本は国際標準を目指す．

---

　† 2002年ごろから総務省と放送事業者は「地上デジタル放送」と呼んでいる．しかし本書では，他の章との表記統一のため「地上波ディジタル放送」と表記する．

ところがハイビジョンをめぐってアナログ／ディジタル論争が起こる．それは「より美しいテレビ」か「より多様なサービス」かについての議論でもあった．サービスを多様化するためにディジタル方式への転換が先にあり，画質をどうするかは後のはなし，というのが米国の主張である．

日本のテレビ業界は伝統的に，画質追求に熱心である．これに対してMITメディア研究所の所長（執筆当時）ネグロポンテ（Nicholas Negroponte）は，こう問いかける．「あなたはテレビを見ていて，画の解像度や画面の形，あるいは動きのなめらかさ，こういったことに不満をいうことがありますか．多分そうじゃないでしょう．不満はプログラムの内容のほうですよね」[Negroponte, 1995, p.37].

日本側（電子機械工業会）は反論した．「ハイビジョンもディジタル技術なのです．伝送方式がアナログだというだけの違いです．世界中で実現したのは日本だけなのです．米国は，ハイビジョンが将来のテレビのデファクトスタンダードとなることに抵抗があるのです」[関本, 1996].

この論争から，テレビ放送のディジタル化の議論が本格化する．結果的に日本では，テレビ放送のディジタル化が，ハイビジョン方式の実用化と連動して実施された．また薄型で大画面のテレビへの移行とディジタル化が，同時期に進行した．そのため日本の放送テレビ画面は美しい．

サービスの多様化，特にチャネル数増加には，衛星放送が貢献した．日本で衛星による本放送が始まったのは1989年である．2000年からは衛星ディジタル放送も始まる．

既存放送局を温存する形でのディジタル化

地上波ディジタル放送への政策的取組みが活発になったのは1996年ごろからである．そこには先に触れたハイビジョンをめぐるアナログ／ディジタル論争が影を落としている．

日本ではケーブルテレビがあまり普及していない．また放送と通信の峻別にも神経質である．このため電波による「放送」の役割が大きい．その電波を管理しているのは国である．地上波テレビ放送のディジタル化も，国主導で実施された．ディジタル放送の免許は，既存のアナログ放送事業者だけに与えると決まる．つまり既存放送事業者の「既得権」は温存されることになった．

日本のテレビ放送免許は県単位に付与されてきた（県域原則）[樋口, 2010]．しかし衛星放送やインターネットは，技術的には県域原則を無意味にする．テレビ放送のディジタル化は，この県域原則をはじめ，テレビ放送の事業構造や通信との関係の見直しの契機になり得たはずである．しかしこれらの見直しはなく，既存アナログ放送事業者が，そのままディジタル放送の事業者となった．

日本のテレビ放送ディジタル化はハイビジョンを意識しながら進行した．だから日本のディジタル放送は，衛星放送も地上波放送も実質的にはハイビジョンである．アナログからディジタルへの転換は，日本では大画面で高画質・高音質のテレビを楽しむようになる，という転換だった．

ディジタル化が完了したら，すぐに4Kテレビの商品化に日本のテレビ業界は動き出した．相変わらずの画質指向である．4Kテレビでは，縦横それぞれがハイビジョンの2倍，すなわち3840×2160で，画素数はハイビジョンの4倍になる．

地上波ディジタル放送は薄型テレビで見ることになる

テレビ放送のディジタル化が進んだ時期は，薄型テレビ受像器の開発が最終段階となった時期でもあった．ディジタル放送を見るためのテレビは，事実上，大画面の薄型テレビとなる．

実は欧米の電機メーカーのほうが，早くから「壁掛けテレビ」の開発に取り組んだ．液晶ディスプレイ開発を，米RCA社は1960年代から始めている．対外的に発表したのは1968年である．RCAは白黒テレビ，カラーテレビを開発した企業だ．液晶ディスプレイ開発に当たって，最初から壁掛けテレビを意識していた．ゴールとして壁掛けテレビを設定し，それを実現するための技術として，RCAは液晶を選ぶ．ゴール設定も，技術の選択も，正しかった．しかしRCAは，液晶壁掛けテレビを実現する前に，会社そのものがなくなってしまう．

液晶ディスプレイは，1973年ごろから電卓や腕時計の数字表示装置として使われ始める．1980年代に入ると，携帯機器の文字ディスプレイ，液晶ゲーム機など，多彩な応用が開け，やがて超小型液晶テレビが続々商品化される．フラットパネルディスプレイの主役としてCRTとの競合が意識され始めるのは1984年ごろからだ［林ほか，1984］．

1990年代に入るとノートパソコンという大市場が開拓される．さらにはデスクトップパソコンのモニタディスプレイとしての地位も固める．自動車への搭載も一般化した．

薄型テレビ開発における日本企業の貢献は大きい

薄型テレビ開発における日本の貢献は大きい．日本企業，例えばシャープは，電卓・時計から始め，ワープロ，ノートパソコン，デスクトップパソコンのモニタという時間順序で液晶応用製品を展開する．そして最終的に大画面薄型カラーテレビを実現する．これらを可能にするための技術も，対応して時間順序で進化した．この時間順序を経た技術進歩と製品展開の全過程，これを自ら開発し推進したのは日本企業である．

薄型テレビの実用化が始まった時点では，液晶，プラズマ，投写型などが競っていた．しかしやがて，ほとんどのサイズを液晶が支配するようになる．

米国ではファブレスのテレビメーカーが成長

日本のテレビメーカーが我が世の春を謳歌した期間は短い．韓国や台湾の企業が，じきに液晶パネルを生産するようになる．このとき同時に，薄型テレビにおいても水平分業が進んだ．

例えば米ビジオ（VIZIO）社である．同社は韓国サムスン電子と，米国テレビ市場で1, 2位を争う．その意味でビジオは大手テレビメーカーだ．しかしビジオは，まったくのファブレス企業である．同社は液晶テレビの企画と設計だけを行う．従業員は90人ぐらいしかいない［大槻, 2012a］．台湾の鴻海精密工業（Hon Hai Precision Industry）や瑞軒科技（Amtran Technology）に多くの業務を委託しており，非常に進化した水平分業を実現しているという［大槻, 2012b］．ビジオのテレビは米国市場では「安くて良い製品」として評価されている．

テレビ買替え需要（地デジ特需）の発生と消滅

日本では，かなりの数のテレビメーカーがディスプレイパネルを内製する．特にシャープは，垂直統合による高品質を謳い，製造工場（三重県にある亀山工場）をブランドとしてセールスポイントにした．日本市場が「地デジ特需」（地上波ディジタル放送に伴うテレビ買替え需要）にわいていたときには，シャープの戦略は，それなりに成功する．

図20.3に見るように，日本におけるテレビの内需と生産は，2003年から急増する．2003年は3大都市圏で地上波ディジタル放送が始まった年である．「地デジ特需」が同時に始まった．テレビ放送のディジタル化によって，日本に起こった現実はこれである．もちろんテレビメーカーは，これを期待していた．また国の側も産業振興策として，テレビ買替え需要を意識していた．

2009年5月15日，ときの麻生内閣は「家電エコポイント事業」を始める．地上波ディジタル放送対応のテレビなどを買うとエコポイントが付与され，指定商品が購入できるという制度である．地球温暖化防止，経済の活性化，地上波ディジタル放送対応のテレビの普及が目的とされていた．この制度は2011年3月31日まで続き，地デジ特需を後押しする．

テレビの内需と生産は2010年にピークに達し，2011年，2012年には壊滅的に急減する（図20.3）．地デジ特需の終わりである．アナログテレビ放送の電波は，2011年7月24日（東日本大震災を被災した東北3県では2012年3月31日）に止まった．このアナログ停波日程を考えれば，2011年，2012年におけるテレビ内需の激減は，予定どおりである．

2012年以後の日本の電機メーカーのテレビ事業は，いずこも不振を極める．メーカーのなかにはテレビ事業から撤退するところも出てきた．パネルを自社生産している日本メーカーは，パナソニックとシャープの2社だけとなる．

地デジ特需が伸びていた時期の大型投資が裏目に出る

地デジ特需によってテレビの国内需要が急伸していた時期に，日本メーカーは大型投資を進めた．例えばパナソニックは 2007〜2010 年にかけ，薄型テレビやパネルに毎年 2 000 億円前後の投資を続ける［津賀, 2012］．またシャープは 2007 年 7 月，大阪府堺市に液晶パネルの新工場建設を発表する．約 4 000 億円の投資である．

それらの大型工場が本格稼働を始めて間もなく，国内テレビ需要は激減する．大型工場の稼働率は下がり，在庫が積み上がる．各社のテレビ事業の採算は一気に悪化した．

2011 年 7 月にアナログ放送の電波が止まることは，早くから予定されていた．地デジ特需は，その前に終わるに決まっている．「地デジ移行後に売れなくなったらどうするか，という考えがなかった」と，ケーズ HD・加藤修一会長は日本のテレビメーカーを批判する［志村, 2013］．

「日本国内の地デジ特需が終了しても海外需要はある」と見ていたのかもしれない．けれども 1985 年以後，日本からのテレビの輸出は微々たるものに過ぎない（図 20.2 と図 20.3）．

液晶テレビの大型化が全世界で急速に進展するとシャープは予測，その大型テレビの需要増大に合わせるため，というのが堺新工場の位置付けだったという［大河原, 2007］．この予測が実現しなかった原因として，リーマン・ショック[†]による世界的不況が挙げられている．ということは，投資を決めた 2007 年時点で，海外需要を意識していたわけである．しかし先に指摘したように，リーマン・ショック以前から，日本製テレビは，わずかしか輸出されていない．

とすればテレビではなく，ディスプレイパネルを部品として輸出するつもりだったことになる．そう意識していたかどうかはともかく，結果的に現在は，この部品輸出が伸びている（後述）．

日本のテレビ事業の今後

日本のテレビ事業はどこへ向かうのか．ディスプレイパネルを内製する垂直統合メーカーは，もはやわずかしか残っていない．パネルを外販する部品メーカーとして生き残る．これが一つの解だろう．テレビメーカーとして消費者に向き合うのではなく，パネルメーカーとして，テレビメーカーや EMS 企業を相手にする．

実は日本の電子産業全体が部品供給者の性格を強めている．2012 年において，電子部品の生産金額は電子産業生産金額の 56％に達する．貿易黒字を達成しているのは部品事業だけで，民生用・産業用を問わず，完成品の輸出入は赤字すれすれだ．テレビ事業でも部品供

[†] 2008 年 9 月 15 日，米国の投資銀行リーマン・ブラザーズ（Lehman Brothers）が破綻する．この出来事をリーマン・ショックと呼ぶ．この破綻が世界同時不況の引き金となったからである．

給者として生き残りを図るのは，日本の電子産業の現況に照らせば，理にかなっている．

シャープはこの方向に向かっているように見える．実際，前記シャープ堺工場は現在，「堺ディスプレイプロダクト株式会社」によって，パネル外販企業として運営されている．なお同社には，台湾・鴻海精密工業の代表者・郭台銘が個人として，資本の半分近くを出資した．

シャープは米アップル社にスマートフォン向け中小型液晶パネルを供給している．また米クアルコム社から約100億円の出資を受け，次世代液晶パネルの共同開発をすると2012年12月に発表した［日本経済新聞，2012］．さらに2013年3月には，サムスン電子から100億円の出資も受けると発表，同時にテレビやスマートフォン向けパネルのサムスン電子への供給を拡大する［日本経済新聞，2013b］．テレビメーカーから液晶パネルメーカーへ，この道をシャープは進み始めている．

現在のテレビ放送が，このまま存続するかどうか，メディアの観点からは定かではない．テレビ放送は死滅に向かうという意見もある［ライヤン，2011］．インターネットとの関係の再構築も不可避だろう．しかしディスプレイが不要になることはない．その意味で，ディスプレイパネルメーカーとして生き残りを図るのは，一つの選択肢に違いない．ただし自社テレビへのパネル供給より，外販を優先するという覚悟がいる．

他方，ディスプレイパネルを外部から調達しながら，テレビメーカーとして存続している日本企業もある．その先には，米ビジオのように，ファブレスのテレビメーカーという選択肢もある．

20.6 オプトエレクトロニクスでは日本の存在感が大きい

この50～60年を振り返ると，電子産業のなかで光（オプトエレクトロニクス）の役割が大きくなり，なおその役割が拡大しつつあるのに気付く．光ファイバ通信はネットワークをブロードバンド化した．音楽用コンパクトディスク（CD）から始まった光ディスクは，ブルーレイディスクに至る．太陽電池は腕時計から屋根瓦，さらにはメガソーラーと呼ばれる大規模発電所にまで進出，再生可能エネルギー源として大きな存在となってきた．

日本では光技術の重要性についての認識が高く，かつこの分野での貢献も大きい［池上ほか，2000］．1980年には財団法人光産業技術振興協会が設立され，現在に至っている．同協会の光産業動向調査は，2010年度の光産業国内生産金額は約8兆円である．同時期の電子産業生産高は15兆円ほどだ（電子情報技術産業協会調べ）．ただし光産業としてカウントされている製品のほとんどは電子産業の製品でもある．光産業が電子産業と独立に存在しているわけではなく，電子製品のうちの光が関係している製品を抜き出して合計した結果が8兆円と考えるべきである．とはいえ，電子産業のうちの半分以上が光製品になってきたことに

なる．

　また光産業は，10年前の2000年度には，生産金額は約7兆円だった．ところが電子産業生産金額は2000年には26兆円もあった．それが10年後には15兆円に縮小している．これに対して光産業は同じ10年間に7兆円から8兆円に伸びている．ただしこれは，個々の光製品が伸びているというより，電子製品のなかで光が関係する製品の割合が増えていると考えるべきだろう．

　電子情報通信産業における光の役割のうち，光ファイバ通信については，すでに13章で述べた．以下では，それ以外のオプトエレクトロニクスについて概観する．

音楽用CDから始まりブルーレイディスクに至った光ディスク

　光ディスクの開発は当初ビデオディスクを目指していた．しかし音楽用のコンパクトディスクの成功によって，光ディスクは製品としての地位を確立した．その成功が光方式のための部品のコスト低下などに寄与し，その後，様々な光ディスクが出回る．

　ビデオディスクもレーザーディスクを経て，DVDで一般化した．さらにその後，青色半導体レーザの登場によって，より高密度のブルーレイディスクが主役になりつつある．これらの光ディスクの規格策定において日本企業は大きな役割を果たした．

　2010年度時点で，光ディスクの国内生産金額は約3500億円である（光産業技術振興協会調べ）．この金額には，光ディスク装置（ドライブ）と記録媒体（ディスク）が含まれている．光ディスクの生産金額は，2000年度には1兆円を超えていた．10年間に3分の1ほどに国内生産が縮小している．海外生産の増加，外国企業の台頭などが背景にある．

半導体レーザは，光ファイバ通信，光ディスク，レーザプリンタの基幹部品

　半導体レーザはオプトエレクトロニクスにおける基幹部品である．光ファイバ通信，光ディスク，レーザプリンタなど，かなり異なるシステムに半導体レーザが使われる．

　半導体レーザの最初の大きな需要はコンパクトディスクによってもたらされる．波長780 nmの近赤外レーザが使われた．その後に登場したDVDには，さらに短波長の650 nmのレーザが使われる．光ディスクでは，レーザ波長が短いほうが記録密度が高くなる．青色（波長400 nm近辺）のレーザが実現し，ブルーレイディスクが可能になった．

　光ファイバ通信向けの半導体レーザは逆に長波長化してきた．850 nmで始まったが，現在は波長1.55 μmが主役である．これは光ファイバの低損失化と連動している．石英系の光ファイバでは，1.55 μmが最低損失となる波長である．

　半導体レーザの国内生産金額は2010年度時点で，通信用もディスク用も，それぞれ300億円，合計して約600億円といった規模である（光産業技術振興協会調べ）．2000年度の半導体レーザ生産金額は2000億円を超えていた．この10年間における国内生産の落込みは

激しい．

青色と緑色の登場で発光ダイオード新時代

1993年末に従来より100倍明るい青色発光ダイオード（light emitting diode, LED）を日亜化学が開発した．以後発光ダイオードは新しい時代に入る．赤色も含め，発光ダイオードは白熱電球のレベルに達し，明るいフルカラーが用途を広げる．新しい応用分野としては，屋外設置の巨大ディスプレイ，交通信号機，液晶ディスプレイパネルのバックライト，自動車のヘッドライト，一般照明用光源などが登場した．特に2000年代後半から一般照明市場が伸び盛りとなっている．

発光ダイオードの国内生産金額は2010年度に約3000億円．発光ダイオードの場合は2000年度の国内生産金額が1400億円ほどなので，この10年間に国内生産が倍以上に増えたことになる[†]．上記の新市場の伸びが反映しているだろう．さらに2011年3月11日の東日本大震災以後は，原子力発電の停止などから省エネルギー・節電への意欲が高まり，白熱電灯から発光ダイオード照明への移行が進んでいる．

再生可能エネルギー源として東日本大震災後に太陽光発電への関心が高まる

太陽光を電気エネルギーに変換する太陽光発電も，東日本大震災の影響を大きく受けつつある．しかし日本の太陽光発電開発には長い歴史がある．石油危機を受けて1974年に始まった通産省（現経済産業省）主導の「サンシャイン計画」，1993年スタートの「ニューサンシャイン計画」などのプロジェクトで，太陽光発電システムの開発・実用化試験などが実施された．

しかしその後，ヨーロッパで太陽光発電の導入が進む．それに呼応して，中国企業が低価格の太陽電池や太陽光発電システムを開発し，ヨーロッパ市場を席巻する．

日本では東日本大震災後の2012年7月1日から「再生可能エネルギーの固定価格買取制度」が始まった．これを追い風に太陽光発電システムの設置が進みつつある．

[†] 発光ダイオードの統計資料には混乱が見られる．2010年度の生産金額として光産業技術振興協会は3000億円と推定しているのに対し，経済産業省の生産動態統計では2010年の生産金額を1784億円とする．財務省貿易統計では，発光ダイオードの輸出額が2196億円．経済産業省統計の生産金額より輸出金額のほうが多くなっている．貿易統計における輸入金額は952億円．

発光ダイオードの場合は，パッケージ封入前のチップで出荷する場合と，パッケージに封入してから出荷する場合がある．白熱灯型LED電球の場合は，パッケージは電球であり，この場合は電球としての出荷になっている可能性もある．調査に回答する企業の解釈に統一がとれているかどうか，という問題もあるかもしれない．

半導体レーザの場合は，光産業技術振興協会調べの約600億円に対し，経済産業省生産動態統計では約480億円．光産業技術振興協会調査は2010年4月から2011年3月を対象とする年度調査である．経済産業省統計は2010年1～12月の暦年調査だ．この違いを考えれば，発光ダイオードの場合ほどの差はない．貿易統計には，半導体レーザは単独では記載されていない．

21. 1985年以後

　1990年代初頭にバブル経済が崩壊してから，日本経済は長く低迷する．21世紀に入ってからも「失われた20年」を超え，低迷は続く．その起点は通常は1990年である．東西冷戦の終焉など，1990年前後は世界史的な転換期だった．

　しかし日本の電子産業の転換点は，むしろ1985年である．東西冷戦も1985年から「終わり」が始まっている．その東西冷戦の「終わりの始まり」が，日本の電子産業のあり方を大きく変えた．

　通信自由化は，米国が1984年，日本が1985年である．電子情報通信産業の境界条件を100年ぶりに変えたといえる．インターネット時代への序章でもあった．

　以上の認識の下，本章では1985年以後の日本の電子情報通信産業の構造変化を考える．

21.1　輸出主導から内需主導へ——1985～2000年

電子産業の貿易黒字が1985年以後，減少を続ける

　1985年以前と以後では，日本の電子産業は構造が違う．この事実を示しているのが図21.1である．図21.1は1970年以後の日本電子産業の，生産，輸出，輸入，内需（生産＋輸入－輸出），貿易収支（輸出－輸入）を単純化して図示したものである．

　1985年以前と以後で一番違っているのは，貿易収支の動向だ．それまで勢いよく伸びていた貿易黒字が，1985年以後には減少に転じる．2013年1～9月は約3 300億円の赤字だ．かつて10兆円に近い貿易黒字を稼ぎ出していた電子産業が，いまや赤字になろうとしている．

　1985年までは，生産・輸出・貿易黒字が並行して伸びている．ところが1985年以後になると，輸出の伸びが鈍る．輸入も増え始める．貿易黒字は減少傾向に転じる．

　1985年以前には，日本の電子製品の第1の輸出先は米国だった．米国は日本の電子製品を冷戦政策に活用する．米国の冷戦政策は1985年に終わる．1985年から始まる急激な円高は，すでに述べたように，日本の民生用電子機器（テレビやVTRなど）の輸出を壊滅させる（図20.1，図20.2）．米国の冷戦政策の下，「輸出で外貨を稼ぐ」を行動指針とした時代，

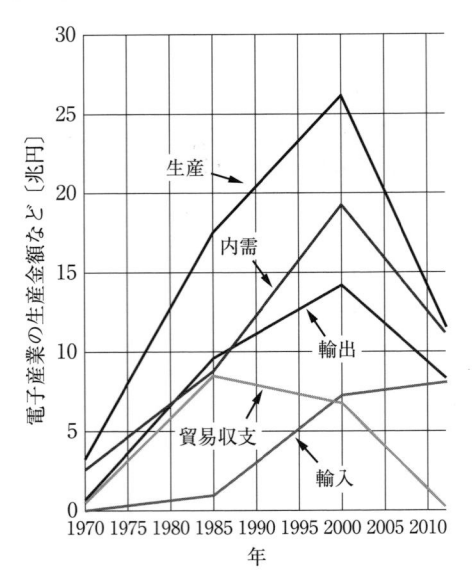

図 21.1 日本電子産業の生産・輸出・輸入・内需・貿易収支の推移（資料：経済産業省 機械統計，財務省 貿易統計）

そういう一つの時代は 1985 年に終わった．

2000 年までは国内需要の伸びが日本の電子産業を牽引

　貿易黒字の減少は 1985 年に始まる．しかし国内生産が同時に減少を始めたわけではない．1985 年から 2000 年までの 15 年間は，凹凸はあるものの国内生産はかなり伸びた．2000 年の生産金額は 26 兆円を超え，過去最高を記録している．

　もう一度，図 21.1 を詳しく見てみよう．1985 年以前は生産・輸出・貿易黒字が並行して伸びている．輸入はとるに足らない．輸出や生産に比べると内需（＝生産＋輸入－輸出）の伸びは鈍い．1970〜1985 年の 15 年間の伸びは，生産 5 倍，輸出 11 倍，内需 3 倍である．つまりこの時期，1985 年以前は，日本の電子産業は輸出主導で成長していた．

　1985 年を過ぎると，輸出の伸びが鈍る．輸入が着実に増え始める．結果として貿易黒字が減少傾向となる．1985 年から 2000 年までは，生産も伸びているが，内需の伸びは，いっそう著しい．1985〜2000 年の 15 年間の伸びは，生産と輸出が 1.5 倍だったのに対し，内需は 2 倍である．この間，日本の電子産業は内需主導で成長した．

　1985 年以後の内需主導の成長は，貿易摩擦対策の観点からも好ましかった．1980 年代，日本の電子産業は貿易摩擦に苦しんでいたからである．日本電子機械工業会の歴代会長にとって，当時は貿易摩擦が最大の懸案である［西村ほか，1998，pp.71-78］．

1985年から2000年まで，日本経済全体はバブルの熱狂から崩壊，その後の長い低迷と，いわば異常事態となる．ところが電子産業は同じ期間に，輸出主導から内需主導へ，ある意味，健全な構造転換を進めたとみることができよう．この間，国内生産は，それなりに伸びていた．もちろん1970～1985年に比べれば伸び率は低下している．1970～1985年の15年間に日本の電子産業国内生産は5倍に成長した．しかし1985～2000年の15年間の伸びは1.5倍である．

1985年の通信自由化と同時に携帯電話とインターネットの大波が押し寄せてくる

1985年には，日本電信電話公社は民営化されて日本電信電話株式会社となり，通信自由化が始まる．同時に携帯電話とインターネットの大波が押し寄せてくる．1980年代後半には一時，固定電話機の生産が急成長する．コードレス電話が人気商品となったためである．しかし1990年を過ぎると，たちまち減少していく（図13.1）．固定電話から携帯電話への移行が始まったのである．1990年代の終わりごろには，携帯電話が固定電話を加入者数で上回る（図13.3）．

また交換機と搬送装置の生産金額は，1990年代後半から急減している（図13.1）．伝統的電話交換網への設備投資が一段落したことを示す．1990年代後半には，日本でもインターネットの本格的普及が始まった．インターネットは電話交換機を必要としない．

日本の電気通信を電電公社が担っていた時代に，電電公社に通信機器を納める企業群が形成され，電電ファミリーと呼ばれていた．旧電電ファミリーは，新興の情報通信市場において，存在感を弱めていく．ただし，その動きが顕在化するのは，2000年以後である．図13.1と図13.3に見るように，2000年以後には，固定電話機，交換機，搬送装置のすべてが生産金額において減少の一途となり，加入者数では携帯電話が固定電話を圧倒する．

21.2　「10年で半減」ペースの衰退──2000年以後

電子産業の生産は21世紀に入ってから10年で半減

問題は21世紀に入ってからである．電子産業の国内生産は激しく落ち込む．2005年前後には少し持ち直すが，その後さらに減少，2012年には12兆円と，ピークの26兆円の半分以下となる．国内で生産するという観点からは，日本の電子産業は急激に凋落した．

日本経済全体はバブル崩壊後，1990年代初頭からの低迷が続く．GDPでいえば，それは「ほとんど伸びない」という形である．しかし電子産業は，21世紀に入ってから急速に落ち込む．それは「10年で半減」というペースだった．

電子部品の輸出は 2007 年まで伸び続けたが，以後は急減

輸出と輸入の動きは，生産とは違う．輸出は 2000 年を超えて伸び続ける．この輸出の伸びを支えたのは，電子部品の輸出である．部品の輸出が本格的に減り始めるのは 2008 年以後だ．これはリーマン・ショック後の不況に対応していると考えられる．

実は完成品の輸出は，民生用が 1985 年から，産業用は 1990 年から，すでに減少が始まっていた．完成品の貿易収支は，民生用も産業用も，すでに赤字を経験している．日本の電子産業貿易が辛うじて黒字を維持しているのは，電子部品の輸出が伸びてきたおかげである．

図 21.2 は，電子部品（電子デバイスを含む[†]）の，1985 年以後の動向を表す．2007 年までは輸出が伸び続ける．2007 年の輸出金額 11 兆円は，電子部品輸出の最高記録だ．輸出が生産を上回っている年もある．在庫や輸入を活用したのだろうか．貿易黒字も増え続ける．

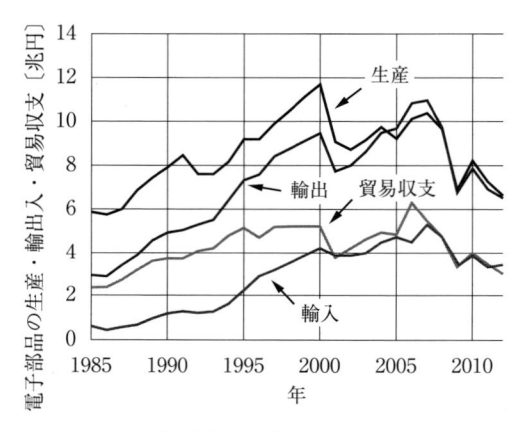

図 21.2　1985 年以後の日本の電子部品（電子デバイスを含む）の動向（資料：経済産業省 生産動態統計，財務省 貿易統計）

これは半導体にも当てはまる．集積回路の輸出も，乱高下しながら 2007 年まで伸び続けた（図 21.3）．ピークの輸出金額は 3.5 兆円に達する．7 章と 8 章で，1985 年以後の半導体産業の衰退を強調した．しかしそれは，世界市場における日本の半導体産業のシェア低下の話である．日本の半導体産業は，世界の半導体産業の成長には後れをとった．しかし日本の半導体産業そのものは，1985 年以後も，それなりに成長した．この点，テレビや VTR などとは違う．

[†] 電子産業の統計は，民生用電子機器，産業用電子機器，電子部品の三つに分けて集計されている．ただし電子部品は，一般電子部品と電子デバイスから成る．一般電子部品は受動部品や機構部品などが主体である．電子管，半導体などの能動機能を持つ装置を電子デバイスと呼んでいる．統計上，一般電子部品だけを電子部品とし，電子デバイスを別集計にしていることもある．

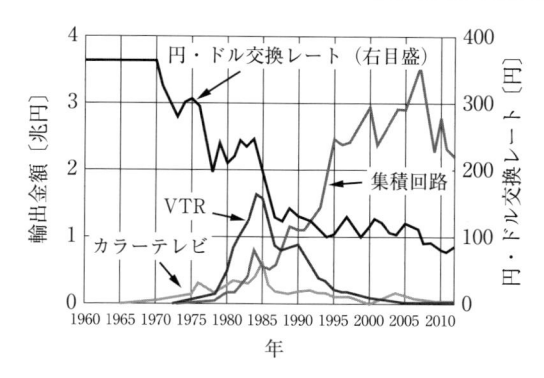

図 21.3 カラーテレビ，VTR，集積回路の輸出金額推移．円とドルの為替交換レートも併記（資料：財務省 貿易統計）

20 章で，VTR が過去最大の民生用電子機器だったと述べた．最盛期，1984 年の輸出金額は 1.62 兆円である．1985 年以後は衰退を続け，回復することはなかった．その同じ 1984 年時点では，集積回路の輸出金額は 7 800 億円ほどに過ぎない．しかし集積回路の輸出はすぐに回復し，金額もじきに VTR を上回る（図 21.3）．

この間の円・ドル交換レートと輸出金額の相関は，図 21.3 では，はっきりしない．1985 年のプラザ合意後の激しい円高期，このときは，たしかに輸出が急減している．しかしその後は，例えば集積回路の輸出と為替レートに関係があるようには見えない．テレビと VTR の輸出は 1985 年以後，回復しない．これは円高とは関係がない．NEC，日立，エルピーダの営業利益率と為替レートに相関が見られないというデータもある［湯之上，2012a，p.87］．

問題は 2008 年以後である．きっかけはリーマン・ショックだったかもしれない．しかしそのあと何年にもわたって，半導体をはじめとする電子部品の生産，輸出，輸入，貿易収支のすべてが縮小している（図 21.2，図 21.3）．電子産業全体も同じ傾向だ（図 21.1）．

ハードウェアは生産も輸出も内需も衰退が続く——2010 年代の状況

もう一度，整理する．第 2 次世界大戦後の日本の電子産業の発展過程は，3 期に時代区分できる．1985 年までは輸出主導で高度成長した．1985〜2000 年には内需主導に転換，そこそこ成長した．2000 年以後，国内生産は 10 年で半減というペースの衰退を続けている．ただし電子部品・デバイスは，2007 年まで生産も輸出もそれなりに伸びた．2008 年以後は，すべてが衰退している．

以上に整理した「電子産業」の生産や輸出入は，ハードウェアに関する統計である．そこで別の統計で，ソフトウェアやコンテンツを含んだ情報通信産業の状況を見ておこう．**図 21.4** は，総務省の「ICT の経済分析に関する調査」の結果から，情報通信産業の名目生産

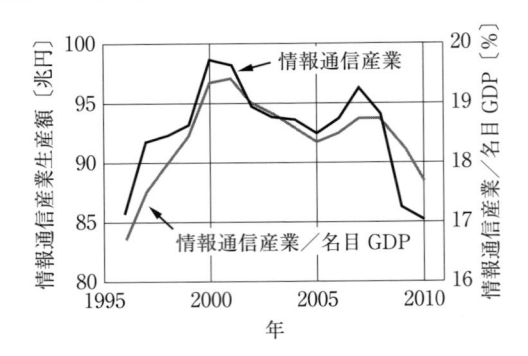

図21.4 情報通信産業の生産金額と国内総生産における比率（資料：総務省「ICTの経済分析に関する調査」（平成24年））

金額と，その名目生産金額が名目GDPに占める割合を図示したものである．2000年以後は，どちらも減少傾向にある．とはいえ図21.1のような激しい減少を示しているわけではない．

図21.4における「情報通信産業」には，郵便，新聞，出版，広告などが含まれている．これらは普通は，電子情報通信学会の対象ではない．けれども電子出版やネット広告などの動向を考えれば，図21.4が対象としている分野すべてが，いまや電子情報通信分野と深いかかわりがある．図21.1が，電子情報通信産業のうちの製造業部分の動向を示しているのに対し，図21.4は，電子情報通信産業が全体として生み出す付加価値を表している．

落込みの激しいのは製造業のほうである．日本の電子情報通信分野では，ハードウェアに関する限り，生産も輸出も内需も衰退が続いている．これが2013年の現状である．

21.3　電子情報通信産業を取り巻く環境の1985年以後

バブル経済がふくらみ，はじける

1980年代後半から1990年代前半，この世界史的大転換の時期に，日本経済は特異な動きを示す．既に何度か触れたプラザ合意（1985年）後の急激な円高で，日本からの輸出は急減する．当時の中曽根内閣は内需拡大策を採る．輸出不振対策と貿易摩擦解消のためである．公共事業の拡大や減税が実施される．日本銀行も公定歩合を引き下げる．

結果として起こったのは，不動産や株式などの資産価格高騰である．図21.5に一例として，東京都新宿区の地価の推移を示す．1986年から1990年まで地価は急激に上昇し，1990年代前半のうちに急激に低下している．バブル経済の膨張と，その崩壊である．

1980年代後半から1990年代初頭までのバブル膨張期には，同じ図21.5に見るように，名目GDPも実質GDPも順調に成長している．資産価格高騰が資産保有者に「含み益」（時

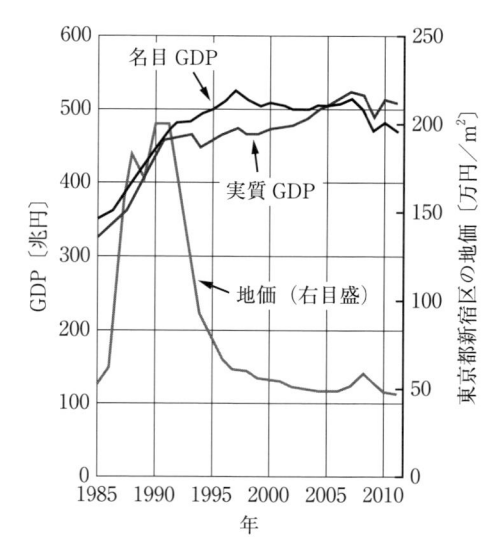

図 21.5　1985 年以後の日本の GDP と地価（東京都新宿区の住宅地）の推移（資料：国民経済統計，国土交通省地価公示）

価と帳簿価格の差）をもたらし，財布のひもをゆるめさせたといわれる．実際，高額商品が当時はよく売れた．

ただしバブル経済の電子情報通信産業への影響は限定的である．1990 年前後に日本の電子産業の生産が急伸し，急落している（図 21.1）．これはバブルの影響かもしれない．とはいえその程度は，図 21.5 の地価のアップダウンのような激しいものではない．

1990 年代はパソコンやインターネット，加えてモバイル機器の普及期と重なる．いわゆる ICT（情報通信技術）の経済への影響が大きくなった時期だ．日本経済が低迷するなか，電子産業の生産は拡大し，2000 年にピークとなる（図 21.1）．先ほども述べたように，この間，電子産業の成長は，輸出主導から内需主導へ，健全に転換する．

東西冷戦の終焉

1985 年 3 月，ソ連共産党書記長にミハイル・ゴルバチョフが選出される．ゴルバチョフは，改革（ペレストロイカ）と情報公開（グラスノスチ）を推進する．1986 年 4 月にはチェルノブイリ原子力発電所事故が起こる．これでソ連は，いっそうの情報公開を余儀なくされた．

同じ 1986 年，ゴルバチョフはソ連軍のアフガニスタンからの撤退を表明する．翌 1987 年にはレーガンとゴルバチョフの直接会談が実現した．東西冷戦は終焉に向かう．

やがて東欧諸国のソ連からの離脱が始まる．1989 年にはベルリンの壁が崩壊する．さらに 1991 年にソ連内で守旧派によるクーデターが起こり，失敗する．前後してバルト 3 国が

ソ連から独立する．こうして共産圏が地滑り的に崩壊していった．

東西冷戦の終わりの始まった 1985 年から，米国の対日政策が変わる．結果的に激しい円高となる．これらの日本の電子産業への影響については，すでに各所で述べた．ここでは繰り返さない．

20 億人を超える低賃金労働者が東欧・中国・インドなどに出現

東西冷戦が終わり，経済的には世界全体が資本主義体制となる．その資本主義経済に，中国とインドが本格参入してくる．グローバル経済が，こうして始まる．それは，20 億人を超える低賃金労働者の出現をも意味した．その低賃金労働者を，米国・西欧・日本などの先進諸地域が活用する．

ハードウェア生産は，新たに出現した低賃金労働者のいるところに移っていく．例えば 1990 年代後半には北米系 EMS 企業の東欧への進出ラッシュが起こる［稲垣，2001］．この時期には，もちろん中国にも，各社が争って工場を建設した．日本はハードウェア生産の適地ではなくなっていく．

インターネットがグローバル経済のインフラとして定着

1990 年ごろから，インターネットの商用利用が可能になる．東西冷戦の終焉とインターネット普及が同時期だったことは，ほとんど運命的である．冷戦終了によって世界全体が資本主義経済となる．そのグローバル経済のインフラストラクチャとしてインターネットが定着する．

1990 年ごろから，パソコン，携帯電話，そしてインターネットを，世界中の人々が使い始める．特に携帯電話は，発展途上国では，固定電話より先に普及が進んでいる．

これも，すでに述べたように，インターネットは連携・協力・分業を促進する．結果としてパソコン業界では国際的な水平分業が定着する．半導体でも電子機器でも，設計と製造の分業が進む．自社工場を持たないファブレスのメーカーと，製造を請け負うサービス業（ファウンドリや EMS）による分業が，グローバルに展開する．

研究開発面でも，自前主義の中央研究所の役割が小さくなる．連携・協力が前面に出て，産学連携，オープンソース活動，オープンイノベーションなどが時代を象徴するキーワードとなる．

22. 日本の電子情報通信産業はなぜ衰退したのか

　21世紀に入ってからの日本の電子情報通信産業の衰退の原因として，個々の日本企業の経営の失敗，それはあったろう．経営者の責任もあったに違いない［井上，2013］．しかしそれだけでは，日本の電子情報通信産業の「総崩れ」を説明できない．日本の電子情報通信関連企業に共通する失敗があったか．あったとしたら，それは何か．

22.1　電子情報通信産業に加わる四つの圧力

　それを考える前に，日本の電子情報通信産業の衰退という現象を分解して，はっきりさせたい．

　第1は過去との比較である．かつては盛んだったのに，最近になって衰退した．この現象は，すぐ前の21章で詳しく分析した．本章で考えるのは，その原因である．1985年以後，特に2000年以後，日本の電子情報通信産業はなぜ衰退したのか．

　第2は世界の他地域との比較である．米国の，韓国の，あるいは台湾の電子情報通信産業は元気なのに，なぜ日本の電子情報通信産業は元気がないのか．

　第3は他産業との比較である．特に自動車産業との比較がしばしば話題となる．日本の自動車産業は元気なのに，なぜ日本の電子情報通信産業は元気がないのか．

　以下では，この三つの問いのそれぞれに何らかの答を出すべく，考えを進めたい．

ムーアの法則やプログラム内蔵方式などが電子産業に四つの圧力を加える

　1章で見たように，20世紀後半の電子情報通信産業には，常に四つの圧力が働く．

(1)　半導体集積回路は，ムーアの法則による価格低下圧力（価格圧力）をもたらす．

(2)　プログラム内蔵方式は，付加価値の源泉をソフトウェアに移す（ソフトウェア圧力）．

(3)　プログラム内蔵方式では処理の対象も手続きもディジタル化する（ディジタル化圧力）．

(4)　インターネットは，企業間取引コストを下げ，分業を促進する（ネット圧力）．

　(1)〜(3)の圧力が本格化するのは1970年以後である．1970年ごろに集積回路がLSIの段階に達し，マイクロプロセッサが登場した．集積回路をハードウェアの中核とし，ディジ

タル化した情報をプログラム内蔵方式で処理する——1970年代以後，あらゆる電子製品において，これが一般化した．それはまた，(1)～(3) の圧力が，ほとんどすべての電子製品に働くようになったことを意味する．最後の (4) ネット圧力は1990年ごろから顕著になる．

　四つの圧力に，どう対応するか．その対応の，歴史的変化，地域による違い，産業による違いが，最初の三つの問いへの答えとなる．しかしその前に，四つの圧力への一般解の形を見ておきたい．

四つの圧力への一般解——設計と製造の分業

　ムーアの法則を再確認しておこう．集積回路1チップに載るトランジスタ数は3年で4倍（10年で100倍）になる．同じトランジスタ数で実現できる機能の価格は，3年で4分の1，10年で100分の1に低下する．これが (1) の価格圧力だ．

　ムーアの法則への対応策の一つは，集積回路の機能価格低下を最終製品価格に転化することである．これを，ほとんどそのまま実行したのが電卓だった．電卓価格の低下は顧客数を増やし，単価低下にもかかわらず，市場は拡大した．しかし，それが可能だったのは約10年間だけである．やがて市場は飽和し，日本における電卓生産は減少していった（19章，図19.2）．

　ムーアの法則を製品の魅力に転化し，最終製品の値下げをせずに市場を維持・拡大する．これが，もう一つの対応策だ．ほとんど場合は上記二つの中間である．ムーアの法則による価格圧力の一部を製品価格に転化し，他の一部を魅力向上に転化する．ここで (2) のソフトウェア圧力が登場する．プログラム内蔵方式では，魅力（付加価値）向上を担うのはソフトウェアである．

　価格圧力対応とソフトウェア圧力対応，この二つの仕事は，内容が違う．価格圧力対応はハードウェア製造を工夫する仕事である．ソフトウェア圧力対応は，ソフトウェアによって顧客にとっての魅力を上げる仕事だ．この二つの仕事（モジュール）の間のインタフェースを，ディジタル化が整備する．ここに (4) のネット圧力が加われば，ソフトウェア開発とハードウェア製造の企業間分業は，ほとんど必然だろう．

　こうして1990年ごろから，世界の電子産業は構造転換する．転換の実体は，設計と製造のそれぞれを別企業が担っての分業である．これが四つの圧力への一般解となる．この一般解は，半導体にも電子機器にも共通する．

22.2　過去との比較

「1970～1985年」と「1985～2000年」「2000年以後」を比べる

　1970年以前，日本の電子産業は高度成長していた．ただしこの時期は日本経済全体の高

度成長期である．電子産業だけが，とりわけ元気だったわけではない．また日本経済全体に電子産業が占める比重は，まだそれほど高くなかった．この時期の日本経済の主役は，鉄鋼や造船などの，いわゆる重厚長大産業である．

1970〜1985 年，この時期に日本の産業構造は大きく変わる．鉄の生産量や原油の輸入量は，1973 年から減り始める．対してシリコンの国内需要は急増する（**図 22.1**）．鉄鋼産業をはじめとする重厚長大産業は低成長となり，半導体などの軽薄短小産業が高度成長する．日本の電子産業は，日本経済のなかだけでなく，世界的にも大きな存在となる．貿易摩擦も頻発する．

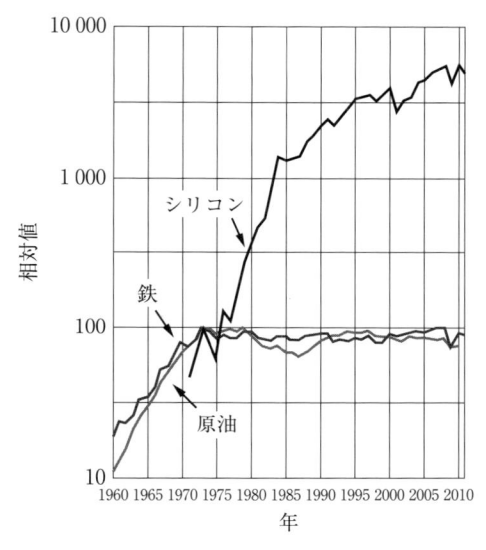

図 22.1　鉄（粗鋼）の生産量（重量ベース），原油輸入量（容積ベース），シリコン単結晶の国内需要（重量ベース）の推移．いずれも 1973 年の値を 100 として指数化（資料：国勢社，新金属協会）

この 1970〜1985 年が，日本の電子産業の最も元気だった時代といえよう．それはまた，集積回路とプログラム内蔵方式が主役となり，前記の価格圧力とソフトウェア圧力が本格的に働き始めた時代でもある．比べる対象の元気だった時代としては，この 1970〜1985 年がふさわしい．

日本の電子産業にとっての歴史的転換点が 1985 年であること，これについてはすぐ前の 21 章で，詳しく論じた．1985 年以前と以後で，日本の電子産業を取り巻く環境にどんな変化があったか，そして日本の電子産業は，その環境変化にどう対応したか．これが「過去との比較」における主な問題意識になる．

東西冷戦の緩和に伴う米国の対日政策変化

過去との比較では，やはり米国の対日政策変化が大きい．1950～1985年の間，日本の電子産業は米国の支援の下で高度成長した．この対日政策が決定的に変わったのが1985年，東西冷戦の「終わりの始まり」の年である．以後，日本の工業力を抑制する方向に，米国の政策は変わる．

以上の米国の対日政策変化の影響は，半導体（特にDRAM）や，テレビ・VTRなどについて，それぞれ7章や20章で，かなり詳しく述べた．

ただし次の点は，ここで指摘しておきたい．米国の対日政策変化は1985～2000年の日本の電子産業の変化，すなわち輸出主導から内需主導への転換，これをよく説明する．しかし2000年以後の日本の電子産業の衰退，これは米国政策変化では説明できない．

東西冷戦終了後の地殻変動的な動きに日本の電子情報通信産業は対応を誤った

東西冷戦の終了は，世界全体を一つの資本主義経済圏とした（グローバル化）．インターネットが，そのインフラとなる．これらが工場の世界的再配置をもたらす．多数の低賃金労働者が東欧・中国・インドなどに出現し，その低賃金労働者を活用することが可能になったからである．設計と製造の分業が進むなか，製造を担うことになったEMSやファウンドリは，工場を世界中に展開する．低賃金労働者の活用の意味もあるが，顧客サービスのためでもある．インターネットは世界に展開した拠点の管理を容易にする．

これらの地殻変動的な動きに，日本の電子情報通信産業は対応を誤った．設計と製造の分業を嫌い，垂直統合に固執したこと，これが日本の電子情報通信産業の失敗の本質，私はそう考える．

円高と日本電子産業の盛衰との間に相関は見い出しがたい

長期的には1970年代から，円とドルの交換レートは円高方向に動いてきた．円高を日本電子情報通信産業の衰退原因とする主張は根強い．しかし円高と輸出金額の相関は明瞭ではない（図7.2，図20.2，図21.3）．1985年のプラザ合意後の激しい円高（3年間に240円から120円へ），このときは，たしかに半導体も民生用電子機器も輸出が急減している．はっきり相関が見えるのは，このときだけだ．

テレビとVTRの輸出はプラザ合意後の円高期に急減する（図20.2）．きっかけは円高だったろう．しかしその後は，円高でも円安でも，輸出は回復しない．長期的には，日本の電子製品輸出と為替レートに関係があるようには見えない．

輸出が増えなくても，円高が利益を減少させることはある．ドル建ての収支を決算期に円換算する際，円高だと円ベースの利益は少なくなってしまう．けれども個別企業の業績と為替レートの間にも，相関は見られないという指摘がある［湯之上，2012a, p.87］．

2000年以後は輸入も増えている（図21.1）．円高効果と円安効果は，かなり相殺される．そのうえ円高は他の輸出産業（例えば自動車産業）にも同様の効果をもたらす．

ただし円高，特に1985年からのプラザ合意後の円高は，上に述べた米国の対日政策変化の結果でもある．したがって，その当時の円高は，1985～2000年の日本電子産業の構造転換，すなわち輸出主導から内需主導への転換，そのきっかけにはなっている．

1985年の通信自由化，同時に押し寄せて来たモバイルとインターネット

1985年以前との違いに通信自由化がある．ただし自由化そのものより，同時に押し寄せて来た携帯電話とインターネットの大波によって，通信事業と通信機器の市場が激変してしまったこと，こちらのほうが影響が大きい．

インターネットによって伝統的通信機市場が縮小する．そこまでは不可避だろう．世界の他地域でも同じことだ．それにどう対応するか．そこで他地域との違いが出てくる．日本の過去との比較だけでは議論が完結せず，他地域との比較が必要になる．

22.3　他地域との比較

電子情報通信産業は19世紀以来，米国中心に発展してきた

電子情報通信産業は19世紀以来，米国が開拓し，発展させてきた．19世紀の米国は，ヨーロッパに比べれば，産業的には発展途上国である．その米国が，電子情報通信産業ではヨーロッパに先行する．それは，この産業自身が新興だったからに違いない．

電信，電話，ラジオ，オーディオレコード，そして真空管，これらの発展の中心は米国である．さらに20世紀半ばに，米国はトランジスタとプログラム内蔵方式を生み出す．

この米国中心の展開は，20世紀後半にも維持される．AT&Tとベル研究所，IBM，RCA，これらの米国企業は，第2次世界大戦後の電子情報通信産業において圧倒的な存在感を誇っていた．通信，コンピュータ，テレビ，半導体など，すべての分野で米国企業が他を圧する．こういう状況が1960年代の終わりごろまで続く．この時期までは，電子産業全体の日米比較は無意味である．

1970～1985年には民生機器や半導体メモリで日本が米国を凌駕

1970年代になると状況が違ってくる．まずは日本製カラーテレビの対米輸出が激増し，日米貿易摩擦が本格化する．1970年代の後半には日本の電子産業は家庭用VTRを商品化し，世界市場を席巻する．それに伴って貿易摩擦が世界各地で起こる．少なくとも民生用電子機器では，日本の電子産業は世界的に大きな存在に成長する．

次いで半導体でも日本が急成長を始める．1980年代に入ると，半導体メモリ産業では日

本が世界首位に躍進した．半導体でも貿易摩擦が激化する．ただし，この時期になっても AT&T や IBM は世界的に大きな存在であり続ける．

1985年以後，マイクロソフト，グーグル，…に相当する新興企業を日本は生み出せなかった

　1985年以後になると，電子情報通信分野における米国の伝統的大企業の存在感が弱まる．「中央研究所の時代の終焉」も，はっきりしてくる．しかし米国の電子情報通信産業は，むしろ元気を回復する．マイクロソフト，アップル，グーグル，アマゾン，フェイスブック，などなど，次々にベンチャー企業が創業し，急成長し，世界の電子情報通信産業を牽引する．これらの新興企業を起業したのは，だいたい若者である．またほとんどが大学発ベンチャーでもある．

　日本にはマイクロソフトもアップルもグーグルも，…も生まれなかった．日本の電子情報通信産業が衰退した最大の原因は，これだろう．

　電子情報通信分野に限れば，1980年代後半以後の新興企業群の相次ぐ出現は，上記四つの圧力への米国流の対処である．また設計と製造の国際分業を発展させたと見ることもできる．

　IBM-PC の発売は1981年である．そのとき OS にマイクロソフト製，マイクロプロセッサにインテル製を採用した．この水平分業化は価格圧力とソフトウェア圧力への，対処の一つの形である．そしてこれが，1980年代後半以後のマイクロソフトとインテルの躍進を準備した．

　グーグルを初めとする新興企業群は，ネットワークを介してサービスを提供している．ハードウェアは生産も提供もしていない．これもまた四つの圧力への対応だろう．ハードウェアのコストパフォーマンス向上は続く．その向上を付加価値に転化するのは，もちろんソフトウェアだ．ソフトウェアによる新サービスをネットワークを介して提供する．

　これらの新サービス，ネット検索やオンラインショッピングを提供している企業は日本にも存在する．しかし世界や日本の電子情報通信産業を牽引するような存在には，なっていない．

世界の電子情報通信産業は設計と製造の分業へ

　上記新興企業群の相次ぐ登場と成長は米国だけのこと，そうもいえる．日本に限らず，米国以外の国・地域で，米国同様の現象があったとはいえない．しかしソフトウェアサービス主体の新興企業の急成長は，世界の電子情報通信産業の構造を変えていく．

　IBM-PC の普及は，台湾にパソコン産業を育成する．パソコン関連のハードウェア生産地として台湾工業が大きく発展する．この現象は，パソコン産業におけるハードウェア生産とソフトウェア開発の国際分業と見ることができる．

IBM は 1990 年代以後，ソリューション提供企業へと業態を転換する．関連して，いくつかの工場を売却する．これが北米系 EMS の成長に貢献した．

　米国の電子情報通信産業がソフトウェアサービス主体に転換していくとき，世界の電子情報通信産業は，「設計と製造の分業」に向かった．半導体ではファブレス設計会社とシリコンファウンドリの分業（8章），電子機器ではファブレスメーカーと EMS の分業（15章），これらの分業がグローバルに大きく発展する．

　ところが日本は「圧力」に対応しようとせず，設計と製造の分業を嫌い，垂直統合に固執した．それは言い換えればハードウェア自主製造への固執であり，ものづくりへの固執である．「ものづくりへの固執と匠の呪縛」が，日本の電子情報通信分野の低迷の原因ではないか，本書の「まえがき」で私は，そう推測した．この最終章で，同じところにたどり着く．

　垂直統合への固執は，自前主義への固執でもある．日本企業はモジュール化のおそろしさに気付くのが遅れ，モジュール化の価値を取り込めなかった．半導体では，設計と製造の分業を受け入れるのが 20 年遅かった．家庭電気製品では EMS を活用できなかった．

　ハードウェア製造を他社・他地域にゆだねながら，設計やソフトウェア，コンテンツで付加価値を上げる．自らが取り組む仕事と他社にゆだねる仕事をモジュールとして分け，インタフェースを整備し，分業を最適化する．こういう活動への取組みが遅すぎたし，不十分だった．

韓国サムスン電子は垂直統合を維持しながらファウンドリや EMS も兼業

　「他地域」のエレクトロニクス関連企業のなかで韓国企業，特にサムスン電子は垂直統合を維持している．けれどもファウンドリや EMS などの製造サービスも提供している．

　価格圧力にサムスンは，投資規模を大きくすることによって対応した．巨額の投資で生産数量を拡大し，製品 1 単位当りの資本コストを下げる．いわゆる「規模の経済」の追求だ．

　これを可能にするためには，もちろん販売数量を拡大しなければならない．「売れるものを作る」ために，サムスンはマーケティングを重視する．「良いものなら売れるはず」としてきた日本企業との差が，そこにある．

　例えばサムスンの中国担当マーケッタなら，「まず中国に 1〜2 年住み，中国語を話せるようになり，中国人と同じものを食べ，中国人がどのような嗜好を持つのかを学ぶ．そのうえで，中国人用にどんな家電製品を作るか，それ用の半導体がいつまでに何個必要かを決定する」［湯之上，2012a, pp.47-48］．

　垂直統合を維持する一方，ファウンドリや EMS などの製造サービス事業でも，サムスンは大きな存在になってきた．半導体に関しては 8 章で調べたように，装置の稼働率を重視するなど，減価償却コストの削減にもサムスンは敏感に対応した．他方，ファウンドリ事業を

兼業することによって，巨額設備投資の償却を効率化している．ファウンドリとしてのサムスンは，2012年には世界第3位に浮上した［IC Insights, 2013a］．これも8章で触れたように，世界トップの半導体メーカーであるインテルさえ，ファウンドリ事業に進出しようとしている．

ハードウェア製造（ものづくり）が大切ならファウンドリやEMSになる道もあったはず

ハードウェア製造を私は軽視しているつもりはない．価格圧力とソフトウェア圧力がどんなに強かろうと，ハードウェアは必要不可欠である．自社の事業としてハードウェア製造を大切にしたいなら，そしてそれが得意なら，ファウンドリやEMSになる選択肢がある．日本企業はそれも選ばなかった．

かつてファウンドリの製造技術は，統合メーカー内の製造技術に比べて一段低いとされていた．最先端デバイスの製造はできず，少し遅れた製品を他社ブランドで安く製造する存在，そう見下されていた．しかしこの事情は変化し，ファウンドリが製造技術でも先頭に立つ．日本の半導体メーカーはファウンドリを見下す姿勢を続けているうちに，ファウンドリに製造技術で追い抜かれ，みずからファウンドリになることも，ままならなくなってしまった．

製造を受託する企業は，OEM（original equipment manufacturer）と呼ばれていたころ，「下請け」とみなされていた．OEMの発展型ともいえるEMSについても，日本企業は「下請け」イメージを持ち続ける．ものづくりが得意なはずの日本に，EMSになろうとする企業は現れなかった．

22.4　他産業（自動車産業）との比較

価格圧力とソフトウェア圧力が自動車産業ではそれほど大きくない

自動車産業は元気なのに，電子産業はなぜこんなにダメになったのか．

価格圧力とソフトウェア圧力が，自動車産業には，それほど働いていない．これが自動車産業と電子情報通信産業の最大の違い，私はそう考える．自動車の本質は「機械」であって，「電子」ではない．集積回路とプログラム内蔵方式に，自動車は，それほど依存していないのだ．

かつて電卓の単価は，10年で100分の1に低下した．自動車では，こういうことは起こらない．この30年ほどの，パソコンのコストパフォーマンスの変遷，ソフトウェアの発展によってパソコンでできるようになったこと，そしてその成果を享受するのに必要な費用の低下，こういう劇的な変化は，自動車産業にはない．

二つの産業の業績に違いが出てくるのは，1990年ごろからである．このころから世界の

電子情報通信産業では，設計と製造を，それぞれ別の企業が担うようになる．けれども自動車産業では，設計と製造の分業が1990年以後に進展した形跡はない．アップルやクアルコムのようなファブレスの巨大「メーカー」は，自動車産業には出現していない．

「電気」産業への価格圧力やソフトウェア圧力は「電子」産業ほどには大きくない

実は近隣の「電気」産業，重電や白物家電などでも，価格圧力やソフトウェア圧力は，「電子」製品ほど大きくはない．実際，冷蔵庫，洗濯機，掃除機などの白物家電は，純粋の「電子」機器に比べると，平均単価が安定している[小板橋ほか，2013]．

発電機やモータなどは「機械」を多く含んでいる．白物家電のほとんどがモータを内蔵しており，その性能のすべてを集積回路やソフトウェアに依存しているわけではない．

このため重電や白物家電などの電気産業は日本でも，電子産業ほどには落ち込んでいない．これを象徴するのが，日立製作所や三菱電機などの業績回復パターンである．両社は電子部門を切り捨てることによって業績を回復した．

ただし世界全体で見れば，「電気」が「電子」より高成長というわけではない．いま伸び盛りなのはモバイル機器という，まぎれもない電子製品だ．集積回路を多用するプログラム内蔵方式システムである．価格圧力とソフトウェア圧力は，たっぷりと加わっている．それにもかかわらずモバイル機器は，世界全体では成長を続けている．電子機器が衰退しているのは「日本」の電子産業である．

世界の動きに背いた日本の電子情報通信産業

問題の本質は，日本の電子産業の「圧力」への対応にある．上に述べた自動車産業と電子産業の違いは世界共通だからである．世界全体で，電子産業の成長が自動車産業に劣っているわけではない．世界の他地域の電子産業は「圧力」に対応して変化した．日本の電子産業は「圧力」に背いて変化しようとしなかった．設計と製造の垂直統合に固執し，ソフトウェアによる付加価値向上も，ハードウェアの価格低下も，中途半端にしか達成できなかった．

22.5 日本の電子情報通信産業は設計と製造の垂直統合に固執

日本企業の設備投資の原資は銀行からの借入金だった

日本企業は，半導体ではファブレス―ファウンドリの分業を嫌い，電子機器ではEMSを活用せず，2011年の「地デジ特需」終了を知りながら2007〜2008年にテレビパネルへの大規模投資を続けた．事例を並べてみると，日本企業は資本コストを軽視していたと考えざるを得ない．そして株価や株主価値も重視しなかった．なぜ，そうなったか．

第2次世界大戦後の日本企業は，設備投資の資金を銀行からの借入れに頼った．銀行は融

資の条件として担保を要求する．担保の定番は不動産，特に土地である．工場を土地ごと売ったりしたら，銀行融資を得るための担保を失ってしまう．

米国ではメーカーが工場を EMS に売る．メーカーは資産が減る．少ない資産で同じ利益を上げる．資産効率が上がったことになる［稲垣, 2001, pp.6-7］．投資家は歓迎する．株価は上がる．だから米国メーカーには，製造をアウトソーシングする動機がある．

日本企業に同じ動機はなかった．少ない保有資産で大きな利益を得て，資産効率を上げる．この EMS 活用モデルとは，バブル崩壊以前の日本企業の経営は，まるで違う．

低収益でも許されるという日本企業の特徴が垂直統合維持を容易にした

技術は欧米から導入する．資金は銀行から借り入れる．これが第2次世界大戦後の日本の設備投資戦略だった．技術導入に基づく最新大型工場を，銀行からの借入金で建設する．鉄鋼業で始まった設備投資のこの方式は，多くの産業分野で踏襲される．造船，自動車，石油化学，家電，半導体などがみな，大型設備投資を借入金で推進した．

借入金による資金調達を支えたのはメインバンク制である．企業集団内で，銀行を中心に企業同士が株式を持ち合う［米倉, 1999, pp.195-199］．

この統治構造の下では，企業が低収益だからといって，株主資本は去っていかない．メインバンクと同業他社から成る株主は，投資先企業の高収益を期待していなかった．株価の上昇にも関心が薄い．ほどほどの黒字を出しながら，株価は安定している．これが一番望ましい．

日本企業は一般に低収益である．収益を高める動機がなかった．大きな利益を上げることは，下手な経営とさえ，みなされていた．税金をたくさん払うことになるからである．低収益でも株主（＝メインバンク＋同業他社）が去っていかないから，低収益事業や赤字事業を社内に抱えやすい．

低収益部門を社内に抱えても許されるという日本企業のこの特徴は，垂直統合を維持しやすくしたろう．赤字の製造部門でも，製品を出荷している限り，多少なりとも売上げは立つ．雇用もある．そのうえ工場を売ったりしたら，銀行融資のための担保が減る．

同一社内のほうが情報交換がうまくいくとは限らない

「設計部門と製造部門は同一企業内になければならない．なぜなら設計部門と製造部門は密接に交流し，情報を交換しなければならないからだ．そうでないと良い物は作れない」．日本企業は，しばしば，そう主張してきた．

しかし数多くの実例は，その主張が事実ではないことを示している．例えば出版社と印刷会社は長年にわたって分業を続けてきた．ファウンドリや EMS が成長を続けているのに，垂直統合に固執した日本のエレクトロニクス企業は，同じ時期に存在感を失っていった．

金銭のやりとりを伴う他社との分業のときのほうが，真剣な情報交換が行われる．そういう声をしばしば聞く．それぞれの部門長が出世争いをしていたりすると，部門間の情報交換は，同一社内でありながら悲惨になる．「国益より省益」という官僚の習性も，同様の例だろう．

もちろんインターネット以前には，近くにいることの効果は大きかった．遠くの他社と取引するより，近くの社内と一緒に仕事をする．このほうが速いし安い．この状況をインターネットが変える．隣席の同僚と地球の裏側にいる取引先，このどちらでも，電子メールによるコミュニケーションなら時間にも費用にも差はない．大きな設計データの送受信もインターネットなら可能だ．こうしてインターネットは分業を促進する（ネット圧力）．

垂直統合か水平分業かは雇用維持と無関係

垂直統合に固執する理由として，多くの日本企業が雇用の維持を挙げてきた．しかし半導体産業の現状を見ると，その理由はむなしい．垂直統合にこだわって業績を悪化させ，経営がたちいかなくなった段階で，製造を切り捨て，ファウンドリ依存に走る．もう間に合わず，設計部門も縮小せざるを得ない．2013年には，大量の半導体技術者が転職を余儀なくされている［大下，2013］．

一方，例えば北米の1990年代，メーカーは業態を変えるため，工場を従業員ごとEMSに売却する．EMSは同じ工場で同じ従業員を雇用し続けながら，ハードウェア生産を続ける．垂直統合か水平分業かは，雇用維持と関係がない．その実例が，ここにある．

設計と製造の分業には長い歴史がある．建設，ファッション，出版・印刷，これらの産業では，早くから設計と製造が分業している．そのために雇用が縮小したという話を，聞いたことがない．

ただしハードウェア生産の場が海外に移れば，製造業が生み出す周辺雇用の多くも海外で発生する．ファブレス製造業が好調でも，国内雇用の縮小は起こり得る．

「製造業であること」と「自社工場で製造すること」は同じではない

製造業を重視すべしとの声は，あいかわらず高い．製造現場での就業者が減っても，製造業は周辺に大きな雇用を生み出す．また設備投資や研究開発のほとんどは製造業で行われている．製造業が大切な理由として，これらが挙げられることが多い．

米アップル社が米国経済に大きく貢献しているのは，同社が製造業だからだという主張がある［齋藤，2013］．しかしアップル製品のハードウェアは，アップル社内で製造されてはいない．米国内工場で製造されているわけでもない．アップル，クアルコム，ビジオなどの米国企業は，いずれも製造業（メーカー）である．けれどもファブレスである．ハードウェアの自社生産はしていない．

製造業であることと，ハードウェアを自社工場で製造すること，この二つは今は同じではない．工場を持たず（ファブレス），ハードウェアを自社製造しない会社が製造業者で，自社工場でハードウェア製造に励んでいる会社がサービス業者，これが実態である．

製造業基盤の弱体化を憂える声は，決まって理工系学生の製造業離れを心配し，若者の理科離れを嘆く．しかし製造業の雇用は減り続けている（図22.2）．2012年12月には製造業就業者は1000万人を割った［日本経済新聞，2013a］．製造業の雇用が減るときに，若い人たちの関心が製造業から離れるのはやむを得ない．これから就職しようという学生に，彼らを雇わない産業に強い関心を持てというのは無理だ．

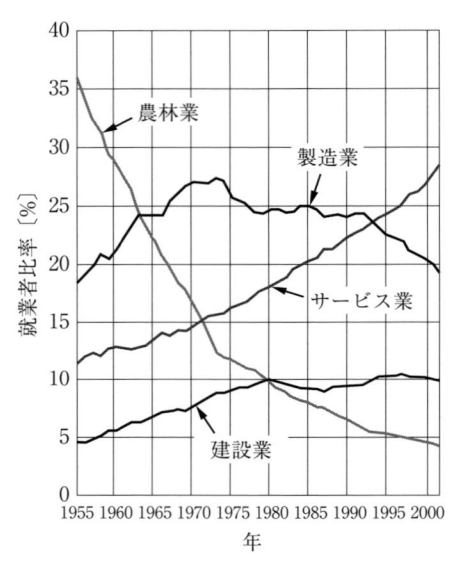

図22.2　産業別労働人口比率の推移
（資料：「労働力調査」）

また製造業とは何かを問う必要がある．ファブレスのメーカー，ファウンドリやEMSのような製造受託サービス業，そして垂直統合の伝統的製造業，このうちのどれが大切なのか，何を国内に残そうとするのか，それによって，例えば産業政策は変わってくるはずだ．

22.6　成功体験から抜け出せるか

工本主義

日本社会は1970年代に，梅棹忠夫の意味［梅棹，1988］での「工業の時代から情報産業の時代」への転換を進める．1973年から鉄の生産や原油の輸入が漸減となるなか，シリコン需要は急増した（図22.1）．同じ1973年から製造業人口比率が減少する（図22.2）．女子労

働力は 1970 年代半ばまで減少した後，増加に転じる［西村, 1985］．貧富の格差が減少から増加に転じたのも 1970 年代の半ばだ［西村, 2004, pp.129-144］．14 章で述べたように，1970 年前後は，世界的にも激動の時代だった．ベトナム戦争，学生運動，ドル・ショック，石油ショックなどが時代を象徴する．

その 1970 年代は，日本の電子情報通信産業の高度成長期である．このとき日本の電子情報通信業界は，「情報産業」を支える「工業」の部分，ここに特化してしまったのではないか．情報産業の時代に工業が不要になるわけではない．情報産業もハードウェアを必要とする．そのハードウェア製造に集中し，大成功する．そして，その成功体験から抜け出せない．

工業の勃興を目のまえにしたとき，「農業こそは国のいしずえ」と農本主義が唱えられた．情報産業の時代に向かうとき，「ものづくりこそ経済のいしずえ」と工業の重要性が声高に主張される．この主張を「工本主義」と梅棹は名付けた［梅棹, 1988, pp.227-240］．梅棹はいう．「農本主義は常に商工業の発展に対抗する形であらわれる．その意味では，農本主義は一つの反動イデオロギーである」．同じ現象が工業に現れる．情報産業の発展に対抗する形で，「工業こそ国のいしずえ」という反動イデオロギーが発生する．

梅棹は続ける．「工業の時代に，農業は保護産業となった．同じ運命が工業を待ちかまえている．情報産業の時代に，工業は保護産業となり，国家の手あつい保護育成によって，かろうじて生存できるようになるのではないか」［梅棹, 1988, p.229］．

産業活力再生法によるエルピーダの支援（2009 年），産業革新機構によるルネサスエレクトロニクスの救済（2013 年）などの例は，まさに上記の梅棹の指摘どおりだ．これらの例はまた，日本の産業政策の「ものづくりへの固執」と「自前主義＝自国主義」をも示している．

工本主義による工業保護は，工業を元気にはしないだろう．農本主義による農業保護の結果が，それを示唆する．

成功は失敗のもと

バブル崩壊以後，メインバンク制も同業他社による株式持合いも，過去のものとなる．銀行融資より株式市場からの資金調達を，日本企業も重視せざるを得なくなった．日本企業の株主として海外投資家の比率が高まる．外国企業と同様の経営が求められるようになったはずである．

しかし日本のエレクトロニクス関連企業は，設計と製造の垂直統合を続けた．企業経営の変化は，徐々に部分的にしか進んでいない．バブル経済の直接的影響は，電子情報通信産業の場合は少なかったと先に述べた．しかしバブル以前の，戦後日本の企業統治構造，これは今でも大きな影響力を保っている．日本企業の経営者のほとんどは，バブル以前の企業文化

のなかで育ち，そこでの実績によって経営者に「出世」した人たちである．自分を育ててくれた企業文化，自分自身の成功体験，これらを否定することは，ことのほか難しい．

　日本の電子産業は，「安かろう悪かろう」から出発し，「値段の割に質の良い」製品を作ることに成功して大をなした．それは偉大な成功である．しかしこの成功体験から，産業全体が抜け出せない．けだし「成功は失敗のもと」である．これからの日本の電子情報通信産業は，企業，経営者，そしてエンジニアが，自らの成功体験から抜け出せるかどうか，そこにかかっている．あるいはむしろ，成功体験を持っていない若者にすべてを託す．それが一番の早道かもしれない．

引用・参考文献

　引用・参考文献は本文中では，第 1 著者の姓と発行年を記し，[青木ほか，2002] のように表記して引用している．引用箇所のページあるいはページ範囲を p. または pp. として入れる場合もある．著者を特定できない場合は，媒体名または書名を著者名の代わりに用いる．

　引用・参考文献を以下にまとめて掲載する．掲載順は和文文献（翻訳を含む）については，第 1 著者の姓によって五十音順に並べる．同一著者の文献は発行年月日順とする．欧文文献は和文文献の後にまとめ，同じく第 1 著者の姓によってアルファベット順に掲載する．

[あ行]

[IC ガイドブック，2000]　『IC ガイドブック（第 8 版／2000 年版）』，日本電子機械工業会，2000 年

[青木ほか，2002]　青木昌彦・安藤晴彦編著，『モジュール化』，東洋経済新報社，2002 年

[赤城，2004]　赤城三男，「第 4 章　Linux はなぜ成功したのか」，武田計測先端知財団編，『MOT 事例研究——注目先端技術成功の理由』，工業調査会，2004 年，pp.169-219

[麻倉，2013]　麻倉怜士，「プレイステーション 4 は PC アーキテクチャのスペシャル・チューン」，Tech-On，2013 年 02 月 22 日

[新井，2013]　新井紀子，「人材教育の高度化カギに」，『日本経済新聞』朝刊，2013 年 05 月 01 日付

[アンダーソン，1980]　R.W. Anderson，「日本における成功の方式——品質とは即ち競争である」，『品質管理：日本の高生産性の鍵』（ワシントン・セミナー報告書），日本電子機械工業会，1980 年 03 月 25 日，pp.32-41

[池上ほか，2000]　池上徹彦，松倉浩司，『光エレクトロニクスと産業』，共立出版，2000 年

[池田，2002]　池田信夫，「第 4 章　ディジタル化とモジュール化」，青木昌彦・安藤晴彦編著，『モジュール化』，東洋経済新報社，2002 年，pp.103-142

[石井，2013]　石井彰，「原子力に依存しないエネルギー技術と課題」，『応用物理』，第 82 巻，第 3 号，2013 年 03 月，pp.256-259

[石綿ほか，2012]　石綿昌平，田中大輔，「日本の成長を支える産業『ウェブビジネス』」，第 173 回 NRI メディアフォーラム資料，野村総合研究所，2012 年 04 月 26 日

[伊丹ほか，1995]　伊丹敬之・伊丹研究室，『日本の半導体産業　なぜ「三つの逆転」は起こったか』，NTT 出版，1995 年

[伊丹ほか，1996]　伊丹敬之・伊丹研究室，『日本のコンピュータ産業　なぜ伸び悩んでいるのか』，NTT 出版，1996 年

[稲垣，2001]　稲垣公夫，『EMS 戦略』，ダイヤモンド社，2001 年

[稲垣，2012a]　稲垣公夫，「フォックスコンは永遠か？EMS 産業の発展は北米系企業が牽引した」，『日経ビジネスオンライン』，2012 年 10 月 17 日

[稲垣，2012b]　稲垣公夫，「フォックスコンは永遠か？垂直統合モデルの採用でメガ EMS 企業を

一蹴」,『日経ビジネスオンライン』, 2012 年 10 月 18 日

［井上, 2012］　井上久男,「日産の設計革命, 脱プラットホーム共有化戦略」, *Tech-On*, 2012 年 06 月 25 日

［井上, 2013］　井上久男,『メイド イン ジャパン　驕りの代償』, NHK 出版, 2013 年

［井深, 1968］　井深大,「トランジスタとのなれそめ」,『電子工業 20 年史』, 電子機械工業会, 1968 年, p.56

［岩井, 1985］　岩井克人,『ヴェニスの商人の資本論』, 筑摩書房, 1985 年

［岩井, 2000］　岩井克人,『二十一世紀の資本主義論』, 筑摩書房, 2000 年

［内田, 2005］　内田樹,『街場のアメリカ論』, NTT 出版, 2005 年

［梅棹, 1988］　梅棹忠夫,『情報の文明学』, 中央公論社, 1988 年

［梅田, 2006］　梅田望夫,『ウェブ進化論——本当の大変化はこれから始まる』, 筑摩書房, 2006 年

［エレクトロニクス 50 年史と 21 世紀への展望, 1980］　『エレクトロニクス 50 年史と 21 世紀への展望』, 日経マグロウヒル社, 1980 年

［大河原, 2007］　大河原克行,「シャープ, 液晶パネル新工場を 2010 年 3 月 大阪 堺で稼働」, *AV Watch*, 2007 年 07 月 31 日

［大下, 2013］　大下淳一,「半導体技術者　越境のとき」,『日経エレクトロニクス』, 2013 年 11 月 11 日号, pp.27-50

［大治, 2009〜2011］　大治朋子,「ネット時代のメディア・ウォーズ：米国最前線からの報告」,『毎日新聞』, 2009 年 11 月 23 日〜2011 年 05 月 28 日にかけて十数回の連載

［大槻, 2012a］　大槻智洋,「シャープが負けた本当の理由　米ビジオに見る成功の法則」,『日本経済新聞』, 2012 年 9 月 24 日付電子版

［大槻, 2012b］　大槻智洋,「シャープの上を行くビジオの業務モデル　水平分業ですらもう古い」,『日本経済新聞』, 2012 年 10 月 10 日付電子版

［大場, 2012］　大場淳一,「中国山東省で『低速 EV』産業のダイナミズムを見てきた」,『日本経済新聞』, 2012 年 09 月 17 日付

［大見, 2002］　大見忠弘,「インテル躍進の原動力を生んだ『未来から現在を見る』研究開発術」, 有馬朗人監修,『実学の超研究術——ビジネスをつくる未来をつくる』, 東京図書, 2002 年, pp.20-53

［小笠原, 2009］　小笠原啓,「エネルギーはもっと『賢く』なれる——グーグルがスマートグリッドに参入する理由」,『日経ビジネスオンライン』, 2009 年 10 月 28 日

［岡田, 2013］　岡田信行,「アップル『普通の会社』に　成長神話揺らぐ」,『日本経済新聞』, 2013 年 02 月 09 日付 朝刊

［オーレッタ, 2010］　ケン・オーレッタ,『グーグル秘録』, 文藝春秋, 2010 年

［か行］

［開高, 1966］　開高健,「流亡記」,『われらの文学 19　開高健』, 講談社, 1966 年, pp.430-470

［片岡, 1968］　片岡勝太郎,「電子部品企業の今昔——自主独立とのたたかい」,『電子工業 20 年史』, 電子機械工業会, 1968 年, pp.366-371

［片岡, 1997a］　片岡勝太郎,「先達に聞く (8) ——電子部品とともに半世紀（上）」,『電子』, 1997 年 1 月号, pp.22-25

［片岡，1997b］　片岡勝太郎，「先達に聞く（9）――電子部品とともに半世紀（下）」，『電子』，1997年2月号，pp.8-11
［加藤，1979a］　加藤周一，「藝術家の個性」，『加藤周一著作集11』，平凡社，1979年，pp.104-127
［加藤，1979b］　加藤周一，「創造力のゆくえ」，『加藤周一著作集11』，平凡社，1979年，pp.139-156
［金出，1998］　金出武雄，「情報ネットワーク化社会における大学の教育と研究」，『二十一世紀に向けての産官学連携戦略』，pp.235-247，化学工業日報社，1998年
［神尾，1995］　神尾健三，『画の出るレコードを開発せよ！』，草思社，1995年
［鴨志田，2012］　鴨志田元孝，私信，2012年10月30日
［菊池，1992］　菊池誠，『日本の半導体四〇年』，中公新書，中央公論社，1992年
［喜多，2003］　喜多千草，『インターネットの思想史』，青土社，2003年
［喜多，2005］　喜多千草，『起源のインターネット』，青土社，2005年
［ギボンズほか，1997］　マイケル・ギボンズほか編著（小林信一監訳），『現代社会と知の創造――モード論とは何か』，丸善，1997年（原著は Gibbons, M., et al, *The New Production of Knowledge : The Dynamics of Science and Research in Contemporary Societies*, Sage Publications, 1994）
［木村，2009］　木村英紀，『ものつくり敗戦』，日本経済新聞出版社，2009年
［京都賞受賞者資料，1997］　『第13回（1997）京都賞受賞者資料』，稲森財団，1997年
［清成，1998］　清成忠男，「編訳者まえがき」，ヨゼフ・A・シュムペーター（清成忠男編訳），『企業家とは何か』，東洋経済新報社，1998年
［クリステンセン，2000］　クレイトン・M・クリステンセン（伊豆原弓訳），『イノベーションのジレンマ』，翔泳社，2000年
［黒川，1996］　黒川兼行，「アメリカは日本から何をどう学んだか」，『電子情報通信学会誌』，Vol.79，pp.451-461，1996年05月号
［小板橋ほか，2013］　小板橋太郎，西雄大，大竹剛，「白物家電ウオーズ」，『日経ビジネス』，2013年04月15日号，pp.58-65
［國領，1997］　國領二郎，「日本型システム――閉鎖型からの脱却を」，『日本経済新聞』，1997年8月18日付朝刊
［國領ほか，2000］　國領二郎（監修），佐々木裕一，北山聡，『Linuxはいかにしてビジネスになったか――コミュニティ・アライアンス戦略』，NTT出版，2000年
［小柴，2010］　小柴優，「技術革新に伴う国内音楽産業の変革プロセス」，早稲田大学大学院政治学研究科ジャーナリズムコース修士論文，2010年
［小島，2012］　小島郁太郎，「2012年の半導体メーカー・ランキングをIHS iSuppliが発表，Qualcommがごぼう抜きで3位に躍進」，*Tech-On*，2012年12月05日
［小林，1966］　小林秀雄，「古鐔」，『藝術随想』，新潮社，1966年，pp.229-232
［コンピュータエンターテインメント協会，2012］　「2011年の国内ゲームメーカーによる家庭用ゲーム総出荷額は1兆4576億円」，報道関係資料，コンピュータエンターテインメント協会，2012年07月10日

[さ行]

[齋藤, 2013]　齋藤精一郎, 「第4回　21世紀型製造業の希求こそが日本復活のカギを握る」, 日経BP net, 2013年02月28日

[澤崎, 1996]　澤崎憲一, 「『日本初のVTR』はこうして生まれた」, 『電子メディアの近代史』, ニューメディア, 1996年, pp.160-164

[ジェトロ, 2012]　ジェトロ (JETRO), 「スイス時計産業の世界戦略」, 『ユーロトレンド』, 2012年09月

[シネット, 2013]　マイケル・シネット, 「異常加熱の連鎖, 想定外だった」, 『日経ビジネス』, 2013年06月03日号, pp.26-27

[柴田, 2008]　柴田友厚, 『モジュール・ダイナミクス』, 白桃書房, 2008年

[嶋, 1981]　嶋正利, 「マイクロコンピュータの誕生と発展」, 『エレクトロニクス・イノベーションズ』, pp.159-185, 日経マグロウヒル社, 1981年

[嶋, 1987]　嶋正利, 『マイクロコンピュータの誕生』, 岩波書店, 1987年

[嶋, 1997]　嶋正利, 「私とマイクロプロセッサ——初めに応用ありき, 応用が全てである」, 『第13回京都賞記念講演会』, 1997年11月

[清水, 2013]　清水直茂, 「自動運転車は諸刃の剣　トヨタの苦悩, グーグルの野望」, 『日経ビジネスオンライン』, 2013年03月11日

[志村, 2013]　志村亮, 「地デジ後の見通しが甘い　無理な営業で製造側自滅　ケーズHD・加藤会長に聞く」, 『朝日新聞』, 2013年01月22日付朝刊

[シュムペーター, 1977]　ヨゼフ・A・シュムペーター (塩野谷裕一ほか訳), 『経済発展の理論 (上)(下)』, 岩波文庫, 岩波書店, 1977年 (原著刊行は1912年)

[シュムペーター, 1995]　ヨゼフ・A・シュムペーター (中山伊知郎ほか訳), 『資本主義・社会主義・民主主義』, 新装巻, 東洋経済新報社, 1995年 (原著刊行は1942年)

[菅谷, 1995]　菅谷汎, 「VHSがなぜ世界を制覇したか」, 『電気学会雑誌』, 115巻, 1995年03月号, pp.180-183

[菅谷, 2006]　菅谷義博, 『ロングテールの法則』, 東洋経済新報社, 2006年

[スロウィッキー, 2006]　ジェームズ・スロウィッキー (小高尚子訳), 『「みんなの意見」は案外正しい』, 角川書店, 2006年

[関本, 1996]　関本忠弘, 「先達に聞く (6) ——ハレー彗星会長」, 『電子』, 1996年11月号, pp.8-12

[た行]

[高橋, 1983]　高橋秀俊, 『情報科学の歩み』, 岩波書店, 1983年

[高橋, 2011]　高橋雄造, 『ラジオの歴史』, 法政大学出版局, 2011年

[竹居ほか, 2012]　竹居智久, 狩集浩志, 木村雅秀, 中道理, 「データセンター協奏曲——電力削減を支えるハードの進化」, 『日経エレクトロニクス』, 2012年10月01日号, pp.25-57

[田路, 2005]　田路則子, 『アーキテクチュラル・イノベーション』, 白桃書房, 2005年

[田中, 1996]　田中昭二, 「第2情報化社会の考察」, 『日経エレクトロニクス』, 1996年7月15日号, pp.137-145

[垂井, 2000]　垂井康夫, 『超LSIの挑戦』, 工業調査会, 2000年

［垂井，2008］　垂井康夫編著，『世界をリードする半導体共同研究プロジェクト——日本半導体産業復活のために——』，工業調査会，2008年

［津賀，2012］　津賀一宏，「課題認識と今後の対応について」，パナソニック記者会見資料，2012年10月31日

［鶴原，2012］　鶴原吉郎，「Volkswagenが社運賭ける新モジュール戦略」，*Tech-On*，2012年02月14日

［電子工業20年史，1968］　『電子工業20年史』，日本電子機械工業会，1968年

［電子工業30年史，1979］　『電子工業30年史』，日本電子機械工業会，1979年

［電電，2010］　「PSTNのマイグレーションについて」，NTT西日本・東日本の共同ニュースリリース，2010年11月02日

［徳田ほか，2007］　徳田昭雄・佐伯靖雄，「自動車のエレクトロニクス化（1）」，『立命館経営学』，第46巻　第2号，pp.85-103，2007年07月

［トーバルズ，2001］　リーナス・トーバルズ，デイビッド・ダイヤモンド（風見潤訳），『それがぼくには楽しかったから』，小学館プロダクション，2001年

［トクヴィル，2004］　トクヴィル（松本礼二訳），『アメリカのデモクラシー』，第1巻（下），岩波文庫，岩波書店，2004年，原著刊行1835年

［な行］

［中岡，1975］　中岡哲郎，「『予想もつかなかった』の背後」，『読売新聞』，1975年04月14日～16日付（『科学文明の曲りかど』，朝日新聞社，1979年，pp.218-230に所収）

［中川，2012］　中川威雄，「世界最大のEMS企業Foxconnのものづくりがベールをぬぐ」，『日経ものづくり』，2012年11月号，pp.29-43

［中田ほか，2012］　中田敦・高槻芳，「ハードもソフトも垂直統合」，『日経コンピュータ』，2012年06月07日号，pp.30-31

［中山，1995］　中山茂，「3-6　品質管理の日本的展開」，『通史　日本の科学技術』，第1巻，学陽書房，1995年，pp.269-276

［新原，2003］　新原浩朗，『日本の優秀企業研究』，日本経済新聞社，2003年

［西村，1980］　西村吉雄，「ブラックボックス化の危険」，『日経エレクトロニクス』，1980年01月07日号，pp.46-47

［西村，1983］　西村吉雄，「設計—プロセスの分極が深刻化」，『日経エレクトロニクス』，1983年10月24日号，pp.88-92

［西村，1985］　西村吉雄，『硅石器時代の技術と文明』，日本経済新聞社，1985年

［西村，1995］　西村吉雄，『半導体産業のゆくえ』，丸善，1995年

［西村，1998］　西村吉雄，「発注者と受注者のやりとりが世界初のマイクロプロセッサを実現」，『日経エレクトロニクス』，1998年02月09日号，pp.213-221

［西村，2003］　西村吉雄，『産学連携』，日経BP社，2003年

［西村，2004］　西村吉雄，『改訂版　情報産業論』，放送大学教育振興会，2004年

［西村，2007］　西村吉雄，「今，活躍中の同窓生　任天堂社長　岩田聡氏」，『蔵前ジャーナル（東京工業大学同窓会誌）』，2007年春号，pp.10-15

［西村ほか，1998］　西村吉雄，伏木薫，『電子工業50年史』，日本電子機械工業会，1998年

［西村×烏賀陽，2011］　西村吉雄×烏賀陽弘道，「報道人は食っていけるか，生き残れるか？」，

JBpress，2011 年 10 月 12 日
［日産自動車，2012］「日産自動車，新世代車両設計技術である『日産 CMF』（4＋1 Big module concept）を導入」，ニュースリリース，2012 年 02 月 27 日
［日本経済新聞，2010］「20 年も残る総合メーカー，インテル・サムスンだけ（張 CEO 一問一答）」，『日本経済新聞』，2010 年 05 月 15 日付 朝刊
［日本経済新聞，2012］「シャープ，米クアルコムが最大 99 億円出資　次世代液晶を共同開発」，『日本経済新聞』，2012 年 12 月 04 日付 電子版
［日本経済新聞，2013a］「製造業就業者 1000 万人割れ」，『日本経済新聞』，2013 年 02 月 01 日付 夕刊
［日本経済新聞，2013b］「シャープにサムスン出資　月内に 3％，100 億円」，『日本経済新聞』，2013 年 03 月 06 日付 朝刊
［日本レコード協会，2013］「音楽ソフト種類別生産金額の推移」，日本レコード協会，2013 年 02 月
［ノイス，1981］ロバート・N・ノイス，「集積回路の発展過程――プレーナ・プロセスに重点をおいてノイス氏に聞く」，『エレクトロニクス・イノベーションズ』，pp.145-157，日経マグロウヒル社，1981 年
［能澤，2003］能澤徹，『コンピュータの発明』，テクノレビュー，2003 年
［野口，2002］野口悠紀雄，「小組織経済，IT で優位に」，『日本経済新聞』，2002 年 04 月 05 日付

［は行］

［ハウンシェル，1998］デイビッド・A・ハウンシェル，「企業における研究活動の発展史」，リチャード・S・ローゼンブルームほか編（西村吉雄訳），『中央研究所の時代の終焉』，日経 BP 社，1998 年，pp.23-113
［馬場，1974］馬場玄式，「半導体 25 年間の重要特許の"網"」，『日経エレクトロニクス』，1974 年 01 月 28 日号，pp.51-91
［林ほか，1984］林裕久，田島進，「競合し始めた CRT とフラット・パネル・ディスプレイ」，『日経エレクトロニクス』，1984 年 1 月 2 日号，pp.69-74
［樋口，2010］樋口喜昭，「テレビ放送のローカリティに関する研究―県域原則を出発点にして―」，早稲田大学大学院政治学研究科ジャーナリズムコース修士論文，2010 年
［広岡，2013］広岡延隆，「低価格車が変える『ケイレツ』」，『日経ビジネスオンライン』，2013 年 02 月 22 日
［日和佐，1968］日和佐忠行，「終戦直後の電子工業――GHQ の思い出――」，『電子工業 20 年史』，日本電子機械工業会，1968 年，pp.351-355
［ファイゲンバウムほか，1983］エドワード・ファイゲンバウム，パメラ・マコーダック（木村繁訳），『第五世代コンピュータ　日本の挑戦』，TBS ブリタニカ，1983 年
［ファクラー，2012］マーティン・ファクラー，『本当のことを伝えない日本の新聞』，双葉社，2012 年
［ファジン，1997］F・ファジン，『第 13 回京都賞受賞記念ワークショップ（マイクロプロセッサの誕生からその未来へ）』における記念講演，1997 年 11 月
［フィッシャー，2000］クロード・S・フィッシャー（吉見俊哉，松田美佐，片岡みい子訳），『電話するアメリカ――テレフォンネットワークの社会史』，NTT 出版，2000 年

［フォルクスワーゲン，2012］「新時代の幕開け：フォルクスワーゲン，モジュラー トランスバース マトリックス（MQB）を導入」，*Press Information*，2012年02月06日
［FUKUSHIMA プロジェクト委員会，2012］ FUKUSHIMA プロジェクト委員会，『FUKUSHIMA レポート　原発事故の本質』，日経BP コンサルティング，2012年
［藤本，2002］　藤本隆宏，「日本型サプライヤー・システムとモジュール化――自動車産業を事例として」，青木昌彦・安藤晴彦編著，『モジュール化――新しい産業アーキテクチャの本質』，pp.169-202，東洋経済新報社，2002年
［藤本，2003］　藤本隆宏，『能力構築競争』，中公新書，中央公論新社，2003年
［藤本ほか，1998］　藤本隆宏，西口敏宏，伊藤秀史編，『サプライヤー・システム』，有斐閣，1998年
［星野，1995］　星野力，『誰がどうやってコンピュータを創ったのか』，共立出版，1995年
［星野，2002］　星野力，『甦るチューリング』，NTT出版，2002年
［ボールドウィンほか，2002］　カーリス・Y・ボールドウィン，キム・B・クラーク「第2章　モジュール化時代の経営」，青木昌彦・安藤晴彦編著，『モジュール化』，東洋経済新報社，2002年，pp.35-64
［ボールドウィンほか，2004］　カーリス・Y・ボールドウィン，キム・B・クラーク（安藤晴彦訳），『デザイン・ルール』，東洋経済新報社，2004年
［ホロニヤック，1996］「集積回路と半導体レーザ，当事者が振り返る発明の経緯――Holonyak氏が語る『初めて』の大切さ」，『日経エレクトロニクス』，1996年01月01日号，pp.111-122

[ま行]

［マイヤーズ，1998］　マーク・B・マイヤーズ，「第4章　ゼロックス社における研究と変化のマネージメント」，『中央研究所の時代の終焉』，pp.169-193，日経BP社，1998年（原著はMyers, M.B., "Research and Change Management in Xerox", Rosenbloom, R.S. and Spencer, W.J. ed., *Engines of Innovation*, pp.133-149, Harvard Business School Press, 1996）
［真木ほか，2011］　真木圭亮，井上達彦，「日本のビデオゲーム産業におけるビジネスモデルの変遷－オンライン化とサービス化へ向けて－」，*ASB Case* No.2，早稲田大学アジアサービス・ビジネス研究所，2011年09月06日
［松田，2001］　松田裕之，『明治電信電話ものがたり――情報通信社会の《原風景》――』，日本経済評論社，2001年
［水越，1993］　水越伸，『メディアの生成―アメリカ・ラジオの動態史』，同文館出版，1993年
［水島，1980］　水島宜彦，「日本のエレクトロニクス史」，『エレクトロニクス50年史と21世紀への展望』，pp.355-384，日経マグロウヒル社，1980年
［水島，2005］　水島宜彦，『情報革命の軌跡――半導体がもたらしたもの』，裳華房，2005年
［宮崎，2008］　宮崎智彦，『ガラパゴス化する日本の製造業』，東洋経済新報社，2008年
［ムーア，1998］　ゴードン・E・ムーア，「半導体産業における研究についての個人的見解」，ローゼンブルーム／スペンサー編，『中央研究所の時代の終焉』，pp.217-233，日経BP社，1998年
［村井，1995a］　村井純，『インターネット「宣言」』，講談社，1995年
［村井，1995b］　村井純，『インターネット』，岩波書店，1995年
［村上，1986］　村上陽一郎，『技術とは何か』，日本放送出版協会，1986年
［村上，1994］　村上陽一郎，『科学者とは何か』，新潮社，1994年

[村上, 2011] 村上憲郎, 「グーグルから見た日本 ICT 産業への苦言」, 『電子情報通信学会誌』, Vol.94, No.1, 2011 年 01 月号, pp.2-6

[森川, 2003] 森川嘉一郎, 『趣都の誕生 萌える都市アキハバラ』, 幻冬舎, 2003 年

[や行]

[安田, 2006] 安田朋起, 「ウェブが変える 1」, 『朝日新聞』朝刊, 2006 年 7 月 27 日付

[矢野経済研究所, 2013] 「ソーシャルゲームに関する調査結果 2012」, 矢野経済研究所, 2013 年 01 月 10 日

[山川, 2013] 山川龍雄, 「編集長の視点」, 『日経ビジネス』, 2013 年 06 月 03 日号, p.1

[山田, 1993] 山田英夫, 『競争優位の［規格］戦略』, ダイヤモンド社, 1993 年

[山田, 2013] 山田泰司, 「上海発 EMS 通信 絶対王者の終焉」, *Tech-On*, 2013 年 03 月 11 日

[湯之上, 2005] 湯之上隆, 「技術力から見た日本半導体産業の国際競争力――日本は技術の的を外している」, 『日経マイクロデバイス』, 2005 年 10 月号, pp.50-59

[湯之上, 2009] 湯之上隆, 『日本「半導体」敗戦』, 光文社, 2009 年

[湯之上, 2012a] 湯之上隆, 『「電機・半導体」大崩壊の教訓』, 日本文芸社, 2012 年

[湯之上, 2012b] 湯之上隆, 「エルピーダとは一体何だったのか」, *JBpress*, 2012 年 04 月 05 日

[湯之上, 2012c] 湯之上隆, 「半導体売上高世界一のインテルが苦境に陥った原因」, *JBpress*, 2012 年 12 月 04 日

[横田ほか, 1989] 横田英史, 稲葉則夫, 星暁雄, 浅見直樹, 鈴木信夫, 多田和市, 加藤雅浩, 古沢美行「やわらかいコンピュータの時代へ」, 『日経エレクトロニクス』, 1989 年 12 月 11 日号, pp.143-194

[吉見ほか, 1992] 吉見俊哉, 若林幹夫, 水越伸, 『メディアとしての電話』, 弘文堂, 1992 年

[吉見, 1995] 吉見俊哉, 『「声」の資本主義――電話・ラジオ・蓄音機の社会史』, 講談社, 1995 年

[米倉, 1999] 米倉誠一郎, 『経営革命の構造』, 岩波新書, 岩波書店, 1999 年

[ら行]

[ライヤン, 2011] J.F. Ryan, 「『テレビ放送』から『インターネット配信』へ」, 『電子情報通信学会誌』, Vol.94, No.1, pp.25-29, 2011 年 01 月

[リップマン, 1999] アンドリュー・リップマン, 「"成功"の破壊から未来が生まれる」, 『週刊東洋経済』, 1999 年 12 月 11 日号, p.44

[廉, 2012] 廉宗淳, 「改札を機械化する日本, 改札をなくす韓国――情報化の本質とは何か」, *Diamond Online*, 2012 年 05 月 29 日

[ローゼンブルームほか, 1998] リチャード・S・ローゼンブルームほか編（西村吉雄訳）, 『中央研究所の時代の終焉』, 日経 BP 社, 1998 年

[わ行]

[脇, 2003] 脇英世, 『インターネットを創った人たち』, 青土社, 2003 年

[欧文文献（アルファベット順）]

[Altera, 2013]　"Altera to Build Next-Generation, High-Performance FPGAs on Intel's 14 nm Tri-Gate Technology," *Altera Press Release*, Feb.25, 2013

[Bush, 1945]　V. Bush, "Science—the Endless Frontier : A Report to the President on a Program for Postwar Scientific Research," United States Government Printing Office, July 1945

[Coase, 1937]　R.H. Coase, "The Nature of the Firm," *Economica*, Nov. 1937, pp.386-405

[Denard, et al., 1974]　R.H. Dennard, F.H. Gaenssler, H.N. Yu, V.L. Rideout, E. Bassous and A.R. LeBlanc, "Design of Ion-Implanted MOS FET's with Very Small Physical Dimensions," *IEEE J. of Solid-State Circuits*, Vol.SC-9, pp.256-268, Oct. 1974

[Eckert, 1976]　J.P. Eckert, "Thoughts on History of Computing," *Computer*, Vol.9, No.12, pp.58-65, Dec. 1976（「コンピュータの歴史を振り返る」として，『エレクトロニクス・イノベーションズ』，pp.187-201，日経マグロウヒル社，1981年に翻訳掲載）

[Editorial, 1980]　Editorial, "Outshining the Teacher ?," *Electronics*, Apr. 10, 1980, p.24

[Faggin, et al., 1996]　F.Faggin, M.E.Hoff, S.Mazor, and M.Shima, "The History of the 4004," *IEEE Micro*, Vol.16, pp.10-20, Dec. 1996（邦訳の一部：「日本の電卓が生んだ世界初のマイクロプロセッサ――マイクロプロセッサ4004の誕生（1）」，『日経エレクトロニクス』，1997年2月24日号，pp.163-168）

[Gertner, 2012]　Jon Gertner, *The Idea Factory : Bell Labs and the Great Age of American Innovation*, Penguin Press, 2012

[Goto, et al., 1980]　T. Goto and N. Manabe, "How Japanese Manufacturers Achieve High IC Reliability," *Electronics*, Mar. 13, 1980, pp.140-147

[Hayashi, et al., 1970]　I. Hayashi, et al., "Juction Lasers which Operate Continuously at Room Temperatue," *Appl. Phys. Lett.*, Vol.17, pp.109-111, Aug.1. 1970.

[Hoerni, 1959]　J.A. Hoerni, U.S. Patent 3,025,589 and 3,064,167, filed May 1, 1959（日本特許の番号は459980で，日本への出願は1960年5月2日）

[Hofstein, et al., 1963]　R.J. Hofstein and F.P. Heiman, "The Silicon Insulated Gate Field Effect Transistor," *Proc. IEEE*, Vol. 51, pp.1190-1202, Sept. 1963

[IC Insights, 2013a]　"Samsung Jumps to #3 in 2012 Foundry Ranking, Has Sights Set on #2 Spot in 2013," *IC Insights Research Bulletin*, Jan. 15, 2013

[IC Insights, 2013b]　"Pure-Play Foundries and Fabless Suppliers are Star Performers in Top 25, 2012 Semiconductor Supplier Ranking," *IC Insights Research Bulletin*, March 27, 2013

[Kapron, et al., 1970]　F.P. Kapron, et al., "Radiation Loss in Glass Optical Waveguide," *Appl. Phys. Lett.*, Vol.17, pp.423-425, Nov.15, 1970.

[Kilby, 1959]　J.S. Kilby, U.S. Patent 3,138,743, filed Feb.6, 1959（日本への出願は1960年02月06日）

[Kilby, 1976]　J.S. Kilby, "Invention of the Integrated Circuit," *IEEE Trans on Electron Devices*, Vol.ED-23, pp.648-654, July 1976

[Lampson, 1972]　Butler Lampson, "Why Alto ?," *Xerox Inter-Office Memorandum*, Dec. 19, 1972

［Licklider, 1960］ J.C.R. Licklider, "Man-Computer Symbiosis," *IRE Trans. on Human Factors in Electronics*, Vol. HFE-1, pp. 4-11, March 1960

［Licklider, 1965］ J.C.R. Licklider, *Libraries of the Future*, The MIT Press, 1965

［Mead, et al., 1980］ C. Mead and L. Conway, *Introduction to VLSI Systems*, Addison-Wesley, 1980 (菅野卓雄・榊裕之監訳,『超 LSI システム入門』, 培風館, 1981 年)

［Moore, 1965］ G.E. Moore, "Cramming More Components onto Integrated Circuits," *Electronics*, Apr. 15, 1965, pp. 114-117

［Negroponte, 1995］ Nicholas Negroponte, *Being Digital*, Alfred A. Knpof, Inc., 1995

［Noyce, 1959］ R.N. Noyce, U.S. Patent 2,981,877, filed July 30, 1959 (日本への特許出願は 1960 年 7 月 16 日)

［Pake, 1986］ George E. Pake, "Research at Xerox PARC：a Founder's Assessment," *IEEE Spectrum*, Vol.22, No.10, pp.54-61, Oct. 1985 (「ゼロックス社パロ・アルト・リサーチ・センタ（PARC）の研究──創設者による評価」として,『日経エレクトロニクス』, 1986 年 04 月 21 日号, pp.227-242 に翻訳転載)

［Perryet, et al., 1986］ Tekla S. Perry and Paul Wallich, "Inside the PARC：the Information Architects," *IEEE Spectrum*, Vol.22, No.10, pp.62-75, Oct. 1985 (「PARC の歴史をたどる：インフォメーション・アーキテクトたちの歩み」として,『日経エレクトロニクス』, 1986 年 04 月 21 日号, pp.243-272 に翻訳転載)

［Shockley, 1976］ W. Shockley, "The Path to the Conception of the Junction Transistor," *IEEE Trans. on Electron Devices*, Vol. ED-23, No. 7, pp.597-620, July 1976 (「接合型トランジスタ発明までの道」として『エレクトロニクス・イノベーションズ』, pp.75-109, 日経マグロウヒル社, 1981 年に翻訳転載)

［Thacker, 1986］ Chuck Thacker, "Personal Distributed Computing：the Alto and Ethernet Hardware," *1986 Proceedings of the ACM Conference on the History of Personal Workstations*, pp.87-100, 1986

［von Neumann, 1945］ John von Neumann, "First Draft of a Report on the EDVAC," Contract No. W-670-ORD4926 Between the United States Army Ordnance Department and the University of Pennsylvania, June 30, 1945 (「EDVAC に関する報告書──草稿」として,『エレクトロニクス・イノベーションズ』, pp.213-253, 日経マグロウヒル社, 1981 年に翻訳掲載)

［Welsh, 2013］ Matt Welsh, "Running a Software Team at Google," *Volatile and Decentralized (Blog)*, April 8, 2013

［Wilkes, 1977］ Maurice V. Wilkes, "The EDSAC," *NPL Report*, COM 90, June 1977 (「ケンブリッジ大学における初期のコンピュータ開発：EDSAC」として,『エレクトロニクス・イノベーションズ』, pp.203-211, 日経マグロウヒル社, 1981 年に翻訳転載)

あとがき

　電子情報通信学会と私が交わした出版契約書を見直してみたら，契約の日付が2001年12月3日となっていた．それから13年もの年月が過ぎてしまったことになる．

　本書の執筆を私に働きかけてくださったのは，電子情報通信学会 教科書委員会 委員長の辻井重男先生である．年に1〜2回は辻井先生にお目にかかる機会があった．電話をかけてこられることもあった．「忘れているわけじゃないぞ」．なかなか原稿を書こうとしない私に，辻井先生は，そんな脅迫めいた言い方で声をかけてこられる．けれども毎回，必ずこう付け加えてくださった．「急がなくていい．歴史を踏まえ，長期的視点で書いてほしい」．

　21世紀が進むなか，日本の電子情報通信分野の産業界は変転を続ける．企業の離合集散も激しい．この状況のなかで『電子情報通信と産業』と題する単行本の出版は，どう考えても無理だ．そう思う日が続く．

　私の仕事が電子情報通信分野から離れがちだったという事情もある．産学連携やMOTに関する本の執筆を優先せざるを得ない状況が続いた．やがて私は，文系の大学院の教員となり，科学技術ジャーナリストの養成に従事する．ある意味では電子情報通信分野とは，いっそう離れてしまった．けれどもジャーナリズムを専門とする方々との交流と，インターネットをインフラとして使うようになった経験は，電子情報通信を眺めるための別の視点を私にもたらした．

　本書の執筆を私がぐずり続けた10年ほどの間に，もともと心身のすぐれなかった妻の衰弱が進んだ．車いす暮らしとなり，専門家の介護を常時必要とする状態となる．結果的に，医療や介護の現場を見る機会が増えた．同時に私は，18歳人口の減少が進む大学現場を内側から見るようになっていた．それは人口減少と高齢化の進む日本について調べる動機を，私にもたらす．電子情報通信，特にインフラとしてのインターネットが，そこでどんな役割を果たせるか，これをしきりに考えるようになった．

　そして2012年が来る．年初から新聞もテレビも週刊誌も，「電機総崩れ」「日本半導体崩壊」の記事であふれる．辻井先生から電話がかかってきた．「そろそろ書いてもいいんじゃないの．落ちるところまで落ちたから，これ以上悪くなることはないと思うよ」．この状況を無言でやりすごすことは，私の過去の仕事歴からいって無責任だろう，ようやく，そう思い定める．

　とはいえ短期的な経営批判は私のよくするところではない．「歴史をふまえ長期的視点で

書く」ことに，努めたつもりである．それがどこまで実現できたか，それは本書をお読み下さった方の評価におまかせするしかない．

　本書が刊行にこぎつけられたのは，上記のように辻井重男先生の絶えざる励ましのおかげである．あらためてお礼を申し上げる．ほかにも実にたくさんの方々にお世話になった．というのは，本書はいわば，電子情報通信分野の総合的産業史である．私の知識だけで書ききれるものではない．メールで，電話で，ときには飲食を共にしながら，私は質問し，意見を求め，書きかけの原稿を見てもらった．相手をしてくださった方々の人数はあまりに多く，お名前をここに挙げるのは，控えさせていただく．ただ二人の故人だけは，ここにお名前を記し，お礼の気持ちを述べることにしたい．

　一人は故 ロバート・ノイス氏である．同氏には，日本でも米国でも何度かお目にかかっている．けれども長くお話をうかがう機会を持てたのは，フランスのグルノーブル，1980年のことだった．以前からお願いしていたインタビューが，たまたま私も参加していた国際会議の会場近くのホテルで実現する．夕食を共にしながら，数時間にわたってお話をうかがった．主題はプレーナ・プロセスの開発だったが，半導体産業の来し方行く末のすべてが話題になった．ショックレー研究所からフェアチャイルドへ，そしてインテルの創業と経営，ノイス氏の人生は半導体集積回路の歴史そのものである．そのときにノイス氏からうかがったことが，私が半導体産業を考えるときの座標軸となって現在に至っている．ノイス氏は1990年，62歳の若さで物故されてしまった．ご冥福を祈る．

　もうお一方は，故 田中昭二先生である．田中先生とも，よく海外でお目にかかった．ハワイで，米国西海岸で，国際会議の場が夕方になるころ，田中先生からお誘いの声がかかってくる．「おい西村君，一休みしてビールでも飲もうや」．けれども田中先生のお考えを詳しくお聞きするようになったのは，日経BP社の技術賞と図書賞の審査の場である．何を高く評価するか，その理由は何か，ここには審査する人間の人生が凝縮する．10年にもわたって田中先生のお考えを親しくうかがえたこと，それは私の財産である．田中先生は2011年に故人となられる．享年84歳．合掌．

　電子情報通信学会，コロナ社には，本書出版にあたって大変な労をとっていただいた．深く感謝する．

　　　2014年1月

　　　　　　　　　　　　　　　　　　　　　　　　　　　　　　　　　　　　西村　吉雄

索引

【あ】
アイコン ………………………… 98
アーキテクチャ ……………… 4, 89
秋葉原 ………………………… 203
アプリケーションプログラム
　……………………………………… 29
アルト ………………………… 99, 140
アロハネット …………………… 140
アンバンドリング ……………… 90

【い】
イーサネット …………………… 140
イニシャルオーダー …………… 29
イノベーション ……………… 5, 173
インターネット ………………… 125
インターネット配信 …………… 166
インテルサット ………………… 131

【う】
ウィキペディア ………………… 159
ウィリアムズ管 ………………… 28
ウィンテル ……………………… 105
ウェブ2.0 ……………………… 154

【え】
液晶 …………………………… 87, 194
エレクトロニクス ……………… 13

【お】
オフィスコンピュータ（オフコン）
　………………………………… 96, 191
オープンイノベーション ……… 98
オープン化 …………… 67, 72, 102
オープンソース（活動）
　………………………………… 159, 184
音楽配信 ………………………… 166
オンラインゲーム ……………… 199

【か】
外部記憶装置 …………………… 84
価格圧力 ………………………… 2
価格監視 ………………………… 58
科学優位主義 …………………… 181
拡散トランジスタ ……………… 45

カセットテープレコーダ …… 203
仮想記憶 ………………………… 86
壁掛けテレビ …………………… 211
紙テープ ………………………… 87
ガラケー ………………………… 130

【き】
企業家 …………………………… 173
技術革新 ………………………… 5
技術導入 ………………………… 181
キャッシュメモリ ……………… 84

【く】
空間分割型 ……………………… 124
組合せ型 ………………………… 117
組込みシステム ………………… 50
クライアントサーバモデル
　………………………………………… 141
クラウドコンピューティング
　………………………………………… 86
クラウドファンディング …… 156
クロスバー交換機
　………………………………… 13, 19, 123
クロスライセンス ……………… 178

【け】
携帯電話 ………………………… 125
系列 ……………………………… 116
ゲート長 ………………………… 40
減価償却 ………………………… 46
研究開発 ………………………… 5
検索エンジン …………………… 145

【こ】
コア（磁芯）メモリ ……………… 84
交換手 …………………………… 12
工業 ……………………………… 7
公権力 …………………………… 170
公的な標準（デジュリスタンダード dejure standard）……… 104
高品位テレビ …………………… 209
工本主義 ………………………… 237
互換機 …………………………… 89
互換性 …………………………… 89
個別トランジスタ ……………… 38

コロッサス …………………… 23, 24

【さ】
サーバ …………………………… 141
産学連携 ……………………… 51, 180
産業革新機構 …………………… 78
産業革命 ………………………… 7
産業構造 ………………………… 5
産業スパイ ……………………… 190
産業用電子機器 ………………… 205
3極真空管 ……………………… 13

【し】
時間コスト ……………………… 70
磁気コア ………………………… 26
磁気ディスク …………………… 85
事後評価 ………………………… 166
事実上の標準（de facto standard）
　………………………………… 71, 104
システムLSI …………………… 66
システムズインテグレーション
　……………………………………… 91
システムプログラム …………… 29
事前審査 ………………………… 166
自動交換機 ……………………… 13
時分割型 ………………………… 124
資本コスト ……………………… 70
自前主義 …………………… 149, 231
収穫逓減 ………………………… 107
収穫逓増 ………………………… 107
集積回路 ……………………… 2, 32
集中処理 ………………………… 92
主記憶 …………………………… 84
手動交換 ………………………… 12
奨学寄付金 ……………………… 181
少品種大量生産 ………………… 43
情報産業 ………………………… 7
情報処理 ………………………… 6
シリコン・バレー ……………… 35
シリコンファウンドリ …… 33, 68
真空管 ……………………… 6, 18, 19
新結合 ……………………… 5, 173

【す】
垂直統合 ………………………… 67

水平分業 ………………………… 30
数値制御 ………………………… 113
スタティック RAM ……………… 84
スマートグリッド ……………… 157
スマートフォン（スマホ）
　……………………………… 86, 130
すり合せ型 ……………………… 117

【せ】
製造業 …………………………… 7
世代 ……………………………… 82
設計と製造の分業 ……………… 67
接合トランジスタ ……………… 20
セマテック ……………………… 72
セルラー ………………………… 129

【そ】
ソーシャルメディア …………… 155
ソースコード …………………… 97
ソフトウェア …………………… 2
ソフトウェア圧力 ……………… 2
ソリューション ………………… 91

【た】
太陽光発電 ……………………… 216
太陽電池 ………………………… 194
対話 ……………………………… 88
対話型コンピュータ …………… 93
ダウンサイジング ……………… 88
匠の呪縛 …………………… 75, 231
多品種少量生産 ………………… 42
ダンピング ………………… 57, 58

【ち】
蓄積プログラム方式 …………… 26
地デジ特需 ……………………… 212
中央研究所 ……………………… 51
中央研究所ブーム ……………… 181
中継器 …………………………… 19
超 LSI 技術研究組合 ……… 72, 182
超 LSI 共同研究所 ………… 72, 182
超音波遅延線 …………………… 26

【つ】
通信規約 ………………………… 141
通信自由化 ………………… 11, 125

【て】
ディジタル化 …………………… 32
ディジタル化圧力 ……………… 3
ディジタル交換機 ………… 19, 124
デザインルール ………………… 40
データセンター ………………… 158
電界効果トランジスタ ………… 20

電気工学 ………………………… 13
電子化 ……………………… 6, 113
電子掲示板 ……………………… 142
電子工学 ………………………… 13
電子交換機 ………………… 19, 123
電子情報技術産業協会 ………… 214
電子部品 …………………… 204, 205
電信 ……………………………… 6
点接触型トランジスタ ………… 20
電卓 ……………………………… 193
電電ファミリー ………………… 128
電話 ……………………………… 6

【と】
特定用途向け IC ………………… 66
トランジスタ ………………… 1, 18
取引コスト ………………… 5, 148

【な】
内需主導 ………………………… 218

【に】
日米半導体協定 ………………… 58
日本語ワードプロセッサ（ワープ
　ロ） ………………………… 85, 191
日本電子機械工業会 …………… 55
日本電子情報技術産業協会 …… 55
入出力装置 ……………………… 84

【ね】
ネット圧力 ……………………… 3
ネットワーク外部性 ……… 71, 106

【は】
配線論理 …………………… 96, 113
バイ・ドール法 ………………… 180
バイナリーディジタル（方式）
　……………………………… 9, 31
ハイビジョン …………………… 209
バイポーラ ……………………… 37
パケット交換 ……………… 135, 137
パソコン通信 ……………… 144, 200
パターン独立性 ………………… 41
発光ダイオード ………………… 216
バッチ（一括）生産 …………… 45
バッチ処理 ……………………… 88
ハードウェア …………………… 2
ハードワイヤード ………… 96, 113
パラメトロン …………………… 189
ハリウッド ……………………… 16
パルス符号変調 ………………… 124
パンチカード …………………… 87
半導体国際交流センター ……… 59
半導体製造装置 ………………… 45

半導体レーザ …………………… 132
汎用コンピュータ ……………… 53

【ひ】
ピアレビュー …………………… 185
光産業技術振興協会 …………… 214
光ディスク ……………………… 85
光ファイバ ……………………… 132
ビジネスモデル ………………… 5
ビッグデータ …………………… 156
ビデオディスク ………………… 167
ビデオテープレコーダ ………… 203
標準インタフェース …………… 67
表面準位 ………………………… 20
比例縮小則 ……………………… 39
品質管理 ………………………… 55

【ふ】
ファウンドリ …………………… 68
ファブレス …………………… 33, 68
ファミコン ……………………… 196
フェランティ・マーク I ……… 28
付加価値 ………………………… 2
不特定多数 ……………………… 154
ブラウザ ………………………… 108
プラザ合意 ……………………… 57
フラッシュメモリ ……………… 78
ブルーレイディスク …………… 168
プレイステーション …………… 197
ブレッチリー・パーク ………… 24
プレーナプロセス ……………… 35
ブログ …………………………… 155
プログラム ……………………… 2
プログラム制御 ………………… 114
プログラム内蔵方式
　…………………………… 1, 25, 30
プロセッサ ……………………… 2
フロッピーディスク …………… 85
ブロードバンド ………………… 125
プロトコル ……………………… 141
ブロードバンド接続 …………… 132
分業構造 ………………………… 4
分散処理 ………………………… 92

【へ】
米国半導体工業会 ……………… 45
ベイビー・マーク I …………… 27
ベストエフォート ……………… 141
ベータ …………………………… 207
ベル研究所 ……………………… 11
ベル電話研究所 ………………… 11

【ほ】
ポインティングデバイス ……… 93

索引　253

貿易摩擦 ……………… 61, 218
補助記憶装置 ……………… 84

【ま】
マイクロコンピュータ ……… 51
マイクロプロセッサ
　　　　　……………… 1, 33, 47
マイコン制御 ……………… 115
マウス ……………………… 98
マーケティング …………… 63, 231

【み】
ミニコンピュータ（ミニコン）
　　　　　……………………… 95
民生用電子機器 …………… 205

【む】
ムーア・スクール ………… 22
ムーアの法則 ……………… 2, 32

【め】
メインメモリ ……………… 53, 84
メディア ……………………… 9

メディアルネサンス ……… 163
メモリ ……………………… 2

【も】
モジュラー型 ……………… 117
モジュール化 ……………… 4
モード2 …………………… 19, 20
ものづくり ………………… 231
モバイルコンピューティング
　　　　　……………………… 110

【ゆ】
有線放送 …………………… 12
輸出主導 …………………… 218
ユーズネット ……………… 142

【よ】
4K ………………………… 211

【ら】
ライセンス ………………… 175

【り】
理工科ブーム ……………… 181
リナックス ………………… 98, 109
リニアモデル ……………… 175
リンカーン研究所 ………… 94

【る】
ルータ ……………………… 135

【れ】
レコード …………………… 16
連結ルール ………………… 89

【ろ】
ローカルネットワーク …… 140
ロングテール効果 ………… 155

【わ】
ワークステーション ……… 96
ワープロ …………………… 192
ワールウィンド …………… 27, 94
ワンチップCPU …………… 50

【A】
ADSL ……………………… 125
ARPA ……………………… 135
ARPAネット ……………… 136
ASIC ………………………… 66

【B】
BBS ………………………… 144

【C】
C言語 ……………………… 97
CAD ………………………… 67
CD …………………………… 85
CDMA ……………………… 131
CSネット …………………… 143

【D】
DOD ………………………… 135
DOS/V ……………………… 195
DRAM ……………………… 53
DVD ………………………… 85, 168

【E】
EDSAC ……………………… 27, 28
EDVAC ……………………… 23, 26, 27
EIAJ ………………………… 55
EMS ………………………… 149
ENIAC ……………………… 22, 25, 27

【F】
feature phone ……………… 130
FTTH ……………………… 132

【G】
GHQ ………………………… 202
GSM ………………………… 130
GUI（graphical user interface）
　　　　　……………………… 98

【I】
iモード …………………… 111, 130
IBM-PC/AT互換機 ………… 195
IDM ………………………… 68
IMP ………………………… 136
INSEC ……………………… 59
IP …………………………… 66, 142
iPhone ……………………… 111
ISDN ………………………… 124, 125
ISP ………………………… 144

【J】
JEITA ……………………… 55
JUNET ……………………… 143

【L】
LAN ………………………… 140
LED ………………………… 216
LPレコード ………………… 16

LSI ………………………… 42

【M】
MOS ………………………… 37
MSX ………………………… 196
Multics ……………………… 97

【N】
NSFネット ………………… 143
NTSC ……………………… 15, 206

【O】
OEM ………………………… 151
OS …………………………… 28, 29

【P】
PARC ……………………… 99
PCM ………………………… 124
PDC ………………………… 130

【S】
SEMATECH ……………… 182
SEMI ……………………… 45
SIA ………………………… 45
SNS ………………………… 157
SoC ………………………… 66
SRAM ……………………… 84

【T】
TCP ………………………… 142

TCP/IP ……………… 135	**【U】**	**【V】**
TRON ……………… 98, 109	UNIVAC I ……………… 27	VHS ……………… 207
TSS ……………… 94	UNIX ……………… 96	VTR ……………… 203
TX-0 ……………… 94	USB ……………… 86	**【W】**
TX-2 ……………… 94		WWW ……………… 145

【あ】
アタナソフ ……………… 23

【う】
ウィルクス ……………… 28
梅棹忠夫 ……………… 7

【え】
エジソン ……………… 13
エッカート ……………… 23, 27
榎本武揚 ……………… 10

【き】
キルビー ……………… 36

【く】
クラーク ……………… 95

【け】
ゲイツ ……………… 51
ケリー ……………… 18
ケン・オールセン ……………… 95

【こ】
コンウェイ ……………… 40

【さ】
サーノフ ……………… 15

【し】
嶋正利 ……………… 47
シュムペーター ……………… 5
ショックレー ……………… 18
ジョブズ ……………… 51

【ち】
チューリング ……………… 24

【つ】
ツヴォルキン ……………… 15

【て】
デナード ……………… 39
デミング ……………… 55

【に】
ニューマン ……………… 27

【の】
ノイス ……………… 35

【は】
ハイエク ……………… 121
バーディーン ……………… 20

【ふ】
ファジン ……………… 48
フォレスター ……………… 93
フォン・ノイマン ……………… 23, 27

ブッシュ ……………… 93
ブラッテン ……………… 20

【へ】
ベル ……………… 10

【ほ】
ホーニ ……………… 35
ホフ ……………… 47

【み】
ミード ……………… 40
ミハイル・ゴルバチョフ ……… 223

【む】
ムーア ……………… 39

【め】
メトカーフ ……………… 141

【も】
モークリ ……………… 23
モル ……………… 35
モールス ……………… 9

【り】
リックライダー ……………… 133

【ろ】
ロバーツ ……………… 136

―― 著者略歴 ――

西村　吉雄（にしむら　よしお）

　1942年生まれ．1971年，東京工業大学大学院博士課程修了，工学博士．東京工業大学大学院に在学中の1967～1968年，仏モンペリエ大学固体電子工学研究センターに留学．この間，マイクロ波半導体デバイスや半導体レーザーの研究に従事．

　1971年，日経マグロウヒル社（現在の日経BP社）入社．1979～1990年，『日経エレクトロニクス』編集長．その後，同社で，発行人，調査・開発局長，編集委員などを務める．

　2002年，東京大学教授（大学院工学系研究科）．2003年に同大学を定年退官後，東京工業大学監事，早稲田大学大学院政治学研究科客員教授などを歴任．現在はフリーランスの技術ジャーナリスト．

　著書に『硅石器時代の技術と文明』，『半導体産業のゆくえ』，『産学連携』，『情報産業論』，『科学技術ジャーナリズムはどう実践されるか』，『FUKUSHIMAレポート』など．

電子情報通信と産業
Industrial Aspects of Electronics, Information and Communication

　　　　　Ⓒ 一般社団法人　電子情報通信学会　2014

2014年3月20日　初版第1刷発行

検印省略	編　者	一般社団法人　電子情報通信学会　http://www.ieice.org/

　　　　　著　者　西　村　吉　雄
　　　　　発行者　株式会社　コロナ社
　　　　　　　　　代表者　牛来真也

112-0011　東京都文京区千石4-46-10
発行所　株式会社　コロナ社
CORONA PUBLISHING CO., LTD.
Tokyo　Japan　　Printed in Japan
振替 00140-8-14844・電話(03)3941-3131(代)
http://www.coronasha.co.jp

ISBN 978-4-339-01801-1
印刷：壮光舎印刷／製本：グリーン

本書のコピー，スキャン，デジタル化等の無断複製・転載は著作権法上での例外を除き禁じられております．購入者以外の第三者による本書の電子データ化及び電子書籍化は，いかなる場合も認めておりません．

落丁・乱丁本はお取替えいたします

電子情報通信レクチャーシリーズ

■電子情報通信学会編　　　　　　　　　　（各巻B5判）
白ヌキ数字は配本順を表します。　　　　　　頁　本体

				頁	本体
㉚	A-1	電子情報通信と産業	西村吉雄著	272	4700円
⑭	A-2	電子情報通信技術史 ―おもに日本を中心としたマイルストーン―	「技術と歴史」研究会編	276	4700円
㉖	A-3	情報社会・セキュリティ・倫理	辻井重男著	172	3000円
⑥	A-5	情報リテラシーとプレゼンテーション	青木由直著	216	3400円
㉙	A-6	コンピュータの基礎	村岡洋一著	160	2800円
⑲	A-7	情報通信ネットワーク	水澤純一著	192	3000円
⑨	B-6	オートマトン・言語と計算理論	岩間一雄著	186	3000円
①	B-10	電 磁 気 学	後藤尚久著	186	2900円
⑳	B-11	基礎電子物性工学 ―量子力学の基本と応用―	阿部正紀著	154	2700円
④	B-12	波 動 解 析 基 礎	小柴正則著	162	2600円
②	B-13	電 磁 気 計 測	岩﨑俊著	182	2900円
⑬	C-1	情報・符号・暗号の理論	今井秀樹著	220	3500円
㉕	C-3	電 子 回 路	関根慶太郎著	190	3300円
㉑	C-4	数 理 計 画 法	山下・福島共著	192	3000円
⑰	C-6	インターネット工学	後藤・外山共著	162	2800円
③	C-7	画像・メディア工学	吹抜敬彦著	182	2900円
⑪	C-9	コンピュータアーキテクチャ	坂井修一著	158	2700円
㉗	C-14	電 子 デ バ イ ス	和保孝夫著	198	3200円
⑧	C-15	光・電磁波工学	鹿子嶋憲一著	200	3300円
㉘	C-16	電 子 物 性 工 学	奥村次徳著	160	2800円
㉒	D-3	非 線 形 理 論	香田徹著	208	3600円
㉓	D-5	モバイルコミュニケーション	中川・大槻共著	176	3000円
⑫	D-8	現代暗号の基礎数理	黒澤・尾形共著	198	3100円
⑱	D-11	結 像 光 学 の 基 礎	本田捷夫著	174	3000円
⑤	D-14	並 列 分 散 処 理	谷口秀夫著	148	2300円
⑯	D-17	VLSI工学 ―基礎・設計編―	岩田穆著	182	3100円
⑩	D-18	超高速エレクトロニクス	中村・三島共著	158	2600円
㉔	D-23	バ イ オ 情 報 学 ―パーソナルゲノム解析から生体シミュレーションまで―	小長谷明彦著	172	3000円
⑦	D-24	脳 工 学	武田常広著	240	3800円
⑮	D-27	VLSI工学 ―製造プロセス編―	角南英夫著	204	3300円

以下続刊

共通
A-4	メディアと人間	原島・北川共著
A-8	マイクロエレクトロニクス	亀山充隆著
A-9	電子物性とデバイス	益・天川共著

基礎
B-1	電気電子基礎数学	大石進一著
B-2	基 礎 電 気 回 路	篠田庄司著
B-3	信号とシステム	荒川薫著
B-5	論 理 回 路	安浦寛人著
B-7	コンピュータプログラミング	富樫敦著
B-8	データ構造とアルゴリズム	岩沼宏治著
B-9	ネットワーク工学	仙石・田村・中野共著

基盤
C-2	ディジタル信号処理	西原明法著
C-5	通信システム工学	三木哲也著
C-8	音声・言語処理	広瀬啓吉著
C-10	オペレーティングシステム	
C-11	ソフトウェア基礎	外山芳人著
C-12	デ ー タ ベ ー ス	
C-13	集 積 回 路 設 計	浅田邦博著

展開
D-1	量 子 情 報 工 学	山崎浩一著
D-2	複 雑 性 科 学	
D-4	ソフトコンピューティング	山川・堀尾共著
D-6	モバイルコンピューティング	
D-7	デ ー タ 圧 縮	谷本正幸著
D-10	ヒューマンインタフェース	
D-12	コンピュータグラフィックス	
D-13	自 然 言 語 処 理	松本裕治著
D-15	電波システム工学	唐沢・藤井共著
D-16	電 磁 環 境 工 学	徳田正満著
D-19	量子効果エレクトロニクス	荒川泰彦著
D-20	先端光エレクトロニクス	
D-21	先端マイクロエレクトロニクス	
D-22	ゲ ノ ム 情 報 処 理	高木・小池編著
D-25	生 体・福 祉 工 学	伊福部達著
D-26	医 用 工 学	

定価は本体価格+税です。
定価は変更されることがありますのでご了承下さい。

図書目録進呈◆